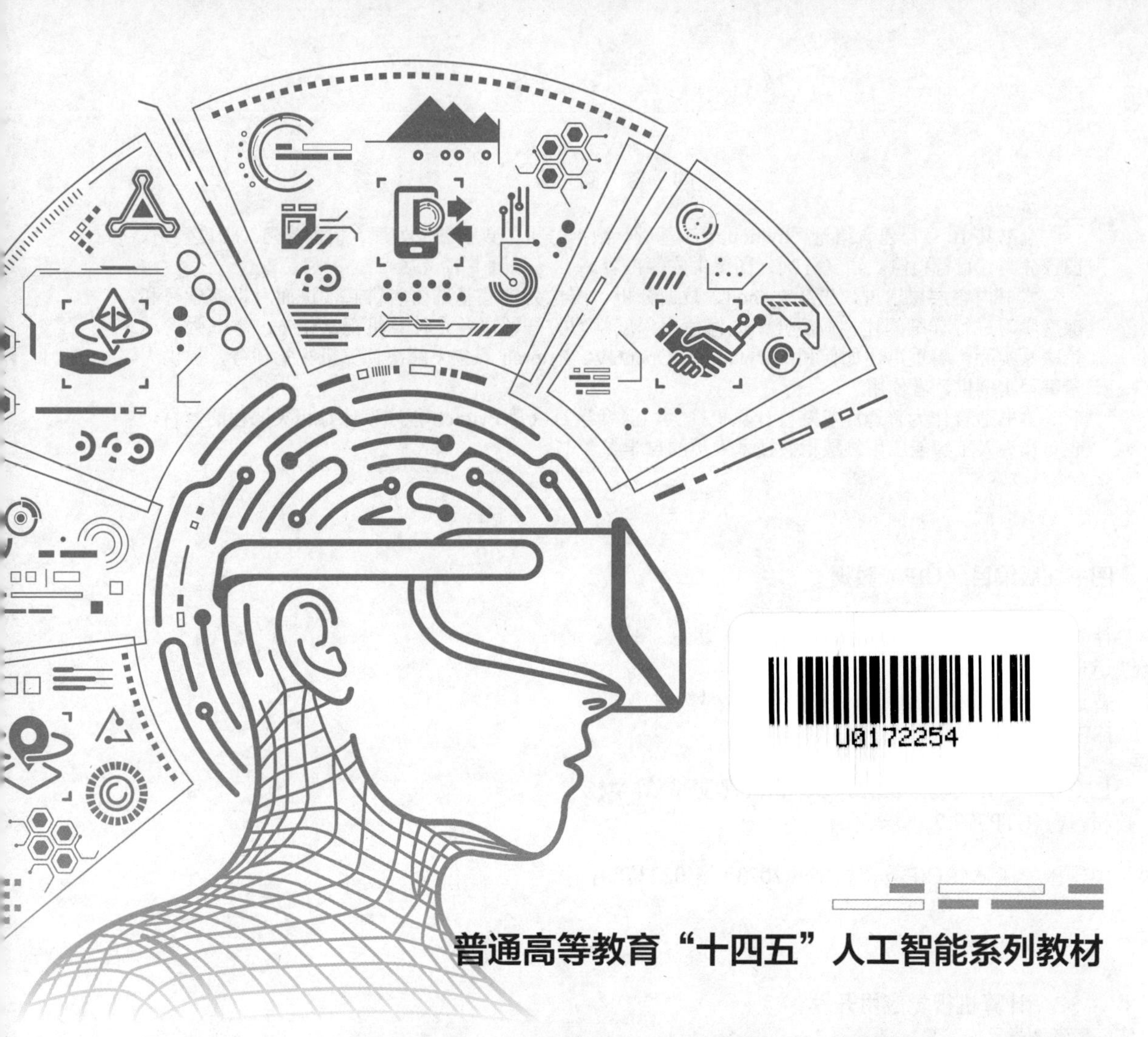

普通高等教育“十四五”人工智能系列教材

计算机视觉应用开发

张云佐◎编著

中国铁道出版社有限公司
CHINA RAILWAY PUBLISHING HOUSE CO., LTD.

内 容 简 介

全书共10章，包含绪论、Python语法基础、数据分析、数字图像处理、机器学习、深度学习、图像分类、目标检测、语义分割、图像生成等内容。

本书内容层层递进，先从Python、数据分析、图像处理等基础内容讲起，进而对机器学习和深度学习进行详细阐述，最后介绍如何使用深度学习方法解决各个计算机视觉任务。本书强调理论联系实际，着重讲述如何利用Python的OpenCV、Pytorch等包来解决计算机视觉任务，提供大量编程实例供读者使用。

本书适合作为普通高等院校计算机视觉、深度学习以及Pytorch程序设计等相关课程的教材，也可作为人工智能应用领域相关技术人员的自学参考书。

图书在版编目（CIP）数据

计算机视觉应用开发/张云佐编著. —北京：中国铁道出版社有限公司，2023.4

普通高等教育“十四五”人工智能系列教材

ISBN 978-7-113-29935-4

Ⅰ.①计… Ⅱ.①张… Ⅲ.①计算机视觉-高等学校-教材 Ⅳ.①TP302.7

中国国家版本馆CIP数据核字（2023）第022378号

书　　名：计算机视觉应用开发

作　　者：张云佐

策　　划：侯　伟　王春霞　　　　编辑部电话：（010）63551006

责任编辑：王春霞　包　宁

封面设计：刘　颖

责任校对：刘　畅

责任印制：樊启鹏

出版发行：中国铁道出版社有限公司（100054，北京市西城区右安门西街8号）

网　　址：http://www.tdpress.com/51eds/

印　　刷：河北京平诚乾印刷有限公司

版　　次：2023年4月第1版　2023年4月第1次印刷

开　　本：850 mm×1 168 mm 1/16　印张：14.75　字数：365千

书　　号：ISBN 978-7-113-29935-4

定　　价：45.00元

前言

计算机视觉（Computer Vision，CV）是一门研究如何用计算机来实现人类视觉功能的学科。从常用的人脸识别、美颜相机、拍照识物等应用，到正在蓬勃发展的无人驾驶、远程医疗和虚拟现实（Virtual Reality，VR）等技术，都属于这一领域，该领域的不断发展离不开人工智能（Artificial Intelligence，AI）的助力。其中，深度学习算法给计算机视觉的分类及检测等各方面的准确度带来了跨越式的提升，从而给计算机视觉的商业应用和产业化奠定了基础。故想要开发高效可用的计算机视觉应用，就需要对计算机视觉理论和其人工智能基础有所掌握。

本书融合人工智能和计算机视觉两方面内容，层层递进、由浅入深。该书首先对作为基础的 Python 语言、数据分析和图像处理进行讲述，然后，逐步深入到机器学习和深度学习的领域中，最后介绍深度学习下的计算机视觉方法。本书编者有多年本科和研究生教学经验，通过深入浅出的语言、浅显易懂的图例来展开内容的讲解，尽量避开复杂的数学推导，让读者在轻松愉悦的阅读中掌握相关知识。此外，本书引用大量编程实例，采用多个 Python 第三方库，帮助读者更好地理解和掌握计算机视觉实践应用。由此可以看出，本书是一本全面系统、通俗易懂的计算机视觉图书，适宜作为初学者的入门学习教材。本书章节设置如下:

第 1 章介绍人工智能和计算机视觉的概念和发展历史，让读者对这本书的两大主题有一些初步了解，从而较为清晰地把握整本书的知识框架。

第 2 章对 Python 的基础语法和环境搭建进行讲解。Python 既是人工智能领域应用最广的语言，又是本书整体采用的编程语言，故放在开始进行讲述。

第 3 章讲述如何通过 NumPy、Pandas 和 matplotlib 等包进行数据分析，涉及数据预处理、数据分析和数据可视化等内容。

第 4 章介绍数字图像的基础概念和基本处理方法，结合 OpenCV 编程，让读者对传统图像处理有基本认识，为后续计算机视觉的学习打下基础。

以上四章，是本书偏基础的部分，帮助读者掌握必要的前提知识，为后续人工智能和计算机视觉的学习做准备。

第 5 章对线性回归、SVM、决策树等经典机器学习进行讲述，并使用 scikit-learn 包进行编程实践，让读者明白其原理，掌握其流程。

第 6 章的主题为深度学习，重点讲述 BP 神经网络的正向和反向传播过程，该章内容是机器学习的进一步延伸。

以上两章主要讲述机器学习、深度学习算法，属于人工智能主题。而以下四章则属于计算机视觉主题，将讲述各个计算机视觉任务及其对应方法，尤其是深度学习在计算机视觉任务上的应用，值得读者重点把握。

第 7 章的重点放在卷积神经网络上，其在图像分类任务上表现优异。本章对卷积神经网络的结构、经典网络框架和未来发展方向进行讲述。

第 8 章的主题为目标检测，内容涉及传统目标检测算法，二阶段目标检测算法和一阶段目标检测算法，包含经典的 YOLO 系列网络。

第 9 章的主题为语义分割，主要讲述 FCN、U-net、SegNet 和 Deeplab 等经典框架。

第 10 章的主题为图像生成，常见的图像生成方式有变分自编码器 VAE、生成对抗网络 GAN，本章将对其进行细致介绍。

上述是本书的主体框架，几乎每章都提供代码供读者学习。本书涵盖了人工智能和计算机视觉领域的典型算法与应用，是作者多年来工作经验的总结，也是项目组不断开展图像、视频处理研究的成果积累。研究生张天、武存宇、郑宇鑫、刘亚猛、朱鹏飞、康伟丽等参与了该书稿的撰写与整理工作，在此表示衷心的感谢！

由于计算机视觉算法发展很快，加之编者水平有限，书中不足与疏漏之处在所难免，恳请读者批评指正，并提出宝贵意见，以便进一步完善。

编　者

2023 年 1 月

目　录

第1章 绪论

计算机视觉应用的开发需要计算机视觉理论及其人工智能基础，这两者也是本书的主题，贯穿本书各个章节内容。大多数初学者对这两者的了解不够，普遍存在一些疑问，如人工智能、机器学习和深度学习三者存在什么关系，计算机视觉可以解决哪些问题等。本章重点讲述人工智能和计算机视觉两者的定义、发展和应用，帮助读者理解基础概念，解答以上疑问，进而宏观上把握整本书的框架。

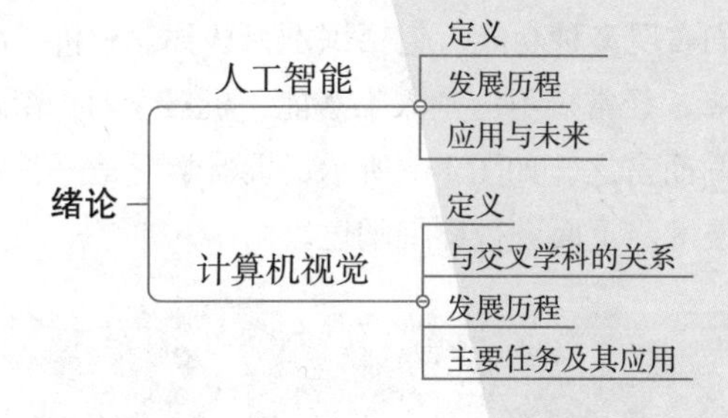

视频

绪论

学习目标

- 掌握人工智能、机器学习与深度学习三者的内涵和关系；
- 了解人工智能的发展历程、应用与未来；
- 掌握计算机视觉的概念、主要任务；
- 了解计算机视觉与交叉学科的关系，发展历程。

1.1 人工智能

1.1.1 人工智能的定义

纵观科学的发展史，人工智能可以说是人类长期以来不停追求、力求理解与掌握的一个领域。

从两千多年前的亚里士多德（Aristotle）开始，到后来的科学巨擘图灵（Alan Turing，计算机科学之父）与香农（Claude Shannon，信息论的创始人），他们无一不为人类的智慧及后来的人工智能着迷并不倦地探索。科学家们希望能以科学的手段理解智能的本质，并制造出智能的机器，实现像人脑一样的学习、理解与决策。

在人工智能的发展史上，有两个里程碑式的事件最为人们所称道。一是图灵在1950年的划时代的论文《计算机器与智能》（*Computing Machinery and Intelligence*）中提出著名的“图灵测试”：如果一台机器能与人类通过通信设备对话并不被辨别出其机器身份，则称这台机器具有智能。可以说，图灵测试从计算科学的角度提供了一个智能的定义。二是1955年，麦卡锡（John McCarthy）、闵斯基（Marvin Minsky）、香农与罗切斯特（Nathaniel Rochester）共同提交了一份申请书，提出于1956年暑假在美国汉诺瓦小镇的达特茅斯学院举行一场研讨会，讨论通过机器实现智能所需的科学基础。正是在这次会议上，人工智能的概念正式被提出。那么什么是人工智能呢？

人工智能是研究、开发用于模拟、延伸和扩展人类智能的理论、方法、技术及应用系统的一门新技术科学，是计算机科学的一个分支。人类日常生活中的许多活动，如数学计算、观察、对话、学习等，都需要“智能”。“智能”能预测股票、看得懂图片或视频，也能和其他人进行文字或语言上的交流，不断督促自我完善知识储备，它会画画，会写诗，会驾驶汽车，会开飞机。在人们的理想中，如果机器能够执行这些任务中的一种或几种，就可以认为该机器已具有某种性质的“人工智能”。时至今日，人工智能概念的内涵已经被大大扩展，它涵盖了计算机科学、统计学、脑神经学、社会科学等诸多领域，是一门交叉学科。人们希望通过对人工智能的研究，能将它用于模拟和扩展人的智能，辅助甚至代替人们实现多种功能，包括识别、认知、分析、决策等。

初次接触人工智能的读者，经常搞不清楚人工智能、机器学习、深度学习三者的区别，下面介绍一下三者的概念和关系。简而言之，如图1-1所示，机器学习是一种实现人工智能的方法，深度学习是一种实现机器学习的技术。下面进行详细阐述。

图1-1　人工智能、机器学习和深度学习的关系

人工智能的概念如上文所提。随着研究的不断开展，人工智能的研究领域不断扩大，图1-2展

示了人工智能研究的各个分支，包括专家系统、机器学习、模糊逻辑和粗糙集、推荐系统、机器人技术与感知等。

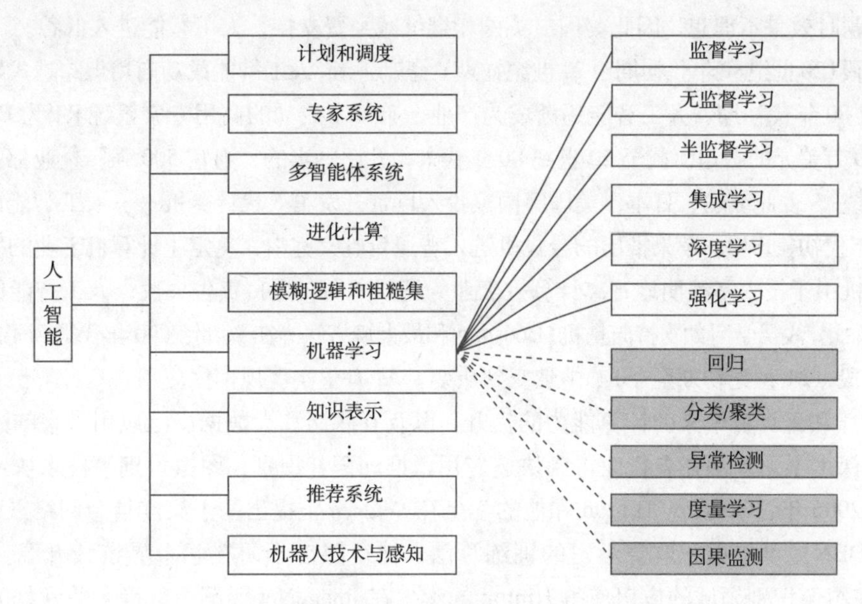

图 1-2 人工智能的分支

机器学习就是用算法解析数据，不断学习，对世界中发生的事做出判断和预测的一项技术，本书将在第 5 章对其进行讲述。研究人员不会亲手编写软件、确定特殊指令集、然后让程序完成特殊任务；相反，研究人员会用大量数据和算法“训练”机器，让机器学会如何执行任务。机器学习直接来源于早期的人工智能领域，传统的算法包括决策树、聚类、贝叶斯分类、支持向量机、Adaboost 等。从学习方法上来分，机器学习算法可以分为监督学习（如分类问题）、无监督学习（如聚类问题）、半监督学习、集成学习、深度学习和强化学习。它是“模拟、延伸和扩展人的智能”的一条路径，所以是人工智能的一个子集。

深度学习是用于建立、模拟人脑进行分析学习的神经网络，并模仿人脑的机制来解释数据的一种机器学习技术，本书将在第 6 章对其进行讲述。深度学习本来并不是一种独立的学习方法，其本身也会用到有监督和无监督的学习方法来训练深度神经网络。但由于近几年该领域发展迅猛，一些特有的学习手段相继被提出，因此越来越多的人将其单独看作一种学习的方法。随着基础设施的发展，深度学习在计算机视觉，自然语言处理方面迸发出巨大的优势，一下子火热起来，进而使得人工智能、机器学习等概念也变得广为人知。

1.1.2 人工智能的发展历程

人工智能的发展经历了以下三个阶段：

第一阶段（20 世纪 50 年代中期到 80 年代初期）：深耕细作，30 年技术发展为人工智能产业化奠定基础。

在 1956 年之前，人工智能就已经开始孕育。神经元模型、图灵测试的提出以及 SNARC 神经网络计算机的发明，为人工智能的诞生奠定了基础。1956 年的达特茅斯会议提出 Artificial

Intelligence 课题，代表人工智能正式诞生和兴起。此后人工智能快速发展，深度学习模型以及 AlphaGo 增强学习的雏形——感知器均在这个阶段得以发明。随后由于早期的系统应用于更多更复杂更难的问题时效果不理想，因此美国、英国相继缩减经费支持，人工智能进入低谷。

第二阶段(20世纪80年代初期至21世纪初期)：急功近利，人工智能成功商用但跨越式发展失败。

20 世纪 80 年代初期，人工智能逐渐成为产业，第一个成功的商用专家系统 R1 为 DEC 公司每年节约 4 000 万美元的费用。截至 20 世纪 80 年代末，几乎一半的“财富 500 强”企业都在开发或使用“专家系统”。受此鼓励，日本、美国等国家投入巨资开发第 5 代计算机——人工智能计算机。在 20 世纪 90 年代初，IBM、苹果推出的台式机进入普通百姓家庭中，奠定了计算机工业的发展方向。第 5 代计算机由于技术路线明显背离计算机工业的发展方向，项目宣告失败，人工智能再一次进入低谷。尽管如此，浅层学习如支持向量机、Boosting 和最大熵方法等在 20 世纪 90 年代得到了广泛应用。

第三阶段（21 世纪初期至今）：由量变到质变，AI 有望实现规模化应用。

摩尔定律和云计算带来的计算能力的提升，以及互联网和大数据广泛应用带来的海量数据的积累，使得深度学习算法在各行业得到快速应用，推动语音识别、图像识别等技术快速发展并迅速产业化。2006 年，Geoffrey Hinton 和他的学生在 *Science* 上提出基于深度信念网络（Deep Belief Networks，DBN）可使用非监督学习的训练算法，使得深度学习在学术界持续升温。2012 年，DNN 技术在图像识别领域的应用使得 Hinton 的学生在 ImageNet 评测中取得了非常好的成绩。深度学习算法的应用使得语音识别、图像识别技术取得了突破性进展，围绕语音、图像、机器人、自动驾驶等人工智能技术的创新创业大量涌现，人工智能迅速进入发展热潮。

1.1.3 人工智能的应用与未来

时至今日，人工智能的发展已经突破了一定的“阈值”。与前几次的热潮相比，这一次的人工智能来得更“实在”，这种“实在”体现在不同垂直领域的性能提升、效率优化。计算机视觉、语音识别、自然语言处理的准确率都已不再停留在“过家家”的水平，应用场景也不再只是一个新奇的“玩具”，而是逐渐在真实的商业世界中扮演起重要的支持角色。大体来看，人工智能的应用可以分为以下四个方面：

（1）计算机视觉：让计算机“看”的科学，是本书的一个主题。主要应用有人脸识别、商品拍照搜索、机器人 / 无人车上的视觉输入系统、医疗领域的智能影像诊断等。

（2）自然语言处理：让计算机自然地与人类进行交流，理解人类表达的意思并作出合适的回应。主要应用有搜索引擎、对话机器人、机器翻译、办公智能秘书等。

（3）规划决策系统：让计算机拥有人的计划和调度能力，该领域的发展曾一度是以棋类游戏为载体的，如 AlphaGo 战胜柯洁，Master 对顶级选手取得 60 连胜。当前主要应用在机器人与无人车路线规划方面。

（4）数据挖掘：从海量数据中“挖掘”隐藏信息，在零售业、制造业、财务金融保险、医疗服务都有广泛应用。主要应用有推荐系统、用户画像、判断欺诈行为、金融的量化投资等。

随着技术水平的突飞猛进，人工智能终于迎来它的黄金时代，已经融入我们的生活中，日益深刻地改变我们日常生活的方方面面。但我们也应该看到现有的人工智能技术存在着一些亟待攻克的问题，一是依赖于大量高质量的训练数据，二是对长尾问题的处理效果不好，三是依赖于独立的、具体的应用场景，通用性很低。如何解决这些问题正是人们一步一个脚印走向通用人工智能的必经之路。

首先是从大数据到小数据。深度学习的训练过程需要大量经过人工标注的数据，例如无人车研究需要大量标注了车、人、建筑物的街景照片；语音识别研究需要文本到语音的播报和语音到文本的听写；机器翻译需要双语的句对；围棋需要人类高手的走子记录等。但针对大规模数据的标注是一件费时费力的工作，尤其对于一些长尾的场景来说，连基础数据的收集都成问题。因此，一个研究方向就是如何在数据缺失的条件下进行训练，从无标注的数据中进行学习，或者自动模拟或生成数据进行训练，目前特别火热的生成对抗网络（Generative Adversarial Nets，GAN）就是一种数据生成模型。

其次是从大模型到小模型。目前深度学习的模型都非常大，动辄几百兆字节，大的甚至可以到几吉字节甚至几十吉字节。虽然模型在PC端运算不成问题，但如果要在移动设备上使用就会非常麻烦。这就造成语音输入法、语音翻译、图像滤镜等基于移动端的App无法取得较好的效果。这块的研究方向在于如何精简模型大小，通过直接压缩或是更精巧的模型设计，通过移动终端的低功耗计算与云计算之间的结合，使得在小模型上也能跑出大模型的效果。

最后是从感知、认知到理解决策。在感知和认知部分，如视觉、听觉，机器在一定限定条件下已经能够做到足够好了。当然这些任务本来也不难，机器的价值在于可以比人做得更快、更准、成本更低。但这些任务基本都是静态的，即在给定输入的情况下，输出结果是一定的。而在一些动态的任务中，比如如何下赢一盘围棋、如何开车从一个路口到另一个路口、如何在一只股票上投资并赚到钱，这类不完全信息的决策型的问题，需要持续地与环境进行交互、收集反馈、优化策略，这些也正是强化学习的强项。而模拟环境作为强化学习生根发芽的土壤，也是一个重要的研究方向。

在人工智能概念被提出60年后，人们真正进入了一个人工智能的时代。在这次人工智能浪潮中，人工智能技术持续不断地高速发展着，最终将深刻地改变各行各业和人们的日常生活。发展人工智能的最终目标并不是要替代人类智能，而是通过人工智能增强人类智能。人工智能可以与人类智能互补，帮助人类处理许多能够处理但又不擅长的工作，使得人类从繁重的重复性工作中解放出来，转而专注于创造性的工作。有了人工智能的辅助，人类将会进入一个知识积累加速增长的阶段，最终带来方方面面的进步。人工智能在这一路的发展历程中，已经给人们带来了很多的惊喜与期待。只要我们能够善用人工智能，相信在不远的未来，人工智能技术一定能实现更多的不可能，带领人类进入一个充满无限可能的新纪元。

1.2 计算机视觉

1.2.1 计算机视觉的定义

计算机视觉旨在识别和理解图像 / 视频中的内容，其诞生于1966年麻省理工学院人工智能实验室的“夏季视觉项目”。当时，人工智能其他分支的研究已经有一些初步成果。由于人类可以很轻易地进行视觉认知，麻省理工学院的教授们希望通过一个暑期项目解决计算机视觉问题。当然，计算机视觉没有在一个暑期内解决，但计算机视觉经过50余年发展已成为一个十分活跃的研究领域。如今，互联网上超过 70% 的数据是图像 / 视频，全世界的监控摄像头数目已超过人口数，每天有超过 8 亿小时的监控视频数据生成。如此大的数据量亟待自动化的视觉理解与分析技术。

简单来说，计算机视觉要解决的问题就是让计算机看懂图像或者视频中的内容。例如，图片中的宠物是猫还是狗？图片中的人是老张还是老王？视频里的人在做什么事情？更进一步地说，计算机视觉就是一门研究如何使机器“看”的科学，要用计算机来实现人类的视觉功能，即对客观世界中三维场景的感知、加工和解释。作为一门科学学科，计算机视觉研究相关的理论和技术，试图建立能够从图像或者多维数据中获取高层次信息的人工智能系统。从工程的角度来看，它寻求利用自动化系统模仿人类视觉系统完成任务。

计算机视觉的最终目标是使计算机能像人一样通过视觉观察和理解世界，具有自主适应环境的能力，将外界输入的光信号转换为对外界的理解与认知，这将在一定程度上促进人类科技与社会的发展，创造更高的科研价值。

让计算机可以感知这个视觉世界非常困难，最大难点是语义鸿沟（Semantic Gap）。语义鸿沟是指人类可以轻松地从图像中识别出目标，而计算机看到的图像只是一组 0~255 的整数。要让计算机像成人一样下棋是相对容易的，但是要让计算机像一岁小孩般地感知和行动却是相当困难甚至是不可能的。除此之外，计算机视觉还存在拍摄视角变化、目标占据图像的比例变化、光照变化、背景融合、目标形变、遮挡等种种困难。

1.2.2 与交叉学科的关系

计算机视觉与许多学科都有着千丝万缕的联系，特别是与一些相关和相近的学科交融交叉，如图 1-3 所示。

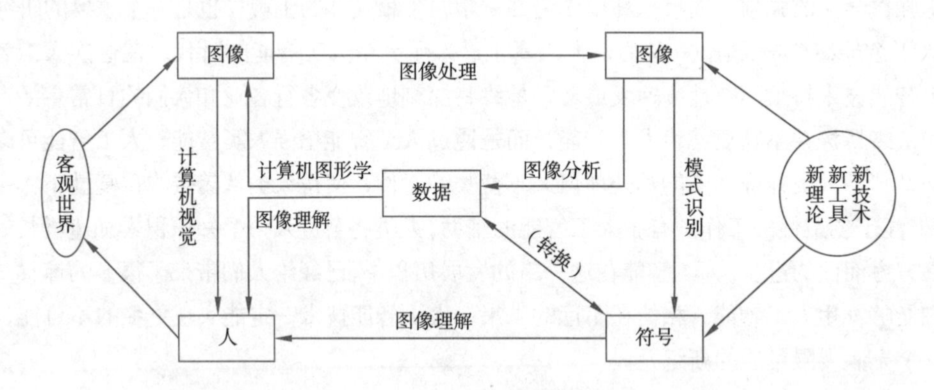

图 1-3　计算机视觉与其交叉学科

图像工程是一门内容非常丰富的学科，包括既有联系又有区别的三个层次：图像处理、图像分析及图像理解，另外还包括它们的工程应用。图像处理着重强调在图像之间进行的转换（图像为输入，图像为输出），这一部分将在本书第 4 章进行讲述；图像分析主要是对图像中感兴趣的目标进行检测和测量，以获得它们的客观信息，从而建立对图像中目标的描述（图像为输入，数据为输出）；图像理解的重点是在图像分析的基础上进一步研究图像中各目标的性质和它们之间的相互联系，并得出对整幅图像内容含义的理解以及对原来成像客观场景的解释，从而可以让人们做出判断，并指导和规划行动。

模式识别，主要集中在对图像中感兴趣内容（目标）进行分类、分析和描述，在此基础上还可以进一步实现计算机视觉的目标。计算机视觉的研究中也使用了很多模式识别的概念和方法，但传统的模式识别（竞争学习模型）并不能把计算机视觉全部包括进去。

计算机图形学，研究如何利用计算机技术来产生表达数据信息的图形、图表、绘图等形式。一般人们将计算机图形学称为计算机视觉的反 / 逆（Inverse）问题，与计算机视觉也有密切的关系。

人工智能，指由人类用计算机模拟、执行或再生某些与人类智能有关的功能的能力和技术。视觉功能是人类智能的一种体现，所以计算机视觉与人工智能密切相关。计算机视觉的研究中使用了许多人工智能技术，反过来，计算机视觉也可看作人工智能的一个重要应用领域，需要借助人工智能的理论研究成果和系统实现经验。

1.2.3　计算机视觉的发展历程

计算机视觉的发展至今已有七十余年的历史，围绕计算机视觉，人们提出了大量的理论和方法。根据采用方法不同，本节将计算机视觉的发展历程分为以下两个阶段进行讲述。

1. 传统计算机视觉

20 世纪 50 年代兴起的统计模式识别被认为是计算机视觉技术的起点，当时的研究方向主要是对二维图像的处理分析，如光学字符识别（Optical Character Recognition，OCR），以及物体表面、显微图像和航拍图像的分析处理。

20 世纪 60 年代，Lawrence Roberts《三维固体的机器感知》描述了从二维图片中推导三维信息的过程，开创了三维视觉理解为目的的研究。1966 年，麻省理工人工智能实验室的 Seymour Papert 教授决定启动夏季视觉项目，并在几个月内解决机器视觉问题。虽然未成功，但标志着计算机视觉的正式诞生。

20 世纪 70 年代，出现课程和明确的理论体系。1977 年 David Marr 在麻省理工学院人工智能实验室提出了计算机视觉理论（Computational Vision），这是与 Lawrence Roberts 当初引领的积木世界分析方法截然不同的理论。该理论在 20 世纪 80 年代成为计算机视觉研究领域中非常重要的理论框架。

20 世纪 80 年代，计算机视觉进入快速发展时期，计算机视觉的全球性研究热潮开始兴起，出现了诸如基于感知特征群的物体识别理论框架、主动视觉理论框架和视觉集成理论框架。1982 年，*Vision* 一书的问世，标志着计算机视觉成为一门独立学科。

20 世纪 90 年代到 21 世纪初，计算机视觉理论进一步发展，特征对象识别开始成为重点，主要方法为特征提取加上机器学习方法来解决计算机视觉问题。所谓特征就是图像中有趣的、描述性的或是提供信息的小部分，包括边缘、角点等。1999 年，David Lowe 发表的《基于局部尺度不变特征（SIFT 特征）的物体识别》，标志着研究人员开始停止通过创建三维模型重建对象，而转向基于特征的对象识别。2005 年，Dalal 和 Triggs 提出了方向梯度直方图 HOG，并应用到行人检测上。2009 年，Felzenszwalb 教授提出了基于 HOG 的可变形组件模型 DPM，它是未有深度学习时最成功的目标检测和分类算法。

传统计算机视觉方法，在简单问题上表现很好，可解释性强，运算速度较快，关于这部分内容的讲述将在第 4 章展开。但传统计算机视觉方法依赖于特征提取，而在复杂多变的任务中，确定有效且具有泛化能力的特征需要计算机视觉研究人员的大量经验和调试，具有很大难度。相比于之后的深度学习方法，传统方法精度较差，泛化能力不足。

2. 深度学习下的计算机视觉

深度学习下的计算机视觉旨在应用神经网络解决计算机视觉任务，其突出代表为卷积神经网络。

1998 年，Yann LeCun 提出了第一个卷积神经网络，名为 LeNet5，用于手写数字识别，是现在卷积神经网络的原型。由于当时硬件的运算能力不足，可用数据集较少等原因，该网络难以应用在更加复杂的视觉任务上，未能引起学界重视。

随着硬件设备计算能力的不断提升以及互联网广泛应用带来的海量数据的积累，2012 年，Alex Krizhevsky、Ilya Sutskever 和 Geoffrey Hinton 构建了一个“大型的深度卷积神经网络”，也即现在众所周知的 AlexNet，赢得了当年 ImageNet 图像分类挑战赛的第一名，远远超过了传统方法的预测性能，故卷积神经网络得到广泛关注，也使得深度学习开始火热起来。

从 2012 年 AlexNet 的 83.6%，到 2013 年的 88.8%，再到 2014 年 VGG 的 92.7% 和同年的 GoogLeNet 的 93.3%，终于，到了 2015 年，微软提出的残差网络 ResNet 以 96.43% 的 Top5 正确率超过人类的水平（人类的正确率也只有 94.9%），如图 1-4 所示。

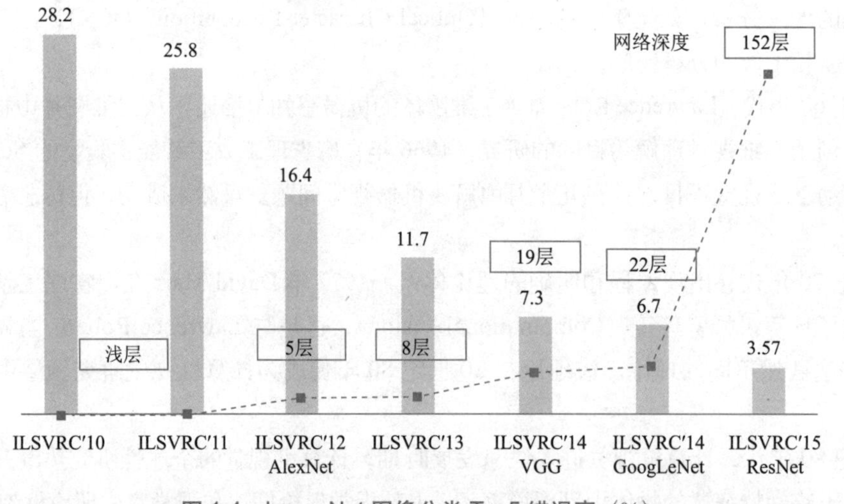

图 1-4 ImageNet 图像分类 Top5 错误率（%）

除此之外，在其他视觉领域，深度学习的应用也大放异彩。2014 年，蒙特利尔大学提出生成对抗网络 GAN，其可以用一串随机数生成人眼难以分辨真假的照片。该网络由两个相互竞争的神经网络组成，一个网络尝试模仿真实数据生成假的数据，而另一个网络则试图把假数据区分出来。随着时间的推移，两个网络都会得到训练。生成对抗网络被认为是计算机视觉领域的重大突破。2016 年 Facebook 的 AI Research(FAIR)宣布其 DeepFace 人脸识别算法有着 97.35% 的识别准确率，几乎与人类不分上下。

基于深度学习的计算机视觉方法，拥有更好的准确率和泛化能力。在图像分类，目标检测等很多方面都得到了不错的效果，几乎超过了所有的传统算法，还在某些方面甚至超过人类的表现。那么为什么深度学习可以取得如此好的效果呢？这是由于深度学习可以基于数据来自动提取有效特征，即深度学习模型是从大量数据中训练学习得到，神经网络可以发现视觉任务中的底层模式，并自动提取出最显著有效的特征，相比手工制作的特征具有不可比拟的优势。但我们也应注意到，基于深度学习的计算机视觉方法存在需要大量标签数据和计算资源支撑、可解释性差等缺点，需要人们进一步研究和改进。

综上所述，计算机视觉领域不断发展，相关理论和方法不断完善。随着人工智能的发展，基于深度学习的方法在各个视觉任务上实现跨越式的性能提升。

1.2.4 计算机视觉的主要任务及其应用

计算机视觉是一个紧密贴近应用的技术领域，包含图像分类、目标检测、语义分割、图像生成、图像检索、图像描述等应用。下面介绍其中四种基本的计算机视觉任务。

1. 图像分类（Image Classification）

图像分类是根据图像的语义信息对不同类别图像进行区分，是计算机视觉的核心，是物体检测、图像分割、物体跟踪、行为分析、人脸识别等其他高层次视觉任务的基础。对应本书的第 7 章。如图 1-5 所示，通过图像分类，计算机识别到图像中有瓶子、水杯、立方体。

图 1-5　图像分类

图像分类在许多领域都有着广泛应用，如安防领域的人脸识别和智能视频分析、交通领域的交通场景识别、互联网领域基于内容的图像检索和相册自动归类、医学领域的图像识别等。

2. 目标检测（Object Detection）

目标检测任务旨在找到给定图像中所有目标的位置，并给出每个目标的具体类别，对应本书的第 8 章。如图 1-6 所示，用边框标记图像中所有物体的位置，并标注其类别。

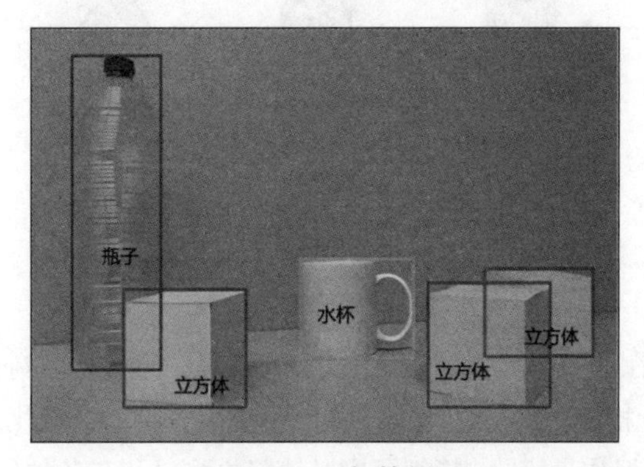

图 1-6　目标检测

3. 语义分割（Semantic Segmentation）

语义分割是计算机视觉中的基本任务，需要将图片像素分为不同类别的区域。它将整个图像分成像素组，然后对像素组进行标记和分类。对应本书的第9章。如图1-7所示，把图像像素分为瓶子、水杯、立方体、背景等区域。

与语义分割相近的任务为实例分割（Instance Segmentation）。实例分割是目标检测和语义分割的结合，在图像中将目标检测出来（目标检测），然后对每个像素打上标签（语义分割）。对比图1-7、图1-8可见，以立方体为目标，语义分割不区分属于相同类别的不同实例，实例分割区分同类的不同实例。

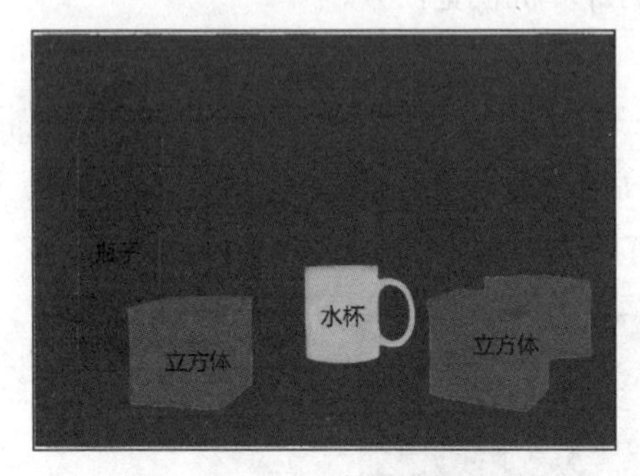

图1-7　语义分割

图1-8　实例分割

由上可知，图像分类只需要识别出图像中主体的类别，目标检测需要进一步确定每个目标的边框，而语义分割需要更进一步判断图像中哪些像素属于哪个目标。从图像分类到目标检测，再到语义分割和实例分割，任务越来越深入，所划分的粒度越来越细，实现难度也越来越大。

4. 图像生成（Image Synthesis）

图像生成，顾名思义，就是人工生成包含某些特定内容的图像，以达到照片般的逼真。主要的方法有变分自编码器（VAE），生成对抗网络（GAN）和流模型。对应本书的第10章。图1-9所示为GAN不断训练所生成的手写数字图像。

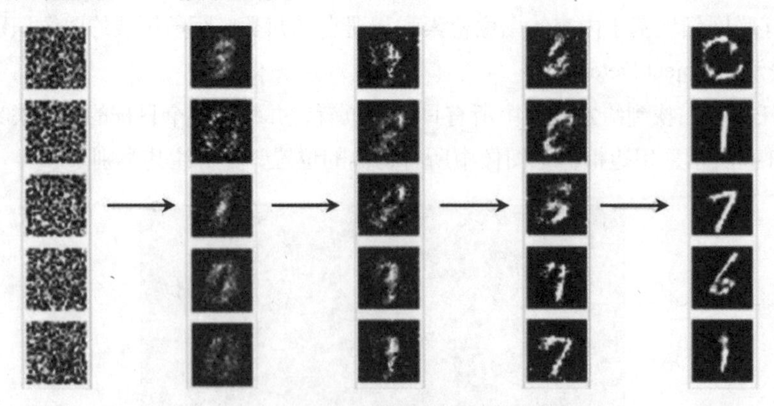

图1-9　GAN生成的手写字符

近年来计算机视觉已在许多领域得到广泛应用，下面是一些典型的应用实例。

（1）工业视觉：如工业检测、工业探伤、自动生产流水线、办公自动化、邮政自动化、邮件分拣、金相分析、无损探测、印刷板质量检验、精细印刷品缺陷检测以及在各种危险场合工作的机器人等。

将视觉技术用于工业生产自动化，可以加快生产速度，保证质量的一致性，还可以避免由于人的疲劳、注意力不集中等产生的误判。

(2) 人机交互：让计算机借助人的手势动作（手语）、嘴唇动作（唇读）、躯干运动（步态）、人脸表情测定等了解人的愿望要求而执行指令，这既符合人类的交互习惯，也可增加交互的方便性和临场感等。

(3) 安全监控：如人脸识别，罪犯脸型的合成、识别和查询，指纹、印章的鉴定和识别，支票、签名辨伪等，可有效监测和防止许多类型的犯罪。

(4) 军事公安：如军事侦察、合成孔径雷达图像分析、战场环境建模表示。

(5) 遥感测绘：如矿藏勘探、资源探测、气象预报、自然灾害监测监控等。

(6) 视觉导航：如太空探测、航天飞行、巡航导弹制导、无人驾驶飞机飞行、自动行驶车辆的安全操纵、移动机器人、精确制导、公路交通管理以及智能交通等方面，既可避免人的参与及由此带来的危险，也可提高精度和速度。

(7) 生物医学：红白血球计数，染色体分析，各类X光、CT、MRI、PET图像的自动分析，显微医学操作，远程医疗，计算机辅助外科手术等。

(8) 虚拟现实：如飞机驾驶员训练、医学手术模拟、战场环境建模表示等，可帮助人们超越人的生理极限，产生身临其境的感觉，提高工作效率。

(9) 图像自动解释：包括对放射图像、显微图像、遥感多波段图像、合成孔径雷达图像、航天航测图像等的自动判读理解。由于近年来科技的发展，图像的种类和数量得以飞速增长，自动理解已成为解决信息膨胀问题的重要手段。

(10) 对人类视觉系统和机理，以及人脑心理和生理的研究等。这对人们理解人类视觉系统，推动相关的发展起到了积极作用。

小 结

本章对该书的两大主题——人工智能和计算机视觉进行概括式的讲述。关于人工智能，本章分别介绍了人工智能的定义、发展历程、应用与未来，重点阐述人工智能、机器学习和深度学习三者的概念和关系。关于计算机视觉，本章分别介绍了计算机视觉的定义、与交叉学科的关系、发展历程和主要任务及其应用，其中计算机视觉中的传统方法和深度学习方法的联系与区别、计算机视觉的主要任务为该部分的掌握重点。通过阅读本章内容，读者可大致了解该书的整体架构。

习 题

1. 通过本章阅读，你在翻阅本书目录时，是否能大概说出各个章节的主要内容和相互联系？如果不能，可重新阅读本章内容找到答案。

2. 通过搜索引擎和论坛网站查询最近一两年关于以下词汇的主要信息，以把握最新发展趋势。这些词汇也是本书的核心主题词。

人工智能、计算机视觉、深度学习、机器学习、图像处理、Python。

第2章

Python 语法基础

Python 是一种通用型、解释型语言，自身带有庞大的标准库，可操作性比较强，可以快速设计出计算机程序，有效提升数据分析和数据处理的效率。学习 Python 语言基础知识对每章给出的案例实践有很大的帮助，本章旨在对 Python 的基础知识进行描述，重点介绍基本操作语句的使用。

思维导图

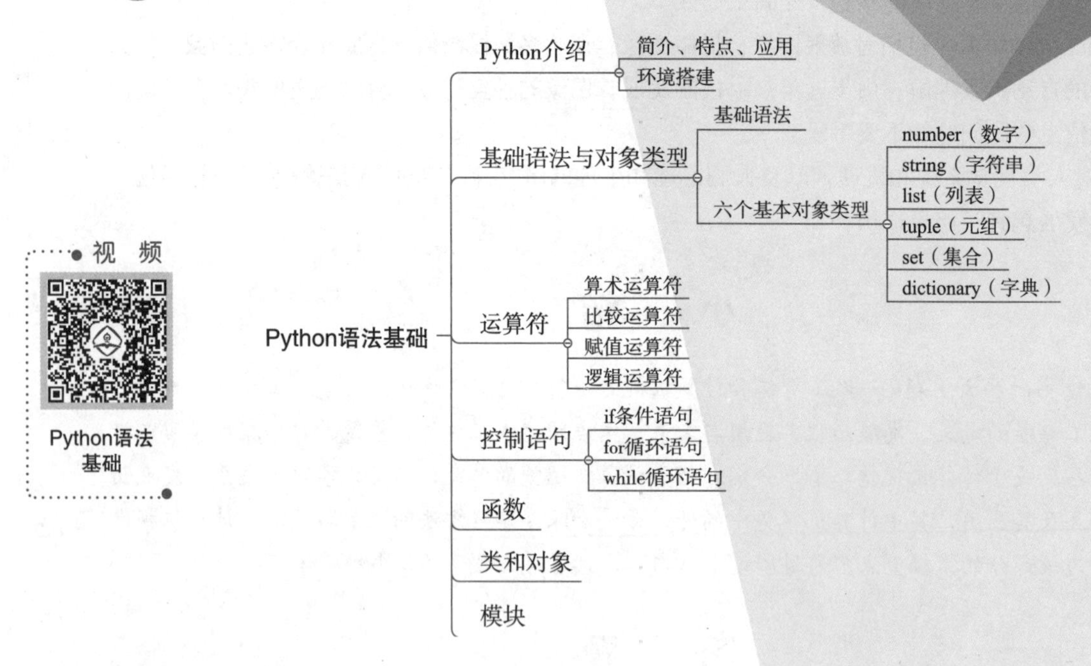

学习目标

- 学会配置 Python 语言环境；
- 了解 Python 基本对象类型；
- 掌握 Python 的基本操作语句；
- 掌握函数、类、模块的使用方法。

2.1 Python 介绍

2.1.1 Python 简介

无论在计算机领域哪个方向进行研究的人员，都离不开 Python 这个迅速火热起来的语言。本书后边的章节所涉及的实例代码使用的是 Python 语言，所以本章单独简单介绍相关的基础内容。

1. Python 语言的诞生

Python 的创始人是吉多·范罗苏姆（Guido van Rossum），荷兰人。1989 年年底，在阿姆斯特丹的吉多·范罗苏姆闲来无事，决心开发一个新的脚本解释程序，作为 ABC 语言的一种继承。ABC 语言是吉多·范罗苏姆参加设计的一种教学语言，专门为非专业程序员设计，但是它的非开放性带来了一定的局限性，所以才有了 Python。“Python”原意是大蟒蛇，而实际是人名，取自英国 20 世纪 70 年代首播的电视喜剧《蒙提·派森的飞行马戏团》（*Monty Python's Flying Circus*），由于吉多·范罗苏姆是这部剧的爱好者，所以选取了 Python 这个名字。

2. Python 的成长史

自 1989 年开始编写，到 1991 年发布 Python 的第一个版本，到目前的 3.10.4，维护者一直在更新Python。目前Python存在两个大版本：Python 2.X和Python 3.X。Python 2.X的很多东西都不兼容，况且官方已经停止了维护，现在使用的基本都是 Python 3.X，本书也采用 Python 3.X 版本。

3. Python 语言的特点

Python 之所以成为当下最流行、最火爆的编程语言之一，其原因如下：

（1）简单易学：Python 是一种代表简单主义思想的语言。阅读 Python 程序就感觉像是在读英语一样，它使你能够专注于解决问题而不是去搞明白语言本身。Python 非常容易上手，是因为它有极其简单的说明文档。Python 虽然是用 C 语言编写的，但是它摈弃了 C 中非常复杂的指针，简化了 Python 的语法。除此之外 Python 还增添了很多 ABC 语言中没有的东西，加强了与 C、C++、Java 语言的结合性，如此一来有效地提高了适用性，人们无论是否学过编程都可以很快地上手。

（2）免费开源：Python 解决了 ABC 语言不够开放的缺点，使用者可以自由地发布这个软件的副本、阅读其源代码、对其做改动、将其一部分用于新的自由软件中。

（3）可移植性：是指经过改动能够工作在不同平台上。基于开源的本质特点，Python 已经被移植到许多平台上，支持最常见的 Windows、Mac 和 Linux 操作系统。

（4）面向对象与面向过程：在“面向对象”的语言中，程序是由数据和功能组合而成的对象构建起来的。在“面向过程”的语言中，程序是由过程或仅仅是可重用代码的函数构建起来的。Python 既支持面向对象的编程也支持面向过程的编程。函数、模块、数字、字符串都是对象，并且完全支持继承、重载、派生、多继承，有益于增强源代码的复用性。

（5）丰富的第三方库：Python 拥有一个强大的标准库，虽然 Python 语言的核心只包含数字、字符串、列表、字典、文件等常见类型和函数，强大的标准库能帮助用户完成各种任务，如正则表达式、文档生成、单元测试、线程、数据库、网页浏览器、CGI、FTP、电子邮件、XML、XML-RPC、HTML、WAV 文件、密码系统、GUI（图形用户界面）、Tk 和其他与系统有关的操作。这被称为 Python 的“功能齐全”理念。除了标准库以外，还有许多其他高质量的库，如 wxPython、Twisted 和 Python 图像库等。

4. Python 应用

（1）机器学习和深度学习；

（2）Web 开发；

（3）数据分析与科学计算；

（4）网络爬虫；

（5）自动化运维。

2.1.2 Python 环境搭建

如图 2-1 所示，Python 3.X 的最新版本、二进制文档、新闻资讯、初学者指南等内容都可以在 Python 的官网查看到：https://www.python.org/。

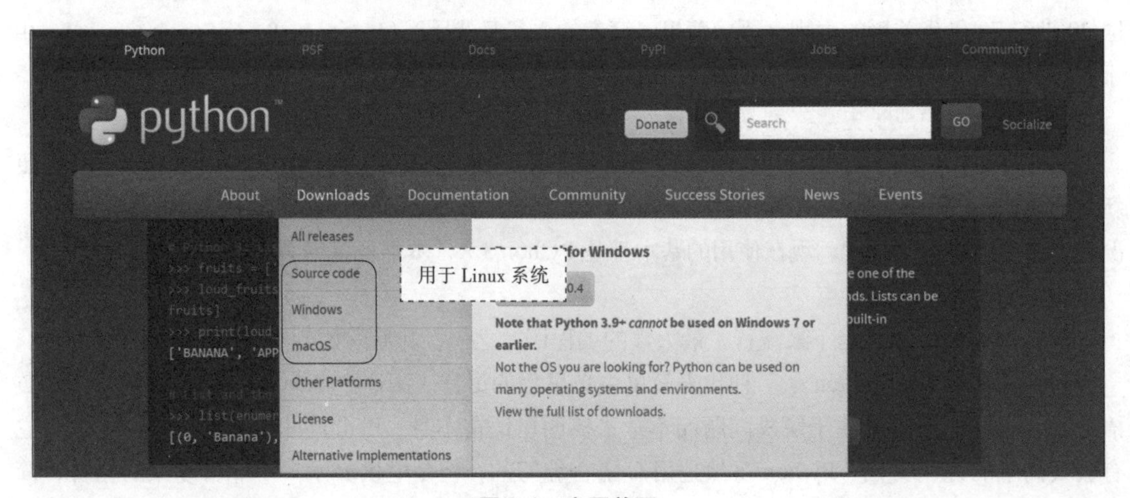

图 2-1 官网首页

下载 Python 之前，读者需要清楚自己计算机所使用的操作系统。以下为不同平台上安装 Python 3.X 的方法。

1. UNIX/Linux 平台下载 Python

（1）浏览器访问：https://www.python.org/downloads/source/；

（2）选择合适的 UNIX/Linux 源码压缩包；

（3）下载及解压压缩包；

（4）执行 ./configure 脚本后执行 make install。

执行完上述操作后，Python 就安装在了 /usr/local/bin 目录中。

2. Windows 平台下载 Python

（1）浏览器访问：https://www.python.org/downloads/windows/。

（2）找到想要安装的版本下载。读者在学习时可以自选版本，不同版本的下载过程差别不是很大，这里以版本 Python 3.10.4 为例。单击图 2-2 中的“Python 3.10.4-March 24,2022”，即可进入图 2-3 所示界面。

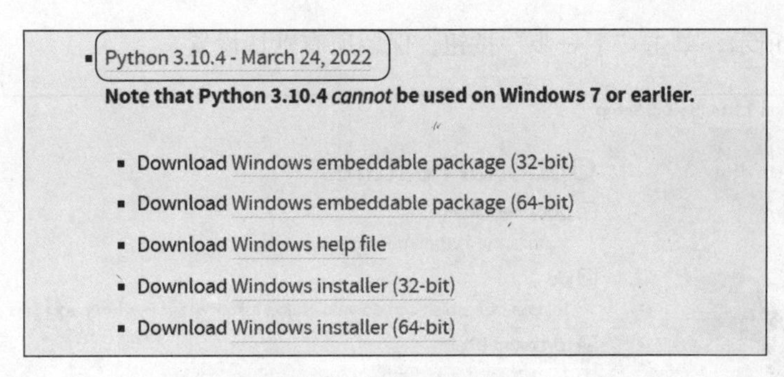

图 2-2 Python3.10.4

（3）在图 2-3 所示文件列表中，在 64 位和 32 位两个版本中选择自己计算机对应的版本。本书针对 64 位 Python 进行讲解，但是 32 位的 Python 和 64 位的 Python 在语法上完全一致。有的版本给出 executable 和 embeddable 两种版本，executable 表示可执行版本，需要安装后使用，embeddable 表示嵌入版，是解压以后就可以使用的版本。可执行版安装比较简单，一直单击“下一步”按钮即可。这里根据笔者计算机操作系统版本和字长选择最后一行的 64 位 Python 讲述。

Files

Version	Operating System	Description	MD5 Sum	File Size	GPG
Gzipped source tarball	Source release		7011fa5e61dc467ac9a98c3d62cfe2be	25612387	SIG
XZ compressed source tarball	Source release		21f2e113e087083a1e8cf10553d93599	19342692	SIG
macOS 64-bit universal2 installer	macOS	for macOS 10.9 and later	5dd5087f4eec2be635b1966330db5b74	40382410	SIG
Windows embeddable package (32-bit)	Windows		4c1cb704caafdc5cbf05ff919bf513f4	7563393	SIG
Windows embeddable package (64-bit)	Windows		bf4e0306c349fbd18e9819d53f955429	8523000	SIG
Windows help file	Windows		758b7773027cbc94e2dd0000423f032c	9222920	SIG
Windows installer (32-bit)	Windows		977b91d2e0727952d5e8e4ff07eee34e	27338104	SIG
Windows installer (64-bit)	Windows	Recommended	53fea6cfcce86fb87253364990f22109	28488112	SIG

图 2-3 选择合适版本下载

（4）下载完成后，安装 Python。双击 Python 应用程序进入 Python 安装向导，出现图 2-4 所示安装初始界面。这里选择“Customize installation”安装方式，以便自己选择安装位置和特征选项；这里注意一定要勾选“Add Python 3.10 to PATH”复选框，使 Python 安装目录自动添加到系统 PATH 环境变量中，从而在任何目录下都可以运行 Python。

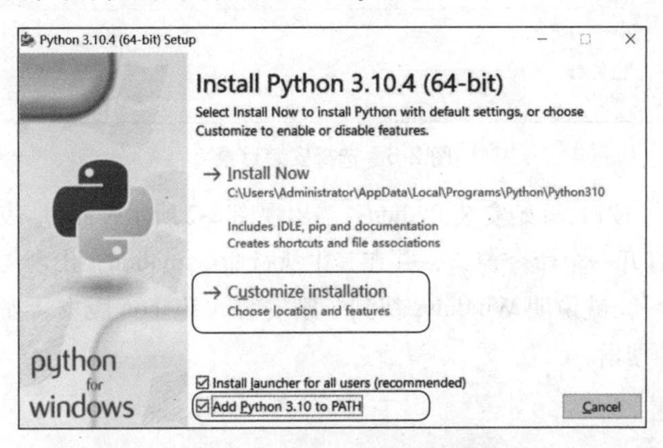

图 2-4 Python 安装初始界面

（5）如图 2-5 所示，单击“下一步”按钮，保留所有默认设置。

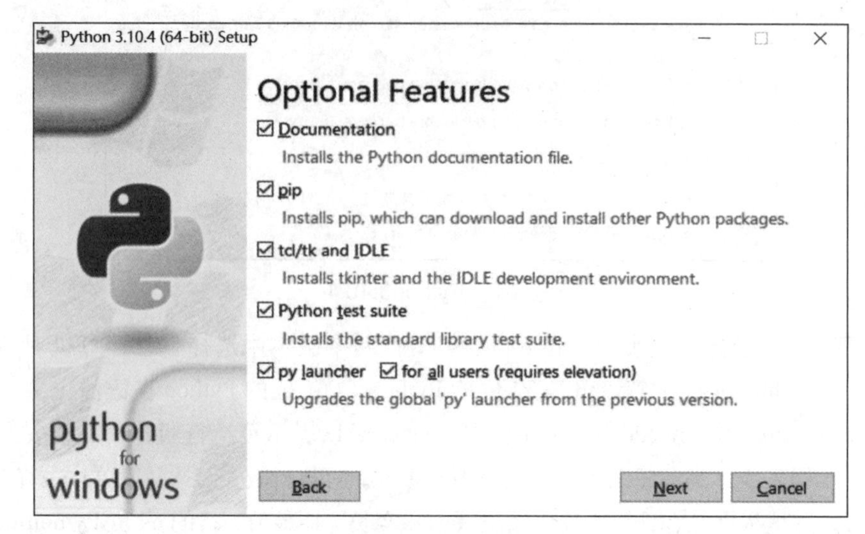

图 2-5 默认配置

（6）勾选“Install for all users”复选框，使系统所有用户都能使用 Python；单击“Browse”按钮，自己选择 Python 安装目录，例如，笔者安装在了 E:\python3.10.4 目录下，如图 2-6 所示。

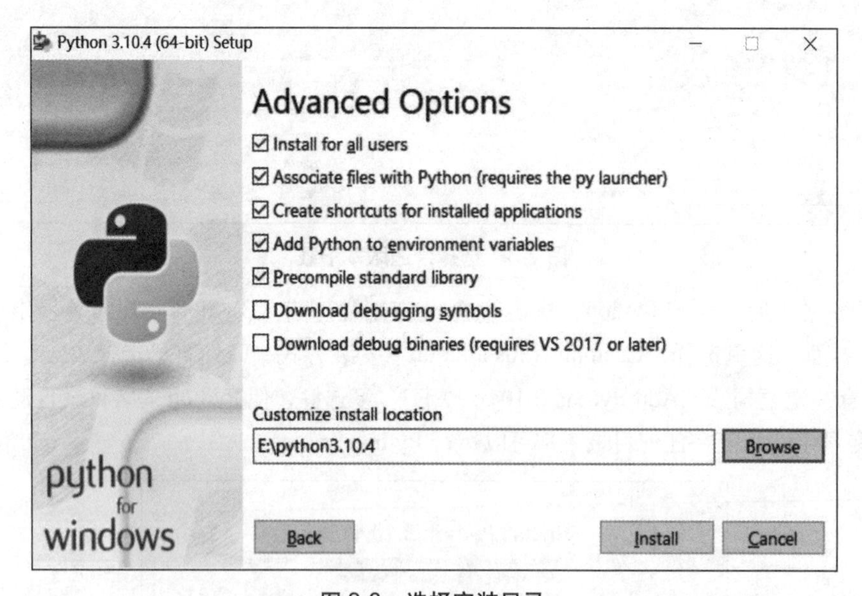

图 2-6 选择安装目录

（7）单击“Install”按钮，开始安装 Python。当出现图 2-7 所示画面时，表示 Python 安装成功。

（8）安装完成，打开一个命令窗口，并在其中执行命令 python，出现图 2-8 所示的 Python 版本号以及提示符“>>>”，就说明 Windows 找到了刚安装的 Python 版本。如果新手找不到命令窗口，可直接从搜索栏中搜索。

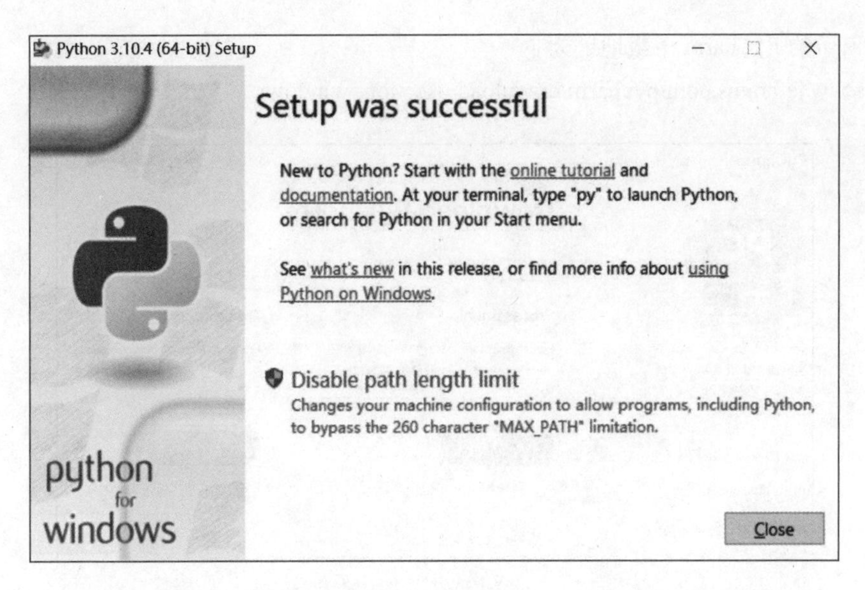

图 2-7　安装成功

图 2-8　命令窗口

3. macOS 平台下载 Python

（1）macOS 系统都自带有 Python 2.7 环境，通过浏览器访问 https://www.python.org/downloads/macos/，下载最新版 Python 3.X；

（2）找到想要安装的版本下载并解压安装包。

4. 集成开发环境

这里推荐下载一款 Python 编辑器：PyCharm，这个编辑器支持 macOS、Windows、Linux 操作系统，能够提升编程效率，具有调试、语法高亮、Project 管理、代码跳转、智能提示、自动完成、单元测试、版本控制等功能。

图 2-9 所示的 PyCharm 下载地址为：

https://www.jetbrains.com/pycharm/download/#section=windows

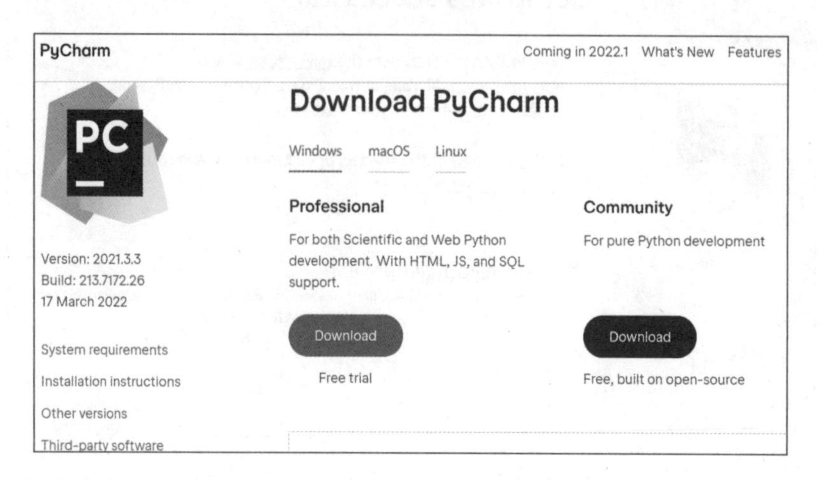

图 2-9　PyCharm 下载页面

（1）单击 Download 按钮下载。Professional 表示专业版，Community 是社区版，社区版是免费的，推荐使用社区版。

（2）下载好以后，单击安装，默认安装在 C 盘，用户可以按照自己的需求更改路径。

（3）连续单击“下一步”按钮，最后单击 Install 按钮。

下载安装完成后创建项目（Create Project）。在第一次使用创建新的项目时需要创建一个存放路径，此时可以看到 PyCharm 自动获取 Python，更改保存地址，如图 2-10 所示。

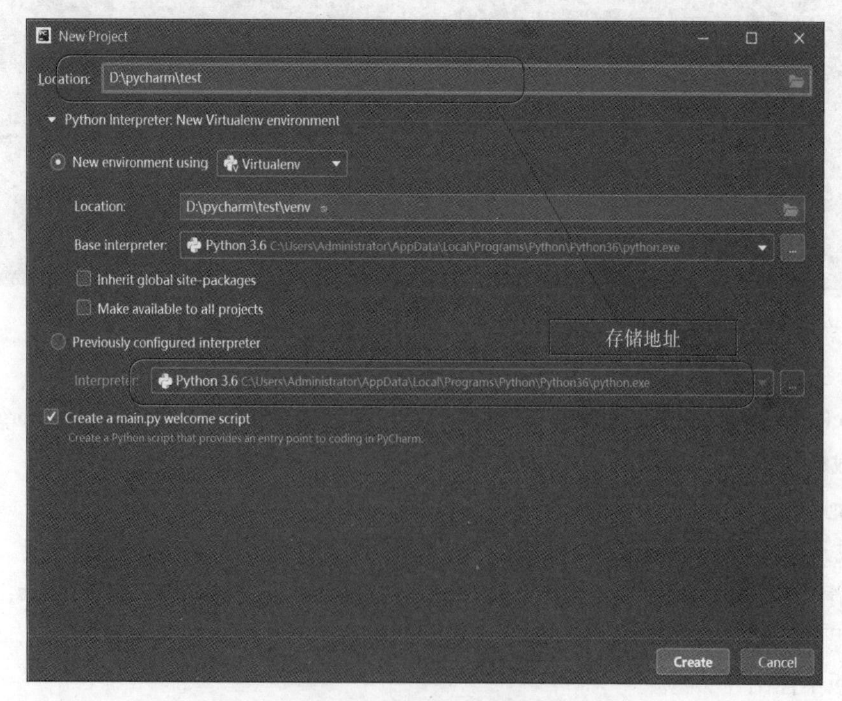

图 2-10　更改下载路径

图 2-11 所示为进入软件主页面的一个 main.py 文件，里边是“Hi, PyCharm”的简单程序以及简单介绍，直接单击“运行”按钮即可得出结果。

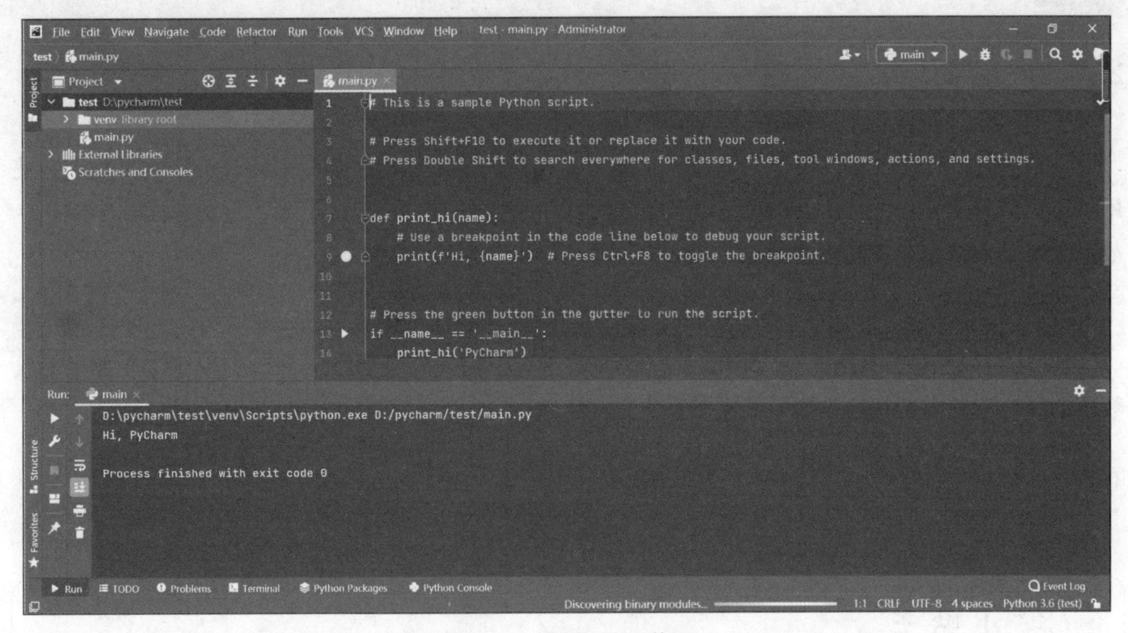

图 2-11　PyCharm 首页

使用 PyCharm 编程时需要创建一个 .py 文件，右击 venv 目录处，在弹出的快捷菜单中选择 New → Python File 命令，如图 2-12 所示。

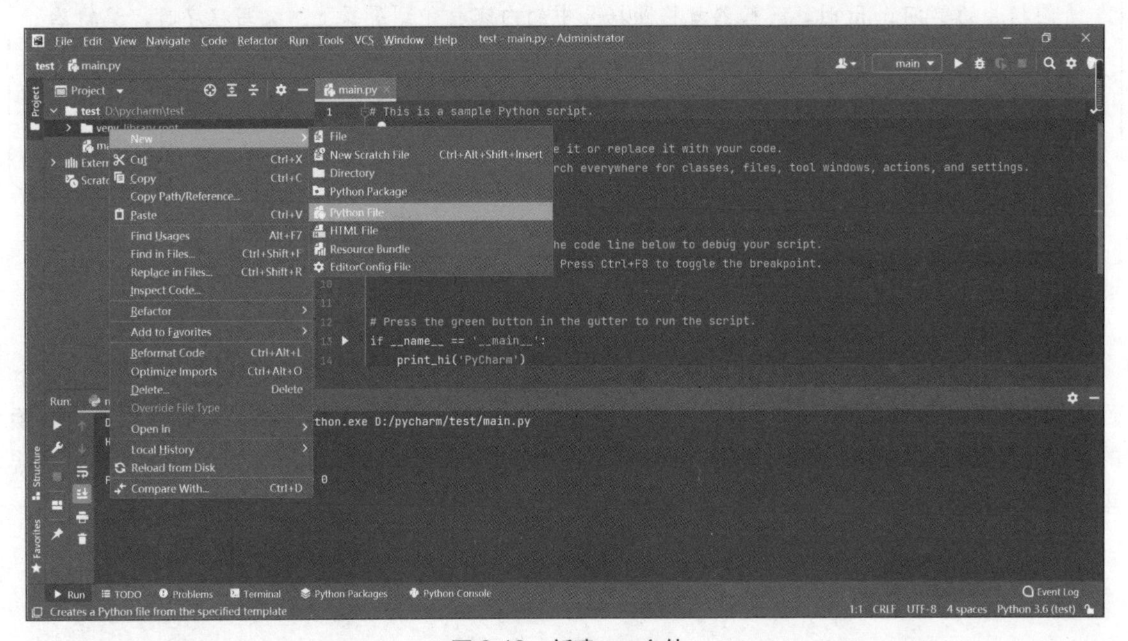

图 2-12　新建 .py 文件

到此，编程环境已经搭建完毕，下面介绍一下 Python 语法。

2.2 基础语法与对象类型

2.2.1 基础语法

1. 输入 / 输出

首先新建一个 .py 文件用于编写程序，编写的任何内容最后都需要命令计算机将结果输出，使用 print() 函数操作。print() 函数会按照顺序依次打印出括号中的内容，遇到“,”会输出一个空格。如输出多个字符串，中间需要用“,”隔开。例如：

```
print('apple', 'red', 'sweet' )        # 输出结果：apple red sweet
```

Python 基础语法中通过 input() 函数控制输入，其中输入的数据以字符串类型存储，如果输入数字的话，后续需要转换类型才能进行操作。

```
apple=input('sunday')
print(apple)                          # 存放到一个变量中，输出结果：sunday
```

小贴士

运行 .py 文件时，末尾的 .py 指出这是一个 Python 程序，因此编辑器将使用 Python 解释器来运行它。Python 解释器读取整个程序，确定其中每个单词的含义。例如，看到后面跟着圆括号的单词 print 时，解释器就将圆括号中的内容打印到屏幕上。编写程序时，编辑器会以各种方式突出程序的不同部分。例如，它知道 print() 是一个函数的名称，因此将其显示为某种颜色；它知道 'apple' 不是 Python 代码，因此将其显示为另一种颜色。这种功能称为语法高亮，对初学者很有帮助。

2. 注释

Python 中对单行内容加以注释时，前面加上“#”，以一行语句为一个单位。

```
print('apple', 'red', 'sweet' )      # 这里是注释部分
```

Python 中对多行内容加以注释时除了可以用多个“#”外，还可以用三个连续的单引号或三个连续的双引号表示，在 Python 中单引号和双引号的使用是一样的。要注意的是，在使用三个连续的单引号或双引号时，需要配对使用，即如果以三个连续单引号开始，也必须以三个连续单引号结束，双引号亦然。

注释模板如下：

```
'''                   """
XXXXXX      或者      XXXXXX
'''                   """
```

3. 行与缩进

Python 中通常一行代码就是一条语句，若所写程序代码比较长，导致无法在一行全部写下，此时可以用分行 "\" 将一行代码分成多行语句，有助于保持代码的可阅读性。但在 "[]" "{}" 或 "()" 中的多行语句，不需要使用反斜杠。若一行代码很短，也可以在同一行中书写多条语句，语句之间使用分号 ";" 分隔。例如：

```
import sys; x='runoob'; sys.stdout.write(x+'\n')
```

Python 语言对大小写书写错误和空格缩进是很敏感的，规定每级四个空格的缩进，这样写出来的代码比较整齐，不过在实际编写中可以自定义空格数，不建议使用【Tab】键设定缩进，更不建议【Tab】键和空格键混合使用。当然这也是 Python 非常具有特色的地方，不再需要花括号 "{}" 输入代码块。但是复制粘贴代码时就容易出现缩进不一致的问题。如果在写代码时不注意大小写的问题就会报错。

```
if True:
    print("True")     # 较上一级空四个空格
else:
    print("False")
```

4. 标识符

所谓的标识符相当于人的名字，主要作用是为变量、函数、类、模块、对象命名，标识符命名需要遵循以下规则：

（1）标识符是由大小写字母、下划线和数字组成的，且规定第一个字符不能是数字，如 123name 是不符合要求的；

（2）标识符中不能包含空格、@、$、% 等特殊符号；

（3）标识符不能和关键字重名；

（4）不能使用内置函数名和数据类型作为标识符，如 int；

（5）标识符会区分大小写，如 name 和 Name 代表着不同的标识符；

（6）如若以下划线开头，要注意不同的含义。

2.2.2 基本对象类型

Python 3.X 中有六个基本对象类型：number（数字）、string（字符串）、list（列表）、tuple（元组）、set（集合）、dictionary（字典）。

Python 语言支持多种数据类型，可以把任何一个数据看成一个对象，而变量就是在程序中使用 "=" 指向这些数据对象的，比如 Number=50.0 等号左边是变量名，右边是要赋值给变量的对象。Python 中的变量不需要声明。每个变量在使用前都必须赋值，只有赋值后该变量才会被创建。Python 的一个重要特点：对象有类型，变量无类型，变量的类型是变量所指数据对象的类型，对变量赋值把数据和变量关联起来。

1. number（数字）

Python 中数字有四种类型：整数（int）、布尔型（bool）、浮点数（float）和复数（complex）。

(1) 整数就是正整数和负整数，在 Python 中，整数类型变量可以通过直接赋值创建，也可以通过构造函数 int() 创建。例如：

```
x1 = 25              # 直接赋值
x2 = int()           # 使用构造器默认参数，值为 0
x3 = int(123)        # 传入参数 123
```

(2) 布尔型一般用于循环判断程序中，输出的结果只有“True”或“False”，但是在 Python 2.X 中是没有布尔型的。其创建方式除了直接赋值，还可以通过构造函数 bool() 创建。例如：

```
var1 = True          # 直接赋值
var2 = bool()        # 使用构造器默认参数，值为 False
var3 = bool(1)       # 带参数，值为 True
var4 = bool(0)       # 带参数，值为 False
var5 = bool(0.1)     # 带参数，值为 True
var6 = bool("50")    # 带参数，值为 True
```

可以看出，用构造函数 bool() 创建时，只要参数为空或 0，则变量值为 False，否则不管参数为何种类型的值，皆为 True。

(3) Python 的浮点数类似数学中的小数和 C 语言中的 double 类型，使用构造函数创建时，参数可以是整数型、浮点型，也可以是字符串型。如果遇到非常大或者非常小的浮点数，用科学记数法来表示。例如：

```
var1 = 25.00           # 直接赋值，注意后边的 .00
var2 = float()         # 使用构造器默认参数，值为 0
var3 = float(123)      # 带参数 123.0
var4 = float(123.0)    # 带参数 123.0
var5 = float("123.0")  # 带参数 123.0
```

(4) 复数由实部和虚部组成。

变量直接赋值方式创建的格式为：a+bj。

使用构造函数 complex() 创建，形式为：complex(real[, image])，其中，real 是实数部分，image 是虚数部分，如果 real 参数以字符串形式给出，则第二个参数必须省略。例如：

```
var1 = 2+3j            # 直接赋值，值为 2+3j
var2 = complex()       # 使用构造器默认参数，值为 (0j)
var3 = complex(5)      # 带参数，值为 (5+0j)
var4 = complex(5,4)    # 带参数，值为 (5+4j)
var5 = complex("5")    # 带参数，值为 (5+0j)
var6 = bool("5+4j")    # 带参数，值为 (5+4j)，加号前后不允许有空格
```

2. string（字符串）

Python 中的字符串没有很复杂的要求，一个字符就可以认为是一个长度为 1 的字符串，用 str

表示，内容用单引号或者双引号包裹起来。下面举例展示字符串的常用操作。

```
str = '123456'
print(str)                                    # 输出字符串；输出结果：123456
# 输出字符串第一个字符
print(str[0])                                 # 输出结果：1
# 输出从第 3 个开始到第 5 个结束的字符，字符串的取值遵从左闭右开的规则
print(str[2:5])                               # 输出结果：345
```

Python 中对字符串的格式化输出方式有两种：(1)% 格式化方式。(2)format() 函数格式化方式，基本语法是通过 {} 和 : 代替以前的 %，format() 函数可以接受无限个参数，位置可以不按顺序。

```
print "My name is %s and her name is %d kg!" % ('Zara', 'Lin') # 输出结果为：My
name is Zara and her name is Lin!
# 不设置指定位置，按默认顺序
"{} {}".format("hello", "world")              # 输出结果：hello world
# 设置指定位置
"{0} {1}".format("hello", "world")            # 输出结果：hello world
# 设置指定位置
"{1} {0} {1}".format("hello", "world")        # 输出结果：world hello world
```

实现从字符串中获取一段子字符串时，可以使用 [头下标 : 尾下标] 截取相应的字符串，其中下标从 0 开始算起，可以是正数或负数，下标可以为空，表示取到头或尾。[头下标 : 尾下标] 表示获取的子字符串包含头下标的字符，但不包含尾下标的字符。Python 的字符串有两种取值顺序：

(1) 从左到右索引默认 0 开始的，最大范围是字符串长度 -1；

(2) 从右到左索引默认 -1 开始的，最大范围是字符串开头。

```
# 输出第 2 个到倒数第 2 个之间的所有字符
print(str[1:-1])                              # 输出结果：2345
# 输出从第 3 个开始之后的所有字符
print(str[2:])                                # 输出结果：3456
```

步长是指一次迈过几个字符，带步长跳跃截取一段字符串的语法格式为：变量名 [开始位置索引 : 终止位置索引 : 步长]

```
# 输出从第 2 个开始到第 5 个之间的字符，且步长为 2
print(str[1:5:2])                             # 输出结果：24
# 输出字符串两次
print(str * 2)                                # 输出结果：123456123456
# 连接两个字符串
print(str + ' hello world')                   # 输出结果：123456 hello world
```

“\” 为转义符，“\n” 表示换行，但是在使用过程中如果出现一词多义的情况，需要使用 “\n”，

可以在字符串之前输入“r”，使转义符失效，如r"hello world \n"。例如：

```
print('hello \n world')
# 输出结果为：
hello
world
print(r'hello \n world')                # 输出结果：hello \n world
```

3. list（列表）

list是一种有序的集合，可以随时添加和删除其中的元素，像字符串一样，输出列表元素时，正向反向（负）都能找到元素的位置。列表的数据项不需要具有相同的类型。列表的基本操作见表2-1。

表2-1 列表的基本操作汇总

操作语句	含义	操作语句	含义
len(list)	列表元素个数	list.copy()	复制列表
max(list)	列表中最大的元素	min(list)	列表中最小的元素
list.append(x)	在末尾添加新的对象x	list.count(x)	元素x在列表中出现的次数
list.extend(seq)	末尾扩充序列	list.insert(index, x)	将x插入列表中
list.index()	列表中第一个x的位置	list.pop（）	移除元素
list.remove(x)	移除列表中的x（第一个匹配元素）	list.reverse()	列表反转
list.sort()	对列表内容排序	list.clear()	清空列表

下边对列表的一些操作举例说明。

读取列表中的元素，list[i]表示读取列表i位置元素，list[-i]表示从右侧开始读取第i个元素。

```
list=['123', '456', 'abc']
print(list[0])                # 输出结果为：123
print(list[-3])               # 输出结果为：123
```

list[1:]表示输出列表中第二个元素及以后的所有元素。

```
list=['123', '456', 'abc', 'xyz']
x=list[1: ]
print(x)                      # 输出结果：['456', 'abc', 'xyz']
```

添加元素，可以用insert将元素插入到位置i，i为位置索引。

```
list.insert(i,234)
print(list)
# 举例：i=2
list=['123', '456', 'abc']
list.insert(2,234 )
print(list)                   # 输出结果：['123', '456', 234, 'abc']
```

删除元素，可以用 pop() 或者 pop(i) 将元素删除，若不指定 i 会默认删除最后一个元素，pop 会把删除的元素返回。

```
print(list.pop(i))
# 举例：i=3
print(list.pop(3))                    # 输出结果：abc
```

对一个列表操作时，想获得列表中元素个数，输入 len(list)。

```
list = ['123',  '456',  'abc',  'xyz']
print(len(list))                      # 输出结果：4
```

4. tuple（元组）

tuple 与 list 的用法相似，上述对列表的操作语句，稍加修改对元组也适用。但是它们最大的不同是元组一旦经过初始化之后就不能再进行修改，这样的规定保证了代码的安全性。元组变量也是一种对象，所以创建元组变量的方式也有两种：(1) 使用圆括号直接赋值；(2) 使用元组构造函数 tuple() 创建。另外，需要注意元组语句使用小括号 ()，列表使用方括号 []，注意中间的逗号也是必不可少的。

要创建一个空元组（没有任何元素），可以通过圆括号直接赋值实现，也可以通过无参构造函数 tuple() 实现。

```
tup1 = ()                             # 创建了一个空元组
tup3 = tuple()                        # 构建函数创建一个没有参数的空元组
```

定义只有一个元素的元组，这个元素后面一定要有一个逗号，这是因为在 Python 中，圆括号 () 既可以表示 tuple 元组，又可以表示数学中的圆括号运算符，为了避免产生歧义，这个唯一元素后面必须加一个逗号。

```
tup2 = (2,)                           # 创建了一个元素的元组，注意后边加了逗号
```

元组变量中的元素类型可以不同，可同时包含整数、浮点数、字符串、列表、集合等。

```
tuple = (123,  '456', [ 'abc',  'xyz'])
tup4 = tuple("hello,world")  # 构建函数创建元组，参数为字符串
```

元组实际上是一个元素的序列，对元组元素的访问是通过方括号指定其下标（索引号）或下标范围完成的，索引号从“0”开始，用“-1”表示末尾元素的索引号。例如，在下面的举例中，tup[2] 表示读取第三个元素，结果为：apple。tup[-2] 表示反向读取，读取倒数第二个元素。tup[1:] 表示截取元素，结果为：('ling', 'apple')。

```
tup = ('abc', 'ling', 'apple')
```

5. set（集合）

集合的三大特点：互异性、确定性、无序性。集合的基本操作见表 2-2。

表 2-2　集合的基本操作汇总

操作语句	含　义
s.add(x)	将 x 添加到集合 s 中
s.pop()	随机去除一个元素
len(s)	计算集合 s 中元素个数
copy()	复制集合
s.intersection(s1)	返回两个集合的交集
s.issubset(s1)	判断 s 中的元素是否都在 s1 中
s.difference_update(s1)	移除两个集合共同的元素
s.symmetric_difference_update(s1)	删除共有的元素后合并两个集合
s.remove(x)	将 x 从集合 s 中移除
s.discard(x)	将 x 从集合 s 中移除
s.clear()	清空集合 s
s.difference(s1)	返回两个集合的差集
s.union(s1)	返回两个集合的并集
s.issuperset(s1)	判断 s1 中的元素是否都在 s 中
s.isdisjoint(s1)	判断两个集合是否有相同的元素
s.symmetric_difference(s1)	集合合并后去除冗余元素

集合是由一个或者多个大小并且不重复的元素组成的，一般用来检测一个序列中是否含有重复元素，Python 中的集合也可以像数学集合一样进行交并差集运算。创建集合可以使用 {} 或者 set()，集合也可以为空，但是注意创建一个空集合时只能用 set()。集合可以做运算操作，但是不可以被切片或者索引。

在 Python 中，数字、字符串、元组是不可变数据，列表、字典、集合是可变数据。注意：add() 方法添加的元素只能是数字、字符串、元组或者布尔类型的值，不能添加列表、字典、集合等可变的数据。例如：

```
set = {'123', '123', '456', '456'}
print(set)                # 输出结果为：{'456', '123'}
set = {'123', '456', '789', '245'}
set1 = {'123', '378', '245', '111'}
set.difference_update(set1)
print(set)                # 输出结果为：{'456', '789'}
z = set.intersection(set1)
print(z)                  # 输出结果为：{'245', '123'}
x = set.union(set1)
print(x)                  # 输出结果为：{'123', '111', '456', '245', '378', '789'}
```

注意：判断两集合中是否含有相同元素，含有返回 False，没有返回 True。

```
y = set.isdisjoint(set1)
print(y)                          # 输出结果为：False
```

6. dictionary（字典）

字典 dictionary 可存储任意类型的对象，非常灵活。字典中的索引称为“键”，一个键值对表示为：key:value，中间用冒号隔开，每个键值对之间用逗号隔开，整个字典的内容包括在花括号里。字典的基本操作见表 2-3。

表 2-3　字典的基本操作汇总

操作语句	含义	操作语句	含义
dict.len()	计算元素个数	dict.clear()	清空字典元素
dict.copy()	复制字典变量	dict.fromkeys()	创建一个新字典
dict.get()	返回指定键的值	dict.items()	列表形式返回字典中的内容
dict.update(dict1)	将 dict1 中不同的值更新到 dict 中	dict.pop(key)	删除指定的键值对

（1）花括号格式构造字典：

```
d = {key1 : value1, key2 : value2 }
d0 = {'red':123, 'blue':45, 'pink':109}
```

（2）构造函数的方式如下：

```
d = dict(key1 = value1, key2 = value2 )
d = dict({'key1' : value1, 'key2' : value2 })
d = dict([('key1' , value1),  ('key2' , value2)] )
d1 = dict(red=123, blue=45,pink=109)
d2 = dict({'red':123,'blue':45,'pink':109})
d3 = dict([('red',123),('blue',45),('pink',109)])
```

d0~d3 输出的结果都是相同的：

```
{'red': 123, 'blue': 45, 'pink': 109}
```

字典中的值通过键来访问：

```
print(d0['red'])                  # 输出结果：123
```

若想更新一个数据，直接修改对应的键值，若想删除一个 key，可以用 pop() 删除，对应的 value 也会从 dict 中删除。但是需要注意因为指定了具体的删除内容，如果字典中不存在目标数据，系统就会报错。在一个字典中同一个键不允许出现两次，否则程序会默认后边的键值对。

```
d3["pink"] = 50
d3.pop("red")
```

使用多个键创建一个新的字典，默认的键值都是空值。

```
a_dict = dict.fromkeys(['red' , 'blue'])
print(a_dict)          # 输出结果：{'red': None, 'blue': None}

d0 = {'red':123, 'blue':45,'pink':109}
print(d0.items())
# 输出结果：dict_items([('red', 123), ('blue', 45), ('pink', 109)])

d0 = {'red':123, 'blue':45,'pink':109}
d1 ={'black':333, 'blue':45}
d0.update(d1)
print ("更新字典 dict : ", d0)
# 输出结果为：更新字典 dict :  {'red': 123, 'blue': 45, 'pink': 109, 'black': 333}
```

删除指定的键值时对应的值和键都被删除，结果输出的是值的内容。

```
result = d0.pop('red')
print(result)                    # 输出结果为：123
```

7. 数据类型转换函数

在Python中，数据类型转换函数常常用到整数int()、浮点数float()、转换为x元组tuple(x)、x转换为列表list(x)、转换为字符串str(x)、八进制oct()、二进制bin()、十六进制hex()等函数。bin()、oct()、hex()的返回值均为字符串，且分别带有0b、0o、0x前缀。

示例2-1 数据类型转换函数应用。

```
apple = int(input("输入内容："))
print("转化为十进制输出：",apple)
print("转化为二进制输出：",bin(apple))
print("转化为八进制输出：",oct(apple))
print("转化为十六进制输出：",hex(apple))
```

输出结果为：

```
输入内容:1234567
转化为十进制输出:1234567
转化为二进制输出:0b100101101011010000111
转化为八进制输出:0o4553207
转化为十六进制输出:0x12d687
```

基本数据类型的操作与数学相似也可以进行加减乘除运算，在Python中，可以用type()语句查询类型，整型和浮点型在一起运算，结果也是浮点型的。

```
a = 20
b = 0.125
print(a + b, type(a + b))
```

```
print(a - b, type(a - b))
print(a * b, type(a * b))
print(a / b, type(a / b))
```

输出结果为：

```
20.125 <class 'float'>
19.875 <class 'float'>
2.5 <class 'float'>
160.0 <class 'float'>
```

2.3 运算符

2.3.1 算术运算符

算术运算符基本操作见表 2-4。

表 2-4　算术运算符基本操作

算术运算符	描　述	举　例	
+	加 两个对象相加	a = 2 ; b = 3 print(a + b)	# 结果输出为 5
-	减 两个对象相减	a = 2 ; b = 3 print(a - b)	# 结果输出为 -1
*	乘 两个对象相乘	a = 2 ; b = 3 print(a * b)	# 结果输出为 6
/	除 两个对象相除	a = 6 ; b = 3 print(a / b)	# 结果输出为 2.0
%	取模 返回除法的余数	a = 6 ; b = 4 print(a % b)	# 结果输出为 2
**	幂 返回 x 的 y 次幂	a = 2 ; b = 4 print(a ** b)	# 结果输出为 16
//	取整 向下取商的整除	a = 5 ; b = 2 print(a // b)	# 结果输出为 2

2.3.2 比较运算符

比较运算符用于比较两个对象之间的大小，判断是否相等或者大于、小于运算，返回结果不是某个具体的数，而是 True 或 False，具体使用方法见表 2-5。

表 2-5　比较运算符基本操作

比较运算符	描　述	举例（a=5,b=2）
==	等于 比较两个对象是否相等	print(a == b) # 结果输出为 False
!=	不等于 比较两个对象是否不相等	print(a != b) # 结果输出为 True
>	大于 左边大于右边则为真	print(a > b) # 结果输出为 True
<	小于 左边小于右边则为真	print(a < b) # 结果输出为 False
>=	大于或等于 左边大于或等于右边则为真	print(a >= b) # 结果输出为 True
<=	小于或等于 左边小于或等于右边则为真	print(a <= b) # 结果输出为 False

2.3.3　赋值运算符

赋值运算符基本操作见表 2-6。

表 2-6　赋值运算符基本操作

<table>
<tr><th>赋值运算符</th><th>描　述</th><th>举　例</th></tr>
<tr><td>=</td><td>基本赋值</td><td>a=b，将 b 赋值给 a</td></tr>
<tr><td>+=</td><td>加法赋值</td><td>a += b 相当于 a = a + b</td></tr>
<tr><td>–=</td><td>减法赋值</td><td>a –= b 相当于 a = a – b</td></tr>
<tr><td>*=</td><td>乘法赋值</td><td>a *= b 相当于 a = a * b</td></tr>
<tr><td>/=</td><td>除法赋值</td><td>a /= b 相当于 a = a / b</td></tr>
<tr><td>%=</td><td>取模赋值</td><td>a %= b 相当于 a = a % b</td></tr>
<tr><td>**=</td><td>幂赋值</td><td>a**= b 相当于 a = a ** b</td></tr>
<tr><td>//=</td><td>取整赋值</td><td>a //= b 相当于 a = a // b</td></tr>
<tr><td>|=</td><td>按位或赋值</td><td>a |= b 相当于 a = a | b</td></tr>
<tr><td>^=</td><td>按位与赋值</td><td>a ^= b 相当于 a = a ^ b</td></tr>
<tr><td><<=</td><td>左移赋值</td><td>a <<= b 相当于 a = a<< b
（左移 b 位，右移同理）</td></tr>
<tr><td>>>=</td><td>右移赋值</td><td>a = b 相当于 a = a>>b</td></tr>
</table>

注意：左移、右移是指在二进制中，将 a 向左、向右移动的位数，返回的是将二进制数转换为十进制数的结果。右移一位相当于除以 2，右移 n 位相当于除以 2^n，这里取的是商，不要余数。例如：

```
print("1<<3 结果：",1<<3)                # 输出结果： 1<<3 结果： 8
# 具体计算方法为：1*2^3 等于 8
print("100>>3 结果：",100>>3)            # 输出结果：100>>3 结果： 12
# 100 除以 2 的三次方，取商
```

2.3.4　逻辑运算符

在很多学习资料中可能会看到布尔值这个概念，只需要记住布尔值是 True 或 False 中的一个即可。逻辑运算符基本操作见表 2-7。

表 2-7　逻辑运算符基本操作

逻辑运算符	描　述	举例（a = 5，b = 2）
and	布尔“与”，等价于数学中的“且”，当 x 和 y 都为真时，最终输出结果才为 True	print(a > 6 and b > 1) # 结果输出为 False
or	布尔“或”，等价于数学中的“或”，只要 x 和 y 中有一个是真的，就可以返回 True；否则返回 False	print(a > 6 or b > 1) # 结果输出为 True
not	布尔“非”，等价于数学中的“非”，如果 x 为真的，返回 False；如果 x 为假的，返回 True	print(not a > 6) # 结果输出为 True

2.4　控制语句

2.4.1　if 条件语句

当判断条件为一个值时：

```
if  判断条件：
    执行语句……
else:
    执行语句……
```

示例 2-2　当判断条件为一个值时。

```
age = int(input('请输入年龄：'))
if age >= 18:
    print('成年')
else:
    print('未成年')
```

输出结果为：

```
请输入年龄：26
成年
```

当判断条件为多个值时：

```
if 判断条件 1:
    执行语句 1……
elif 判断条件 2:
    执行语句 2……
```

```
elif 判断条件 3:
    执行语句 3……
else:
    执行语句 4……
```

示例2-3 当判断条件为多个值时。

```
age = int(input('请输入年龄：'))
if age >= 18 and age <=40:
    print('青年')
elif age >40:
    print('中老年')
else:
    print('未成年')
```

输出结果为：

```
请输入年龄：100
中老年
```

2.4.2 for 循环语句

和 C 编程语言相比，Python 中的 for 循环有很大的不同。其他编程语言需要用循环变量来控制循环，而 Python 语言中的 for 语句通过循环遍历某一对象（如元组、列表、字典）来构建循环，循环结束条件为对象遍历完成。如果循环层次比较复杂，Python 循环中允许一个循环嵌套另一个循环。

for 循环格式：

```
for iterating_var in sequence:
    statements
```

for ... else ... 循环格式：

```
for iterating_var in sequence:
    statement1
else:
    statement2
```

iterating_var：循环变量。

sequence：遍历对象，通常是元组、列表和字典等。

statement1：表示 for 语句中的循环体，通常遍历对象中有多少个元素，就会执行多少次该语句。

statement2：else 语句中的循环体，只在遍历完对象中的所有值时才会执行。

continue 语句和 break 语句都用来终止程序，但是使用 continue 语句时，Python 只终止当前一轮循环的语句，然后继续进行下一轮循环。break 语句直接让程序跳出 for 和 while 的循环体，后边的 else 语句不再执行。例如：

```
# break 终止结果
for x in 'Hello world!':
    if x == 'w':
        break
print('输出结果：', x)
```

输出结果为：

```
输出结果：H
输出结果：e
输出结果：l
输出结果：l
输出结果：o
输出结果：

# continue 终止结果
for x in 'Hello world!':
    if x == 'w':
        continue
print('输出结果：', x)
```

输出结果为：

```
输出结果：H
输出结果：e
输出结果：l
输出结果：l
输出结果：o
输出结果：
输出结果：o
输出结果：r
输出结果：l
输出结果：d
输出结果：!
```

2.4.3　while 循环语句

```
While 判断条件：
    执行语句……
else :
    执行语句……
```

循环中使用 else 语句必须在 while 循环正常完成后才能执行，在 while 循环中，若条件表达式为真，则会一直循环。例如：

```
sum = 0                        # 初始总和为 0
count = 0                      # 初始计数为 0
while count <= 10:             # 当计数小于 10
    sum = sum+count            # 总和加上 count 然后 count+1
    count = count+1
print(sum)                     # 输出结果：55
```

2.5 函数

2.5.1 函数的定义

Python 语言中有很多内建函数，如 print()，也可以自定义函数。

函数的定义规则：

(1) 函数代码块以 def 关键字开头，后接函数标识符名称和圆括号 ()。

(2) () 里边是参数，可以有也可以没有，可以有一个也可以有多个。

(3) 函数名要注意大小写，遵循调用一致性。

(4) 在定义完函数名的下一行缩进编写函数体，Python 要求函数体的缩进是四个空格。

(5) 结果用 return 语句返回。

函数的定义格式为：

```
def 函数名(参数 1, 参数 2,…, 参数 n):
    函数体(代码块)
```

函数的基本结构完成之后可以做一些简单的应用，例如：

```
def name():                    # 定义一个 name() 函数
    print("li ming")           # 注意缩进
name()                         # 调用函数 结果输出为：li ming

def data(a, b):                # 定义一个带参数的 data() 函数
    if a>b:                    # 使用 if 语句做函数体
        return a
    else:
        return b
a = 5
b = 10
print(data (a, b))
```

输出结果为：

```
li ming
10
```

除此之外函数也可以通过某个赋值语句与变量建立联系。

2.5.2 参数的传递

可变参数：在Python函数中，可以定义可变参数。不难理解，可变参数就是传入的参数个数是可变的，可以是1个、2个到任意多个，也可以是0个。列表、字典、集合都是可变参数，在调用时与初始定义使用同一个东西，一旦修改了函数体中的内容，函数体外部调用该函数时内容也会更改。

示例2-4 可变参数。

```
list = [1, 2, 3, 4]
def data(list):                         # 定义一个列表
    print("初始定义函数取值：", list)
    list.append([7, 8, 9])              # 添加数据
    print("添加数据后的列表：", list)
# 外部调用 data 函数
data(list)
print("修改数据后函数取值：", list)
```

输出结果为：

```
初始定义函数取值：[1,2,3,4]
添加数据后的列表：[1,2,3,4,[7,8,9]]
修改数据后函数取值：[1,2,3,4,[7,8,9]]
```

不变参数：在函数的定义部分，数字、字符串、元组都是不可变参数。与可变参数相反，在函数体内部修改了数据之后，函数体外部调用不会受到任何影响。也可以看作在函数体内部进行修改时，只不过是创建了一个同名的参数而已，对这个同名参数的操作不会影响外部参数值。

示例2-5 不变参数。

```
a = "hello world"
b = 25
def str(a):                    # a是字符串
    print('修改前的a、b:', a, b)
    a  = "ni hao"              # 重新给a赋值
    print('修改后的a：', a)
def num(b):                    # b是数
    b = 20                     # 重新给b赋值
    print('修改后的b：', b)
```

```
# 外部调用 str() 函数
str(a)
num(b)
print("a = ", a)
print("b = ", b)
```

输出结果为：

```
修改前的 a、b: hello world 25
修改后的 a: ni hao
修改后的 b: 20
a = hello world
b = 25
```

2.5.3 参数的调用方式

参数调用类型有四种：默认参数、关键字参数、位置参数、变长参数。其中，默认参数是指定义一个函数后直接给参数赋一个值，在调用函数时没有传递参数的情况下，就把它当作默认值。位置参数是指，按照参数的位置依次传递。关键字参数是指不愿意服从位置顺序传递，给关键字指定参数。变长参数分为元组变长参数和字典变长参数，加了星号 * 的参数会以元组的形式导入，存放所有未命名的变量参数，在一个函数定义中只允许一个这样的参数出现，加了两个星号 ** 的参数会以字典的形式导入。

```
def sum(a,b):
    print(a + b)
sum(3,5)                        # 位置参数：按照位置顺序 3 传给了 a，5 传给了 b
sum(b = 3,a = 5)                # 关键字参数
```

示例2-6 变长参数以元组形式导入。

```
def tuple(name, *vartuple):
    # 打印任何传入的参数
    print("输出：")
    print(name)
    print(vartuple)
# 调用函数
tuple("liming", 60, 50)
```

输出结果为：

```
输出：
liming
(60,50)
```

示例 2-7　变长参数以字典形式导入。

```
def dic(age, **vardict):
    print(" 输出 : ")
    print(age)
    print(vardict)
dic("li ming", a=35, b=20)
```

输出结果为：

```
输出 :
li ming
{'a' : 35, 'b' : 20}
```

2.5.4　匿名函数

匿名函数是指不用 def 定义的没有名字的函数，使用时创建，不能反复执行，没有过多冗余的操作。匿名函数使用 lambda 创建，与函数定义不同，lambda 主体是一个表达式而不是一个代码块。

格式如下：

```
lambda [arg1 [,arg2,...,argn]]:expression
```

示例 2-8　匿名函数应用。

```
sum = lambda arg1, arg2: arg1 + arg2
print(" 相加后的值为 : ", sum(10, 20))
print(" 相加后的值为 : ", sum(20, 20))
```

输出结果为：

```
相加后的值为: 30
相加后的值为: 40
```

2.6　类和对象

类相当于模板，对象是填充模板需要的原料。Python 语言是一门面向对象的语言，因此 Python 也具有封装性、继承性和多态性。

类 class 的定义后面紧接着是类名，类名通常是大写开头的单词，后边紧接着是对象，表示该类是从哪个类继承下来的，如果没有合适的继承类，就使用 object 类，这是所有类最终都会继承的类。

```
class Classname(object):
```

面向对象最重要的概念是类和实例。类是抽象的，实例是具体的。由于类可以起到模板的作用，

用 __init__() 函数初始化对象当作类定义中的第一个函数。类定义的函数与其他函数相比并没有很大区别，类也可以用默认参数、可变参数、关键字参数和命名关键字参数。但是类定义最大的不同在于第一个参数永远是实例变量 self。

```
def __init__(self,name,age):
self.name = name                    # 建立实例的一个属性
self.age = age
```

封装性：上述例子中的每个实例，都具有各自的名字和年龄，若想访问这些数据可以直接在内部定义数据访问函数，也就是封装性。在外部看起来只需要知道给出哪些参数，但是不知道内部细节。

```
def print_age(self):
    if  判断条件：
        执行语句......
    else:
        执行语句......
```

继承性：子类继承父类的方式就是在后边括号中加上父类的名字，子类的输出内容是从父类继承过来的。例如：

```
class Student(object):
    def __init__(self):
print("hello")
class Teacher(Student):
pass
C = Teacher()                       # 此时执行了父类初始化内容
```

多态性：即多种状态，是指不同的子类在调用同一个父类时使用的灵活性技巧，以继承和重写父类为前提调用基类对象的方法，实际能调用子类的覆盖方法的现象。在其他语言中编译状态的程序称为静态，运行时的状态称为动态，但是在 Python 中只有动态没有静态。

```
class Student:
    def search(self):
        print('调用 search()')
class Look(Student):
    def search(self):
        print('寻找学生')
class Teacher(Look):                # 能够调用父类也能调用子类
    def search(self):
        print('学生的老师')

def ok_search(s):
```

```
    s.search()                          # 体现动态的多态性
s1 = Look()
s2 = Teacher()
ok_search(s1)
ok_search(s2)
```

在 Python 中，类似 __xxx__ 这种形式的变量名是特殊变量，特殊变量是可以直接访问的，有些时候在阅读代码时会看到以一个下划线“_”开头的实例变量名，如 _name，Python 类中，以双下划线开头，不以双下划线结尾的标识符为私有成员，私有成员只能使用该类的方法进行访问和修改。

示例 2-9 小明想和家人去游乐场游玩，平日成人票价 100 元，儿童半价，周六日票价上涨百分之二十，请创建实例调用函数。

```
class Tickets:
    def __init__(self,price = 100):
        self.price = price
    def get_tickets_price(self):
        Adult = int(input("请输入大人的人数:"))
        Child = int(input("请输入儿童的人数:"))
Tickets().get_tickets_price()
class Tickets:                          # 定义一个 Tickets 类
    def __init__(self,price = 100):
        self.price = price
    def tickets_price(self):
        global total_price
        Day = int(input("请输入您要买哪一天的票:"))
        Adult = int(input("请输入成人的个数:"))
        Child = int(input("请输入儿童的个数:"))
        if Day in range(1,6):
            total_price=Adult*self.price+Child*self.price*0.5
        elif Day in range(6,8):
            total_price=Adult*self.price*1.2+Child*self.price*0.5*1.2
        else:
            print("您输入有误，请重新输入")
        return total_price
Price=Tickets().tickets_price()
print("您需要支付{}元".format(Price))
```

输出结果为：

```
请输入您要买哪一天的票:5
请输入成人的个数:3
请输入儿童的个数:2
您需要支付400.0元
```

2.7 模块

在 Python 中模块是一个包含已经定义好的 .py 源代码文件，在模块中通常会定义许多变量和函数，模块可以被其他程序导入来使用这些变量和函数，以便使用该模块中的函数等对象。Python 中的模块有三种来源：内置模块、导入别人写的、自定义的。模块的导入路径是一开始下载 Python 时指定的路径。

可供他人引用的模块都是开放的，编写代码时引用其他人编写好的模块可以大大提高编程效率。如果不愿意引用别人的模块当然也可以自己编写，程序比较大的时候整体代码会包含多个 .py 文件，之间相互引用也是可以的。

在 Python 中用 import 语句或者 from...import 语句导入相应的模块。具体使用如下格式。

（1）将整个模块（module）导入，格式为：

```
import module
```

比如导入 sys 模块语句：import sys。

导入 sys 模块后，变量 sys 指向该模块，利用 sys 变量，就可以访问 sys 模块的所有功能。

（2）从某个模块中导入某个函数，格式为：

```
from module import function
```

（3）从某个模块中导入多个函数，格式为：

```
from module import function1, function2, function3
```

（4）将某个模块中的全部函数导入，格式为：

```
from module import *
```

一个模块只会被导入一次，不管执行了多少次 import。模块导入程序后被主程序运行，每个模块都有一个 __name__ 属性，如果希望在模块引入后某一程序块不执行，可以用 __name__ 属性使该程序块仅在该模块自身运行时执行。__name__ 可以标识模块的名字，清楚地显示出模块的某功能是被自己执行还是被别的 .py 文件调用，如果模块执行自己定义的功能，那么使用“__name__=='__main__'”，如果该模块定义的功能被别的模块调用了，那么使用“__name__==' 调用模块名字 '”。dir() 函数和 help() 函数可以用来查看模块内的所有内容。

在安装 Python 时被默认安装好的模块集合称为标准库，Python 标准库中有许多包，每个包中包含许多模块。在导入模块时，也可以通过包的位置进行搜索，但是书写时一次只能导入一个包中的模块。

小　结

Python语法的简单化和动态数据类型，以及解释型语言的本质特点，使它成为多数平台上写脚本和快速开发应用的编程语言。本章首先介绍了Python开发环境和Python环境搭建方法，然后介绍了基本语句和对象类型，最后对运算符、控制语句、函数、类、模块的用法进行了讲述，每一部分都给出了例子供学习记忆。通过阅读本章内容，读者可掌握本书所需的Python基础知识。

习　题

1. Python语言具有哪些特点？
2. continue语句和break语句有什么异同？
3. 什么是变量？什么是对象？其区别是什么？
4. 简述什么是继承性、封装性、多态性。
5. 实现isodd()函数，参数为整数，如果参数为奇数，返回true，否则为false。
6. 程序读入一个表示星期几的数字（1～7），输出对应的星期字符名称，如2，返回星期二。
7. 编程设计：要求统计全班的成绩，90分及以上输出成绩A，80～89分输出成绩为B，70～79分输出成绩为C，60～69分输出成绩为D，小于60分输出不及格。

第3章

数据分析

对收集来的数据进行处理与分析，提取有价值的信息是机器学习中的一个关键环节。数据分析的目的是实现效率最大化开发数据的功能，涉及数据预处理，数据分析和数据可视化等操作，最后分析结果通过可视化呈现。本章重点对数据分析的基础知识和常用工具进行介绍。

思维导图

视　频

数据分析

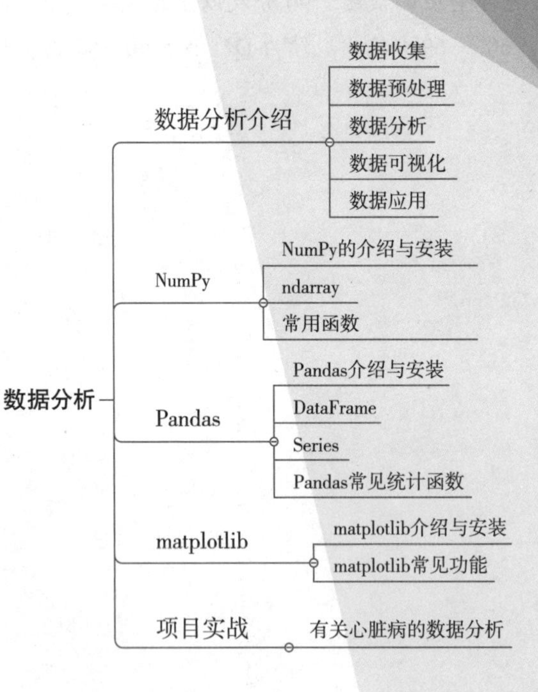

学习目标

- 了解数据处理的基本流程；
- 了解 NumPy 的功能与使用；
- 掌握 Pandas 的功能与使用；
- 掌握 matplotlib 的使用。

3.1 数据分析介绍

完整的数据分析流程包括数据收集、数据预处理、数据分析、数据展示/数据可视化以及数据应用等步骤。

3.1.1 数据收集

在处理数据之前，需要进行数据收集。数据收集的方法很多，目前常见的方法有以下几种。

(1) 问卷法：调查者通过设计问卷让其他人作答，从被调查者的答案中获取相关信息。这种方法操作简单，但是数据质量难以保证，并且需要大量人力去发问卷。

(2) 实验法：通过进行实验来得到相关的数据。这样得到的结果一般来说比较准确，但是实施比较困难。

(3) 观察法：带着特定的目的进行研究和观察。可以通过软件工具或者感官进行观察。它得到的结果也比较准确，但是较耗时。

(4) 采访/访谈法：通过多人或单人对用户进行采访，与用户进行讨论，得到相关数据。

(5) 文献法：通过查阅论文，书籍等资料得到数据。

3.1.2 数据预处理

很多原始数据在收集之后是不能直接应用的，它会存在各种各样的问题影响使用，这些数据称为“脏数据”。“脏数据”出现的问题一般可以分为以下几种。

(1) 数据重复：在数据集中有些数据重复出现多次，造成不必要的冗余。比如学生信息中一个学生的信息出现了多次。

(2) 异常值（离群值）：在数据集合中有一些数据很明显偏离了数据集群。比如说学生信息中有个别学生的身高在2.0 m以上，这种数据在数据集中一般会做去除或修改处理。

(3) 数据缺失：在一条数据记录中存在属性值为空的情况。如说学生记录中没有记录学生的年龄、身高等。

(4) 数据不均衡：指的是数据集中的数据类别不均衡。比如学生记录中90%的学生都是女生，这样男女比例悬殊，对最后的实验结果可能造成影响。

(5)数据噪声：指的是一些数据记录不合理或者错误。比如学生记录中某个学生的年龄是“-10”岁，或者手机号10位数，这些都属于数据噪声。

这些“脏数据”对于最后实验的结果可能造成一些不好的影响。数据预处理的目的便是经过各种手段得到规则、有意义的数据。

数据预处理的方法一般有：数据清理、数据集成、数据规约和数据变换。

数据清理一般指的是通过填补缺失值、删除异常数据、平滑数据等手段处理数据集中的一些“脏数据”。对于缺失值而言，不同的情况有不同的处理方式。如果缺失的属性太多，便可以删除数据。当缺失的属性比较少并且属性不是特别重要时，可以选择填充它们。填充的数据一般使用均值或者中位数。

对于离群点、异常值，需要先对数据进行判定。常见的判定方法有简单的统计分析、正态分布判定、基于距离、基于聚类等。对于异常点，通常选择删除处理，一些特殊情况下可以使用平均值或者中位数代替。噪声通常是随机的误差。通常的解决方式是使用等频或等宽进行分箱处理。使用平均值、中位数或者边界值进行平滑。

数据集成是将多个来源的数据放在一起存储。在数据集成的过程中会遇到取值冲突、冗余等问题。所以一般数据集成后会对数据进行二次处理。

一些数据集的规模较大，需要通过技术手段降低数据规模，这就是数据规约。一般有维度规约和维度变换两种方法。数据集中的数据有很多属性，但是会有一些我们不需要的，维度约束则是去除这些不需要的冗余属性。维度变换是将现有数据降低到更小的维度，尽量保证数据信息的完整性，它不改变属性的多少。

数据变化一般是对数据进行变换使得更加规范、稀疏化。一般用得最多的有以下几种变换。

最大 - 最小规范化：将数据通过最大 - 最小规范化公式映射到 [0,1] 区间。最大 - 最小规范化公式为

$$x_{\text{new}} = \frac{x - x_{\min}}{x_{\max} - x_{\min}} \tag{3-1}$$

Score 标准化，将数据减去均值除以方差。Score 公式为

$$x_{\text{new}} = \frac{x - \overline{x}}{\sigma} \tag{3-2}$$

3.1.3 数据分析

数据分析是对收集来的大量数据进行分析，将它们加以汇总和理解并消化，以求最大化地挖掘数据的价值，发挥数据的作用；是为了提取有用信息和形成结论而对数据加以详细研究和概括总结的过程。

在 Python 中，通过使用各种函数便能够对数据各个方面进行分析。这部分内容在 3.3 节中有详细讲解。

3.1.4 数据展示 / 数据可视化

数据一般是通过二维表的形式给出，处理起来不太方便以及不容易观察。所以通常需要对数据进行可视化，将数据转化为图的形式增强视觉效果。关于数据可视化的实现在 3.4 节中有详细讲解。

3.1.5 数据应用

数据可以用来解决实际问题。数据的收集、处理、分析和可视化都是为了最后的数据应用。

3.2 NumPy

3.2.1 NumPy 的介绍与安装

NumPy 的全称是 Numerical Python。它是一个 Python 的扩展程序库，提供很多数学函数库，支持数组矩阵运算。下面介绍 ndarray 数组对象以及 NumPy 中一些常用的数学函数。

NumPy 一般通过命令语句安装或第三方自带。第 2 章详细讲解了 Python 的安装方法，读者在安装 NumPy 前需要安装好 Python 环境。一般在 Anaconda 上便会附带 NumPy 等关键包，读者可使用 Anaconda 自带的 Python 环境。也可以在命令提示符中使用以下语句进行安装：

```
pip3 install -user numpy scipy matplotlib
```

安装完成后，需要进行测试是否安装成功。如下所示，导入 NumPy 之后进行简单测试，最后能得到结果，表明安装成功。

```
import numpy as np
arr = np.array([1, 2])
print(arr)                          # 输出结果：[1 2]
```

3.2.2 ndarray

ndarray 是 NumPy 中的 N 维数组对象，它是同一类型的数据集合。ndarray 主要由跨度元组、维度大小、数据类型和指针四部分组成。

array.array：array.array 只处理一维数组并提供较少的功能。ndarray 对象有着一些更重要的属性，具体如下：

- ndarray.ndim：数组维度的个数。一般用得最多的维度是一维和二维。
- ndarray.shape：数组的维度。它用来表示每个维度中数组的大小。shape 元组的长度就是 rank 或维度的个数 ndim。
- ndarray.dtype：一个描述数组中元素类型的对象。
- ndarray.itemsize：数组中每个元素的字节大小。
- ndarray.data：此缓冲区包含的实际元素。Python 中常使用索引进行访问。

以下有一些 ndarray 的使用示例，便于我们更好地理解 ndarray。

1. 创建一维数组

```
import numpy as np
a = np.array([1,2,3,4,5,6,7,8,9,10])
print (a)                           # 输出结果：[ 1  2  3  4  5  6  7  8  9  10]
```

2. 创建二维数组

```
import numpy as np
b = np.array([[1,2,0],[3,4,5],[6,7,8]])
print(b)                            # 输出结果：[ [1 2 0] [3 4 5] [6 7 8] ]
```

3. 创建指定维数 ndarray

```
import numpy as np
c = np.array([1,2], ndmin = 5)
print(c)                            # 输出结果： [[[[[1 2]]]]]
```

3.2.3 常用函数

1. 字符串函数

在 NumPy 中有很多常用的函数，包括字符串、数学、算术和统计函数等。字符串函数一般使用 numpy.char 进行操作。下面通过一些实例学习字符串函数。

（1）numpy.char.add()：对两个字符串进行连接。

```
import numpy as np
print(np.char.add(['a,b'],['c']))
print(np.char.add(['a,b', 'c'],['c']))
```

输出结果：

```
['a,bc']
['a,bc' 'cc']
```

（2）numpy.char.multiply()：能够实现多个相同字符串连接。

```
print(np.char.multiply('good ',6)) # 输出结果：good good good good good good
```

（3）numpy.char.replace()：使用新字符串代替原字符串。

```
print(np.char.replace('love', 'a', 'b'))  # 输出结果：love
```

（4）numpy.char.strip()：移除串头和串尾的特定字符。

```
print(np.char.strip('abcd  ab','a'))        # 输出结果：bcd  ab
```

（5）numpy.char.split()：对字符串进行分割，默认使用空格。

```
print(np.char.split('i love you'))
print(np.char.split('www.4399.com', sep = '.'))
```

输出结果：

```
['i', 'love', 'you']
['www', '4399', 'com']
```

（6）numpy.char.upper()：将每个元素转换成大写。

```
print(np.char.upper(['abc','good']))
print(np.char.upper('love'))
```

输出结果：

```
['ABC' 'GOOD']
LOVE
```

（7）numpy.char.lower()：将每个元素转换成小写。

```
print(np.char.lower(['LOVE','TIAN']))
```

```
print(np.char.lower('FAKER'))
```

输出结果：

```
['love' 'tian']
faker
```

（8）numpy.char.center()：将元素居中，旁边填充字符。

```
print(np.char.center('GOOD',16,fillchar = '-')) # 输出结果：------GOOD------
```

2. 数学函数

Numpy中有许多数学函数可以方便人们的计算。下面通过一些实例进行了解。

（1）numpy.around()：返回数字的舍入值（四舍五入）。

```
a = np.array([1.5,0.37,  33,  578,  24.99])
print('原数组：', a)
print('舍入后：', np.around(a))
print(np.around(a, decimals =  1))
print(np.around(a, decimals =  -1))
```

输出结果：

```
原数组：[1.500e+00 3.700e-01 3.300e+01 5.780e+02 2.499e+01]
舍入后：[  2.   0.  33. 578.  25.]
[1.50e+00 4.00e-01 3.30e+01 5.78e+02 2.50e+01]
[  0.   0.  30. 580.  20.]
```

（2）numpy.ceil()：向上取整函数。

```
a = np.array([-1.2,  14,  -0.8,  0.7,  14])
print('原数组：', a)
print('修改后的数组：', np.ceil(a))
```

输出结果：

```
原数组：[-1.2 14.  -0.8  0.7 14. ]
修改后的数组：[-1. 14. -0.  1. 14.]
```

（3）numpy.floor()：向下取整函数。

```
a = np.array([-1.3,  1.9,  -0.3,  0.7,  9])
print('原数组：',a)
print('修改后的数组：', np.floor(a))
```

输出结果：

```
原数组：[-1.3  1.9 -0.3  0.7  9. ]
```

```
修改后的数组：[-2.  1. -1.  0.  9.]
```

(4) 还有一些常用的三角函数。

```
a = np.array([0,30,45,60,90])
print('不同角度的正弦值：', np.sin(a*np.pi/180))
print('数组中角度的余弦值：', np.cos(a*np.pi/180))
print('数组中角度的正切值：', np.tan(a*np.pi/180))
```

输出结果：

```
不同角度的正弦值：[0.  0.5  0.70710678 0.8660254  1 ]
数组中角度的余弦值：[1.00000000e+00 8.66025404e-01 7.07106781e-01 5.00000000e-01 6.12323400e-17]
数组中角度的正切值：[0.00000000e+00 5.77350269e-01 1.00000000e+00 1.73205081e+00 1.63312394e+16]
```

3. 运算函数

(1) 加减乘除函数：

```
a = np.arange(9, dtype = np.float_).reshape(3,3)
print('第一个数组：',a)
b = np.array([100,10,1])
print('第二个数组：',b)
print('两个数组相加：', np.add(a,b))
print('两个数组相减：', np.subtract(a,b))
print('两个数组相乘：', np.multiply(a,b))
print('两个数组相除：', np.divide(a,b))
```

输出结果：

```
第一个数组：[[0. 1. 2.] [3. 4. 5.] [6. 7. 8.]]
第二个数组：[100  10   1]
两个数组相加：[[100.  11.   3.] [103.  14.   6.] [106.  17.   9.]]
两个数组相减：[[-100.  -9.   1.] [ -97.  -6.  4.] [ -94.  -3.   7.]]
两个数组相乘：[[0.  10.   2.] [300.  40.   5.] [600.  70.   8.]]
两个数组相除：[[0.    0.1  2. ] [0.03  0.4   5.] [0.06  0.7  8. ]]
```

(2) numpy.mod()：求余函数。

```
a = np.array([100,200,300])
b = np.array([10,27,11])
print('第一个数组：',a)
print('第二个数组：',b)
print('调用 mod() 函数：', np.mod(a,b))
print('调用 remainder() 函数：', np.remainder(a,b))
```

输出结果：

```
第一个数组：[100 200 300]
第二个数组：[10 27 11]
调用 mod() 函数：[ 0 11  3]
调用 remainder() 函数：[ 0 11  3]
```

（3）numpy.reciprocal()：求导函数。

```
a = np.array([0.2,  2,  100])
print('我们的数组是：',a)
print('调用 reciprocal 函数：', np.reciprocal(a))
```

输出结果：

```
我们的数组是：[  0.2   2.  100. ]
调用 reciprocal 函数：[5.   0.5  0.01]
```

4. 统计函数

统计函数一般在分析数据中使用的比较多，下面给出一些常见的统计函数实例。

（1）求最大值和最小值函数。

```
a = np.array([[3,7,99],[8,6,3],[2,8,4]])
print('我们的数组是：',a)
print('调用 amin() 函数：', np.amin(a,1))
print('调用 amax() 函数：', np.amax(a,1))
```

输出结果：

```
我们的数组是：[[ 3  7 99] [ 8  6  3] [ 2  8  4]]
调用 amin() 函数：[3 3 2]
调用 amax() 函数：[99  8  8]
```

（2）numpy.median()：用于计算中位数。

```
a = np.array([[30,65,70],[80,95,15],[50,80,60]])
print('我们的数组是：'a)
print(a)
print('调用 median() 函数：', np.median(a))
```

输出结果：

```
我们的数组是：
[[30 65 70]
[80 95 15]
[50 80 60]]
```

```
调用 median() 函数：65.0
```

（3）numpy.mean()：用于计算平均值。

```
a = np.array([[1,2,3],[3,4,9],[9,5,9]])
print('我们的数组是：')
print(a)
print('调用 mean() 函数：')
print(np.mean(a))
```

输出结果：

```
我们的数组是：
[[1 2 3]
[3 4 9]
[9 5 9]]
调用 mean() 函数：
5.0
```

（4）np.std()：用来计算标准差。

```
print (np.std([1,2,3,4,5,6]))          # 输出结果：1.707825127659933
```

（5）np.var(): 用来计算方差。

```
print (np.var([1,2,3,4,5,5,6,7]))    # 输出结果：3.609375
```

3.3 Pandas

3.3.1 Pandas 的介绍与安装

Pandas 是 Python 中的一个资源库。它在数据分析中能发挥巨大作用，所以 Pandas 基本已经成为数据分析的主流工具。它主要能够实现加载数据、整理数据、操作数据、构建数据模型和分析数据五个功能。

Pandas 库在第三方都是自带的。如 Anaconda、WinPython 以及 Python(x,y)。读者可以通过第三方官网安装。

在 Windows 系统下，标准发行版上安装 Pandas 只需要在 cmd 命令提示符界面输入：pip install pandas 即可。

3.3.2 DataFrame

在 Pandas 中 DataFrame 是使用最多的数据结构。DataFrame 是一个二维表形的数据结构，有行和列的标签，分别称为 index 和 columns。DataFrame 特殊之处在于它每列的数据类型可以不同，因此也称为异构数据表。

pd.DataFrame(data, index, columns, dtype, copy) 语句用于创建 DataFrame 对象，其中五个参数分别表示输入的数据、行标签、列标签、数据类型和复制数据参数（默认为否）。创建 DataFrame 一般有以下四种方式。

（1）创建空的 DataFrame 对象。

```
import pandas as pd
df = pd.DataFrame()
print(df)
```

输出结果：

```
Empty DataFrame
Columns: []
Index: []
```

（2）利用列表创建 DataFrame，使用单列表创建一个实例。

```
data = [1,2,3]
df = pd.DataFrame(data)
print(df)
```

输出结果：

```
0
0  1
1  2
2  3
```

（3）利用字典创建。

```
data = {'student':['a', 'b', 'c'],'grade':[99,88,100]}
df = pd.DataFrame(data)
print(df)
```

输出结果：

```
     student  grade
0    a        99
1    b        88
2    c        10
```

（4）利用列表镶嵌字典。

```
data = [{'a': 1, 'b': 2},{'a': 5, 'b': 10, 'c': 20}]
df = pd.DataFrame(data)
print(df)
```

输出结果：

```
   a  b   c
0  1  2   NaN
1  5  10  20.0
```

DataFrame 还有一些常用的属性或者方法。

T：行和列转置。shift() 表示将行或列移动指定的步幅长度。size 表示 DataFrame 中的元素数量。Shape 用返回值表示 DataFrame 的维度。Dtypes 返回 DataFrame 中所有列数据的数据类型。head() 返回 DataFrame 中前 n 行数据。tail() 返回后 n 行数据。DataFrame 除了这些常用属性之外还有一些不常用属性，感兴趣的读者可以查阅相关资料进行学习。

3.3.3 Series

和 DataFrame 一样，Series 也是 Pandas 中的一种数据结构，不同的是 Series 类似于一维数组，它由数据和标签组成。Series 能够保存任何类型的数据。

创建 Series 的语句是 s=pd.Series(data, index, dtype, copy)。括号中四个参数分别表示输入的数据、索引值、数据类型和是否复制（默认值为否）。这里介绍几种 Series 的创建方法。

（1）创建空的对象。

```
s = pd.Series()
print(s)                 # 输出结果：Series([], dtype: float64)
```

（2）使用 ndarray 创建 Series 对象。下面给出有索引和默认索引两个例子。

```
data = np.array(['a','b','c','d'])
s = pd.Series(data)
print (s)
s = pd.Series(data,index=[10,11,12,13])
print(s)
```

输出结果：

```
0    a
1    b
2    c
3    d
dtype: object
100    a
101    b
102    c
103    d
dtype: object
```

（3）利用字典创建 Series 对象。

```
data = {'a' : 0., 'b' : 1., 'c' : 2.}
```

```
s = pd.Series(data)
print(s)
data = {'a' : 0., 'b' : 1., 'c' : 2.}
s = pd.Series(data,index=['b','c','d','a'])
print(s)
```

输出结果：

```
a     0.0
b     1.0
c     2.0
dtype: float64
b     1.0
c     2.0
d     NaN
a     0.0
dtype: float64
```

（4）创建一个标量 Series 对象。

```
s = pd.Series(9, index=[10, 11, 12, 13])
print(s)
```

输出结果：

```
10    9
11    9
12    9
13    9
dtype: int64
```

Series 中也有一些常用属性。index 在 Series 中描述索引的取值范围；size 返回输入数据的数量。dtype 返回数据类型；ndim 返回数据的维数；empty 返回空的对象。Series 也有一些不常用属性，读者感兴趣的话可以自行查阅相关资料学习。

3.3.4　Pandas 常见统计函数

在 Python 中使用文件格式最多的是 csv 格式。利用 df = pd.read_csv(' 文件名 .csv') 语句便可以读取 csv 文件，然后能够利用相应的函数对文件进行分析。在后面的实验中，会体现更多关于 Pandas 的函数。下面介绍一些常用的统计函数。

mean() 函数返回数据的平均数；median() 函数返回数据的中位数；mode() 函数返回数据的众数；std() 函数得到数据的标准差；count() 函数用来统计数据集中的非空数；min() 和 max() 函数分别求数据的最大值和最小值；cumsum() 和 cumprod() 函数分别计算数据集的累加和与累加积。

Pandas 还有很多其他函数，能够实现一些更加复杂的功能。读者可以通过 Pandas 官网进一步了解学习。

3.4 matplotlib

3.4.1 matplotlib 介绍与安装

在了解 matplotlib 之前，需要了解一下什么是可视化。现实中收集到的数据大多是文本形式，相较于图像数据，文本数据不利于人们观察与研究。通过将文本转换成图的形式，人们可以更直观清楚地了解数据的情况。可视化就是这个转化的过程。

Python 有很多功能强大的软件包，matplotlib 是用于数据可视化的软件包，它功能强大，使用简单，能够绘制各种 2D 图像，应用极为广泛。除此之外，matplotlib 还有一些功能扩展包，例如 mplot3d 可用于 3D 绘图，bashmap 可用于绘制地图，natgrid 包可用于对不规则数据网格化处理，等等。

matplotlib 的安装有第三方软件自带以及命令行安装两种方式。Anaconda 软件中自带 matplotlib 软件包，读者可以预先下载 Anaconda 直接使用 matplotlib。不想使用 Anaconda 的也可以在 cmd 命令提示符窗口中输入 pip install matplotlib 进行安装。

```
import matplotlib
matplotlib.__version__      #返回版本号，则表示安装成功
```

3.4.2 matplotlib 常用功能

在对数据进行可视化时，经常会使用到网格。对于网格，一般使用 grid() 函数实现：grid(color,ls,lw)，其中三个参数分别表示颜色、网格的样式以及网格的宽度。网格默认是关闭的，只有当使用了此函数，网格才会打开。感兴趣的读者可以尝试不同的颜色、样式以及宽度。

在 matplotlib 中，主要就是为了创建图形对象，也就是 figure object。可以通过 fig = plt.figure() 语句创建空图。利用 ax=fig.add_axes([0,0,1,1]) 添加画布。函数中的四个参数分别表示图的左边、下边、宽度以及高度。其中四个参数的值都在 0~1 之间。其中图像的坐标、曲线颜色、数学函数图像、图像各处标题都可以通过修改代码中函数的参数进行调整。

除此之外，图的轴也十分重要。在 matplotlib 中，一般使用 axes 类指定绘图的区域。常画的 2D 图像一般包含两个轴，也就是两个轴对象，而复杂的三维图像则需要三个轴对象。

示例3-1 axes 实例。运行结果如图 3-1 所示。

```
from matplotlib import pyplot as plt
import numpy as np
import math
x = np.arange(0, math.pi*2, 0.05)
y = np.sin(x)
fig = plt.figure()
ax = fig.add_axes([0,0,1,1])
ax.plot(x,y)
ax.set_title("a")
```

```
ax.set_xlabel('x')
ax.set_ylabel('y')
plt.show()
```

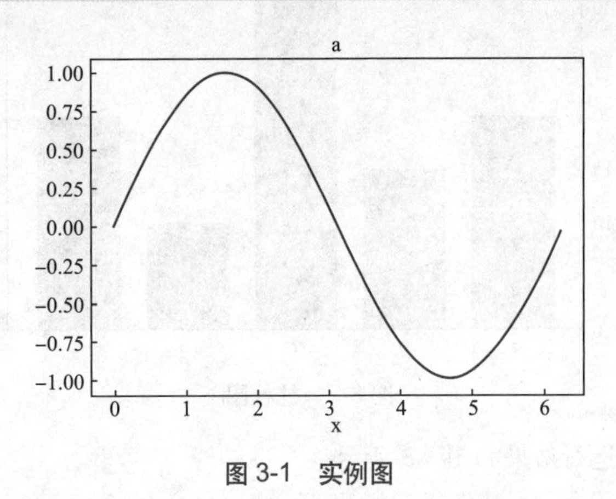

图 3-1　实例图

axes 对象的位置由 rect 决定，它包括左下角的坐标以及宽度和高度。它表示图从哪里开始绘制。如 [0.5，0.5，0.9，0.9]，表示从画布的 50% 开始绘制，而宽高占总长的 90%。

通过 axes.plot() 函数可以确定线的颜色、标记和线性，不同的参数表示不同的含义。当然，matplotlib 使用最多的功能是画一些图来分析数据。如常见的柱状图、直方图、饼状图、折线图等。在此主要介绍柱状图和饼状图，其他图感兴趣的读者可以查阅相关资料进行学习。

柱状图一般使用 bar() 函数绘制，语法格式：ax.bar(x, height, width, bottom, align)，x 参数表示 x 坐标，默认为中点位置，读者也可以自己设置。height 与 width 分别表示图的高度和宽度，其中宽度默认值为 0.8。Bottom 为可选项，表示 y 坐标。align 参数决定 x 位置。

示例 3-2 柱状图。运行结果如图 3-2 所示。

```
import matplotlib.pyplot as plt
fig = plt.figure()
ax = fig.add_axes([0,0,1,1])
langs = ['a', 'b', 'c', 'd', 'e']
students = [20,15,35,10,20]
ax.bar(langs,students)
plt.show()
```

图 3-2 所示为一个简单的柱状图。设置了五个柱子，分别有不同的数据，假设学生分为 5 类，然后设置他们的数量。图的大小、间隔等都可以进行修改，读者可以根据自己的需求修改出自己想要的柱状图。

饼状图一般在观察各种类别的占比时用得较多。在统计以及数据分析中经常用到。它一般使用函数 pie() 实现。一般有四个参数，x 表示扇形区域数量的大小。Labels 为每个区域标注名字，color 设置颜色，autopct 使用百分比格式设置每个数据。利用图 3-2 所示柱状图的数据，作出图 3-3 所示的饼状图。可以看到，饼状图给出了每个种类的占比，这样读者可以更直观地看见某个种类的数量占总的数量多少。

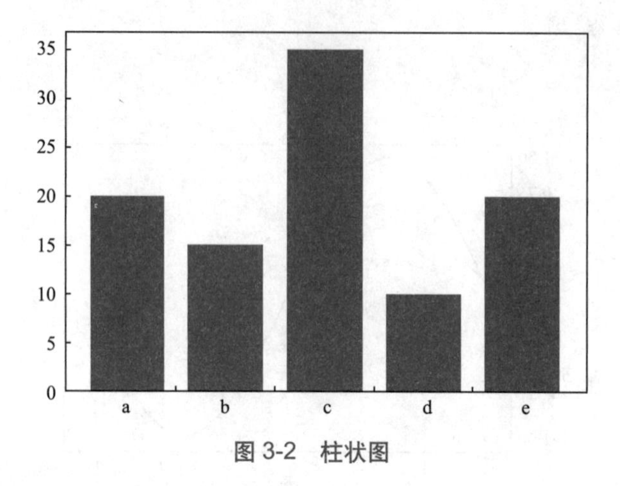

图 3-2　柱状图

示例3-3 饼状图。运行结果如图 3-3 所示。

```
from matplotlib import pyplot as plt
import numpy as np
# 添加图形对象
fig = plt.figure()
ax = fig.add_axes([0,0,1,1])
ax.axis('equal')                        # 使得 X/Y 轴的间距相等
# 准备数据
langs = ['a', 'b', 'c', 'd', 'e']
students = [20,15,35,10,20]
# 绘制饼状图
ax.pie(students, labels = langs,autopct='%1.2f%%')
plt.show()
```

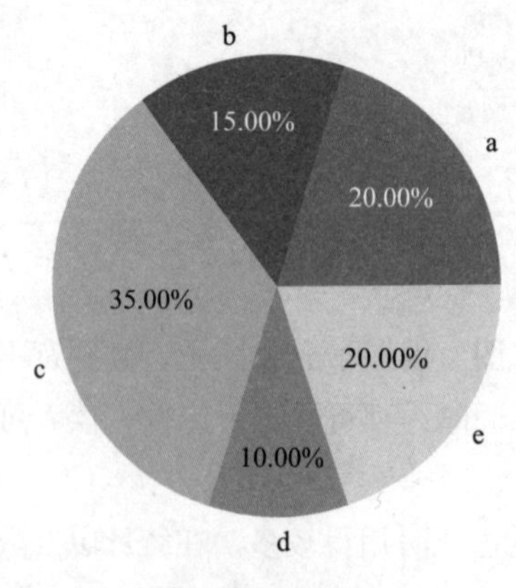

图 3-3　饼状图

当然，matplotlib 能画的图以及它的功能远不止这些。读者若是有更高的需求或者是对这方面感兴趣可以查阅相关资料继续学习。

3.5 项目实战：有关心脏病的数据分析

3.5.1 项目介绍

目前，预测疾病的模型很多，对于特定的疾病，不同的模型结构和参数选择对预测结果的影响非常大，而且疾病本身是一个非常复杂的现象，通常受到环境、个人、社会等多种因素影响。本项目通过对患者数据进行分析，对可能得心脏病的有关因素进行预处理及分析，分析得到与心脏病有关的因素。

本项目的数据使用 Heart Disease UCI 数据集，该数据集有 76 个属性，本项目中只使用其中的 14 个属性进行分析。本数据可从 Kaggle 中下载，直接在项目中导入即可使用，代码如下所示。

```
data=pd.read_csv('heart.csv')
  数据集中 14 个属性的简单介绍：
# age：年龄
# sex：性别   （1=男；0=女）
# cp：胸痛类型 ++
# trestbps：静止血压，血压越高患有心血管疾病的可能性也越高
# chol：血清胆固醇含量
# fbs：空腹血糖浓度        (1 = true; 0 = false)
# restecg：平静状态下的心电图结果
# thalach：最大心率，心跳快的人比心跳慢的人更容易患心血管疾病
# exang：运动状态引起的身体变化 (1 = yes; 0 = no)
# oldpeak：(ST depression induced by exercise relative to rest)
# slope：运动状态引起的身体变化
# ca：血管数目
# thal：透视中已被染色的血管数是否为地中海贫血 (3=normal;6=fixed defect;7=reversable defect)
# target： 患者是否患有心脏病（1=患病；0=不患病）
```

3.5.2 数据统计与分析

本项目所使用的数据有 303 名患者样本数据，14 个特征属性数据。

数据集中每个特征属性的详细信息如图 3-4 所示。

```
Data columns (total 14 columns):
 #   Column    Non-Null Count  Dtype
---  ------    --------------  -----
 0   age       303 non-null    int64
 1   sex       303 non-null    int64
 2   cp        303 non-null    int64
 3   trestbps  303 non-null    int64
 4   chol      303 non-null    int64
 5   fbs       303 non-null    int64
 6   restecg   303 non-null    int64
 7   thalach   303 non-null    int64
 8   exang     303 non-null    int64
 9   oldpeak   303 non-null    float64
 10  slope     303 non-null    int64
 11  ca        303 non-null    int64
 12  thal      303 non-null    int64
 13  target    303 non-null    int64
```

图 3-4　详细信息

实现代码如下所示：

```
for i,col in enumerate(data.columns.values):
    plt.subplot(5,3,i+1)
    plt.scatter([i for i in range(303)],data[col].values.tolist())
    plt.title(col)
    fig,ax=plt.gcf(),plt.gca()
    fig.set_size_inches(10,10)
    plt.tight_layout()
plt.show()
```

3.5.3　数据可视化

1. 年龄分析

首先，图 3-5 所示为年龄分布的柱状图，显示每个年龄段的患者样本中的人数。图 3-6 所示为患者样本中年龄的小提琴图的显示效果。

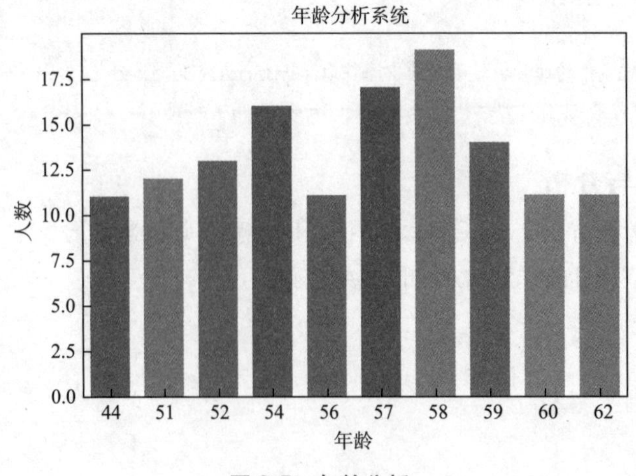

图 3-5　年龄分析

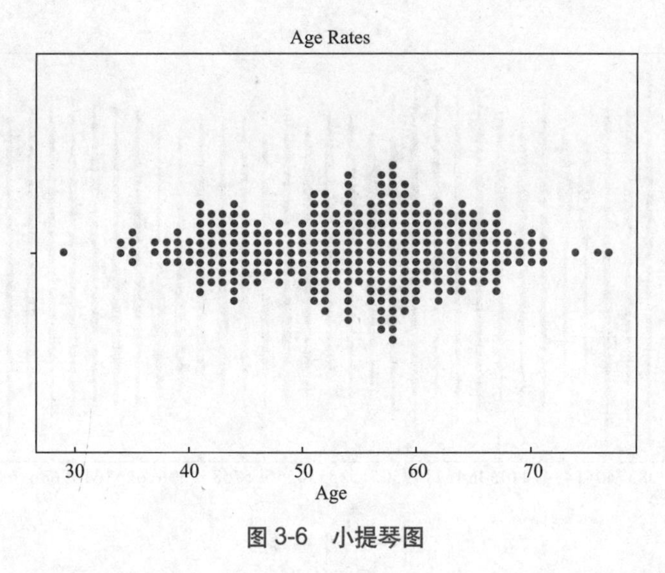

图 3-6　小提琴图

图 3-7 所示为对每个年龄段的性别使用分簇散点图结果，更加直观地看到样本数据中各个年龄所占比重及每个年龄段的性别比例。

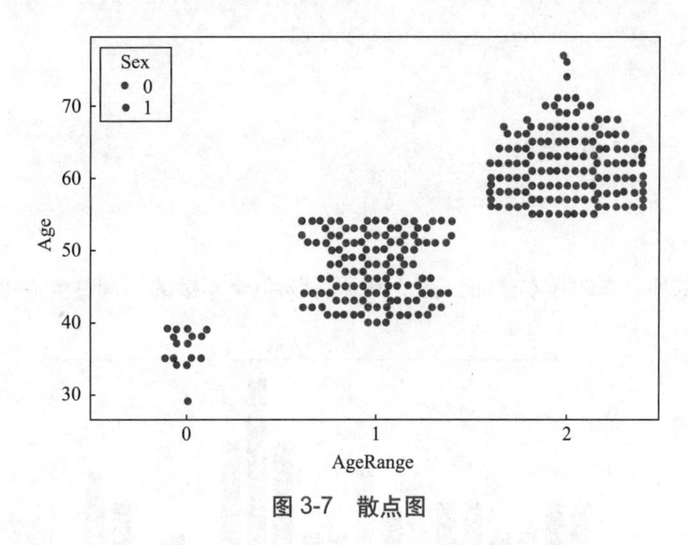

图 3-7　散点图

实现代码如下所示：

```
# 绘制分类散点图以显示每个观察结果      (1= 男 ; 0= 女)
sns.swarmplot(x="AgeRange", y="Age",hue='Sex',palette=["r", "c", "y"], data=data)
plt.show()
```

然后对年龄和是否患病之间进行分析，使用图 3-8 所示的小提琴图进行可视化，可以看出在 41 岁这个年龄患心脏病人数比较多，在 61 岁这个年龄未患心脏病的人数比较少。可以看出年龄不是影响患心脏病的一个有相关性的重要因素。

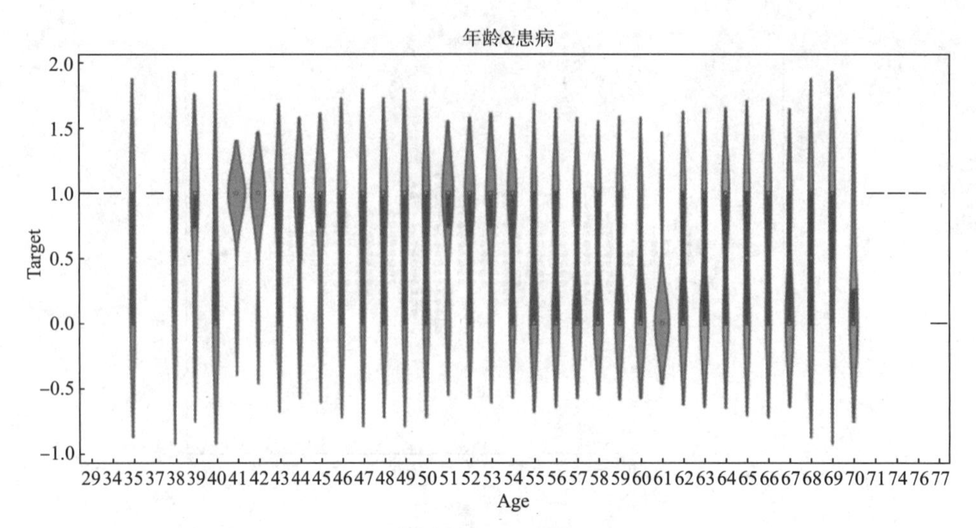

图 3-8　小提琴图

实现代码如下所示：

```
plt.figure(figsize=(15,7))              # 设置横坐标为 15，纵坐标为 7
sns.violinplot(x=data.Age,y=data.Target)
plt.xticks(rotation=90)
plt.legend()
plt.title(" 年龄 & 患病 ")
plt.show()
```

2. 最大心率分析

图 3-9 所示为每种心率的样本分布。图 3-10 所示为每个年龄的不同最大心率折线图。

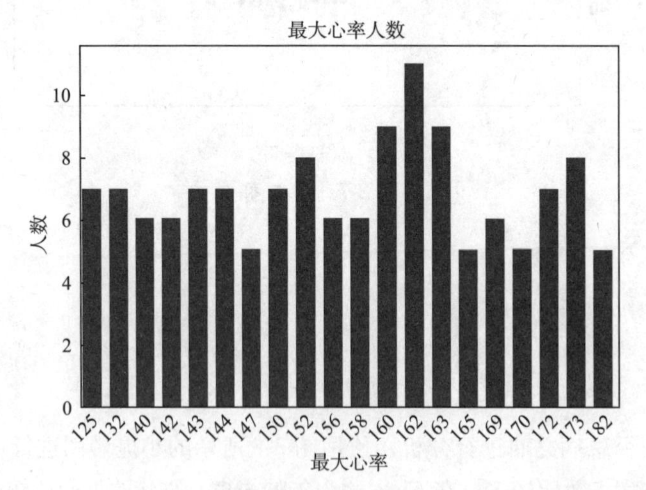

图 3-9　柱状图

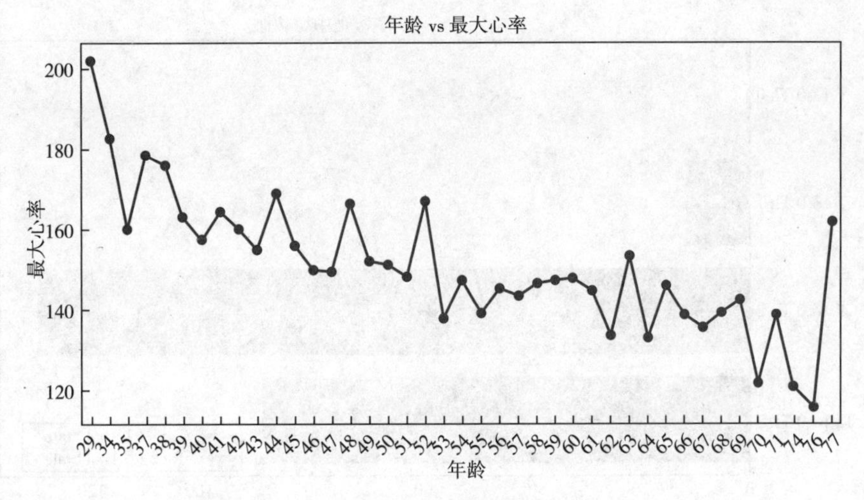

图 3-10　折线图

实现代码如下所示：

```
# data_sorted=data.sort_values(by='Age',ascending=True)
plt.figure(figsize=(10,5))
sns.pointplot(x=age_unique,y=mean_thalach,color='red',alpha=0.8)
plt.xlabel('年龄',fontsize = 15,color='blue')
plt.xticks(rotation=45)
plt.ylabel('最大心率',fontsize = 15,color='blue')
plt.title('年龄 vs 最大心率',fontsize = 15,color='blue')
plt.grid()
plt.show()
```

3. 地中海贫血分析

在医学上有四种地中海贫血类型，在患者样本数据中分别对这四种地中海贫血与患病之间进行分析，由图 3-11 和图 3-12 可以看出，第二种地中海贫血的患者得心脏病的概率比较大，第三种地中海贫血的患者得心脏病的概率比较小。

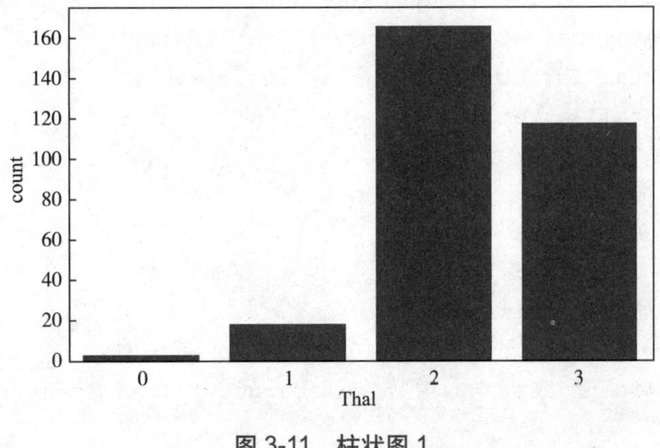

图 3-11　柱状图 1

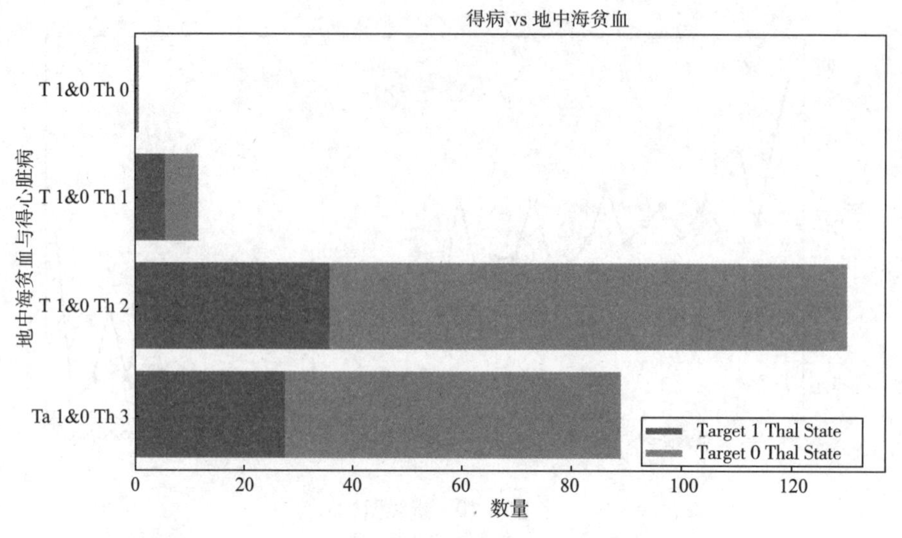

图 3-12　柱状图 2

实现代码如下所示：

```
# 对每种地中海贫血患病和未患病人数的统计
# Target 1
a=len(data[(data['Target']==1)&(data['Thal']==0)])
b=len(data[(data['Target']==1)&(data['Thal']==1)])
c=len(data[(data['Target']==1)&(data['Thal']==2)])
d=len(data[(data['Target']==1)&(data['Thal']==3)])
print('Target 1 Thal 0: ',a)
print('Target 1 Thal 1: ',b)
print('Target 1 Thal 2: ',c)
print('Target 1 Thal 3: ',d)
# so,Apparently, there is a rate at Thal 2.Now, draw graph
print('*'*50)
# Target 0
e=len(data[(data['Target']==0)&(data['Thal']==0)])
f=len(data[(data['Target']==0)&(data['Thal']==1)])
g=len(data[(data['Target']==0)&(data['Thal']==2)])
h=len(data[(data['Target']==0)&(data['Thal']==3)])
print('Target 0 Thal 0: ',e)
print('Target 0 Thal 1: ',f)
print('Target 0 Thal 2: ',g)
print('Target 0 Thal 3: ',h)
f,ax=plt.subplots(figsize=(7,7))
sns.barplot(y=['T 1&0 Th 0','T 1&0 Th 1','T 1&0 Th 2','Ta 1&0 Th 3'],x=[1,
6,130,28],color='green',alpha=0.5,label='Target 1 Thal State')
```

```
    sns.barplot(y=['T 1&0 Th 0','T 1&0 Th 1','T 1&0 Th 2','Ta 1&0 Th 3'],x=[1,
12,36,89],color='red',alpha=0.7,label='Target 0 Thal State')
    ax.legend(loc='lower right',frameon=True)
    ax.set(xlabel='数量',ylabel='地中海贫血与得心脏病',title='得病 vs 地中海贫血')
    plt.xticks(rotation=90)
    plt.show()
```

3.5.4 结论

在疾病预测的研究方法中，必须要在实践中检验才能更加符合实际应用。疾病本身是一个非常复杂的现象，通常受到环境、个人、社会等多种因素影响。本章案例中通过对影响心脏病发病因子中的年龄、性别、最大心率及地中海贫血分别进行分析。由上述各个关系的可视化可以看出，年龄并不是影响心脏病的一个重要因素；在性别中，女性比男性更容易患病；随着年龄的增长，最大心率有一个明显的下降趋势；在地中海贫血的分析中可以看出，四种地中海贫血，得第三种地中海贫血的患者得心脏病的概率高，得第四种地中海贫血的患者得心脏病的概率低。

小　结

本章首先介绍了关于数据处理的基础知识，数据一共分为数据收集、数据预处理、数据分析、数据可视化、数据应用五个步骤。其次讲解了 NumPy 的安装、NumPy 的作用，以及其中一些常用的函数。接着讲解了 DataFrame 和 Series 两种数据结构，以及其中一些常见统计函数。然后讲解了 matplotlib 的功能与使用。最后通过心脏病原因分析实例让读者对数据分析流程更为了解。

习　题

1. 简述数据处理的流程。
2. 尝试安装 Anaconda 以及利用 cmd 安装 NumPy、Pandas、matplotlib 工具包。
3. 寻找一个 csv 数据集，尝试对它进行读写。
4. 利用找到的数据集作出相关散点图、折线图和圆饼图。

第4章 数字图像处理

数字图像处理是一门涉及学科领域十分广泛的交叉学科，在工业生产、机器视觉、视频与多媒体系统等方面都存在极大的应用价值。它的目的主要是通过一系列数字图像处理技术将图像处理得更加符合人眼视觉感知，从而使信息清晰地展示在用户面前。理解并熟练掌握数字图像处理中相关的基础知识就可以对计算机视觉领域中的方法有较为全面的认识。本章旨在介绍图像、数字图像等基本概念以及相关的基本处理方法，这些操作在计算机视觉领域的预处理等步骤被广泛应用。

思维导图

- 数字图像处理
  - 图像及视觉基础
    - 数字图像概述
    - 色彩空间
    - 图像的文件格式
  - 基础图像处理方法
    - 基本运算
    - 图像变换
    - 图像增强
    - 形态学操作
  - 边缘检测
    - Sobel算子
    - Laplacian算子
    - Canny算子
  - 项目实战
    - 疲劳驾驶检测

视　频

数字图像处理

学习目标

- 掌握图像、数字图像、色彩空间等基本概念，理解图像在计算机中的表示方法；
- 掌握基础的图像处理方法；
- 理解并掌握边缘检测的原理和步骤；
- 熟练使用 OpenCV 对图像进行一系列基本操作。

4.1 图像及视觉基础

4.1.1 数字图像概述

1. 数字图像

心理学研究表明，正常人从外界接收的信息中 80% 是通过视觉获取的，而图像作为承载视觉信息的重要介质，在人们的日常生活中随处可见。从广义上来讲，凡是记录在纸介质上的、拍摄在底片和照片上的、显示在电视、投影仪和计算机屏幕上的所有具有视觉效果的画面都称为图像。

数字图像又称数码图像或数位图像，用二维数组来表示。它是通过图像数字化将原始图像分割成一个个小的区域而得到的，主要包括采样和量化两个过程。

（1）采样：指将在空间上连续的图像转换成离散的采样点（即像素）的操作。如图 4-1 所示，采样就是把一幅图像在空间上分割成 $M\times N$ 个网格，一个网格代表一个像素。例如，一幅 640 像素 ×480 像素的图像，表示图像是由 640×480=307 200 个像素点组成的。

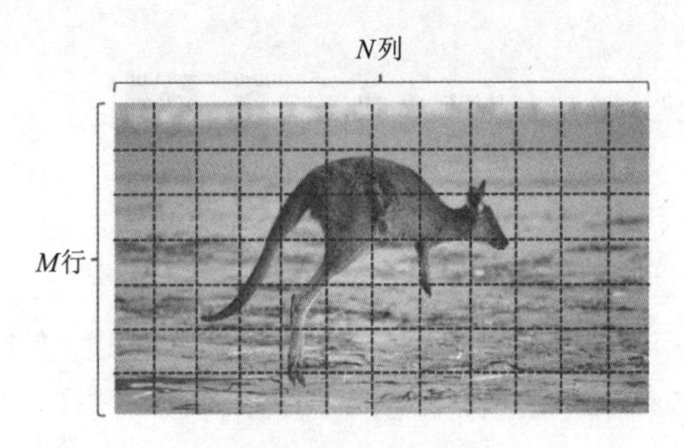

图 4-1　采样

（2）量化：模拟图像经过采样后，离散化为像素，但像素值（即灰度值）仍为连续量，把采样后所得的各像素的灰度值转换为整数的过程称为量化。如图 4-2 所示，图像的灰度值被分为 256 个等级，即 0 ～ 255。

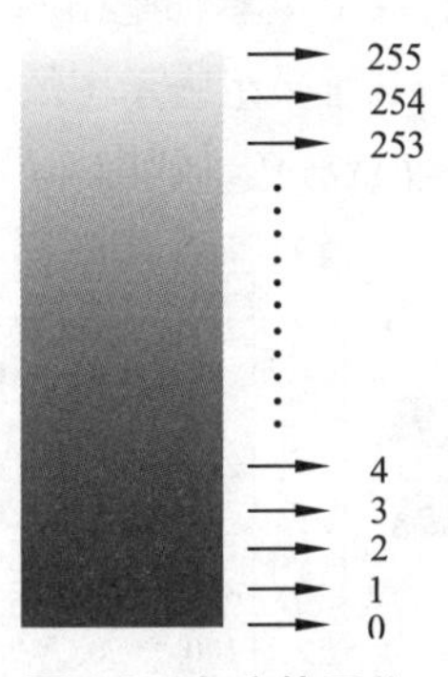

图 4-2　灰度值量化

2. 数字图像的表示

对一幅图像 $f(x,y)$ 采样后，可得到一幅 M 行 N 列的图像，称这幅图像大小为 $M\times N$。将图像的

原点定义为 $(x,y)=(0,0)$，即第一行第一列的像素点坐标为 (0,0)，第一行第二列的像素点坐标为 (0,1)，第二行第一列的像素点坐标为 (1,0)，依此类推，直至 $x=M-1$，$y=N-1$ 取完所有像素点，如图 4-3 所示。

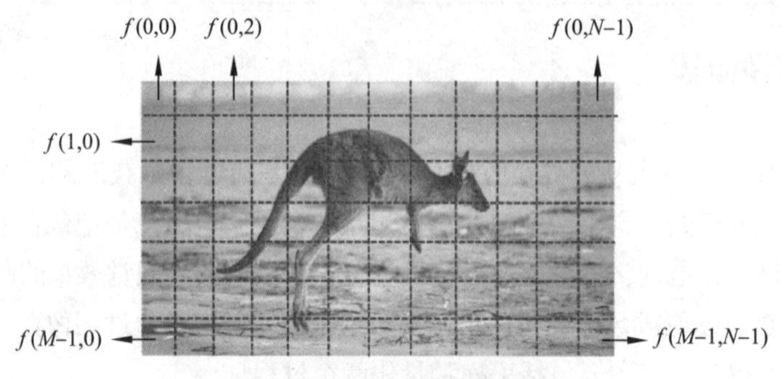

图 4-3　图像的表示

矩阵是用于描述图像的最常用的数据结构，它可以用来表示二值图像（黑白图像）、灰度图像和彩色图像。在描述二值图像时，矩阵中的元素取值非 0 即 1，如图 4-4 所示，因此黑白图像又称二值图像或二进制图像。

$$I=\begin{bmatrix}0&1&0&0\\0&1&1&0\\1&1&0&1\\0&1&1&0\end{bmatrix}$$

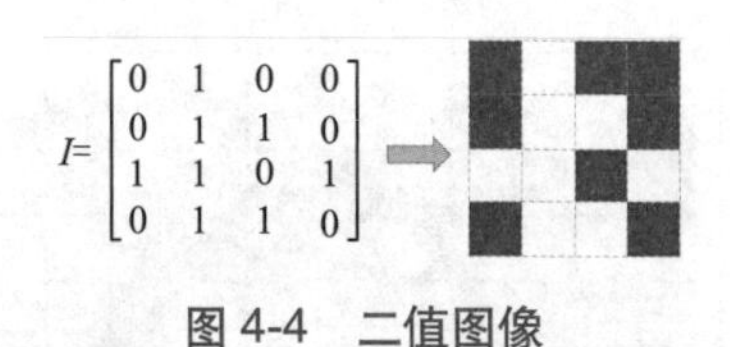

图 4-4　二值图像

矩阵描述灰度图像时，矩阵中的元素由一个量化的灰度级描述，灰度级通常为 8 位，即 0 ～ 255 的整数，其中 0 表示黑色，255 表示白色，如图 4-5 所示。

$$I=\begin{bmatrix}0&255&50&0\\128&128&255&0\\50&50&0&255\\0&0&128&255\end{bmatrix}$$

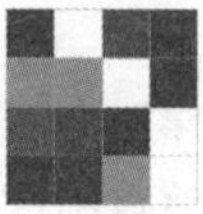

图 4-5　灰度图像

矩阵描述彩色图像时，彩色图像的每个像素都是由不同灰度级的红、绿、蓝描述的，利用三个分别代表 R、G、B 分量的大小相同的二维数组表示图像中的像素，R 表示红色，G 表示绿色，B 表示蓝色，通过三种基本颜色可以合成任意颜色，如图 4-6 所示。

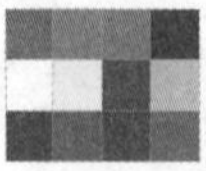

$$R=\begin{bmatrix}255&0&0&0\\255&255&255&0\\90&10&0&128\end{bmatrix}$$

$$G=\begin{bmatrix}0&255&0&0\\255&255&0&255\\20&120&0&128\end{bmatrix}$$

$$B=\begin{bmatrix}0&0&255&0\\255&0&255&255\\100&50&128&0\end{bmatrix}$$

图 4-6　彩色图像的矩阵描述

4.1.2 色彩空间

颜色，通常来说要通过三个独立的属性来描述，是三个独立变量综合起来的作用，这三个独立变量综合起来即可构成一个空间坐标，即颜色空间。但被描述的颜色对象本身是客观的，不同颜色空间只是从不同的角度去衡量同一个对象。颜色空间按照基本机构可以分为两大类：基色颜色空间以及色、亮分离颜色空间。前者的典型模型是 RGB 模型，后者则是 HSV 模型。

1. RGB 模型

RGB 模型又称加色混色模型，是常用的一种彩色信息表达方式，它使用三种原色——红色、绿色和蓝色的色光以不同的比例相加，以产生多种多样的色光。这种色彩的表示方法称为 RGB 色彩空间表示。在 RGB 颜色空间中，任意色光 F 都可以用不同分量的 R、G、B 三色相加混合而成。当三基色分量都为 0（最弱）时混合为黑色光，而当三基色都为最大时混合为白色光。

图 4-7 所示为三色光的叠加图。通常来说，显示器的位深为 8 位，而 2^8=256，因此在 RGB 模型中，每一种颜色可分为 0 ～ 255 共 256 个等级，所以确定了 R、G、B 三个基础变量就能确定某一种具体的颜色，如 (255,0,0) 为红色，(0,255,0) 为绿色，(0,0,255) 为蓝色；当所有三种成分值相等时，产生灰色阴影；当所有成分的值均为 255 时，结果是纯白色；当该值为 0 时，结果是纯黑色。

2. HSV 模型

HSV 色彩空间又称六角锥体模型，由 A.R.Smith 于 1978 年提出。该模型反映了人的视觉系统感知彩色的方式，以色调（Hue）、饱和度（Saturation）和明度（Value）三种基本特征量来感知颜色，用六角形锥体进行表示，如图 4-8 所示。

图 4-7 三色光叠加图

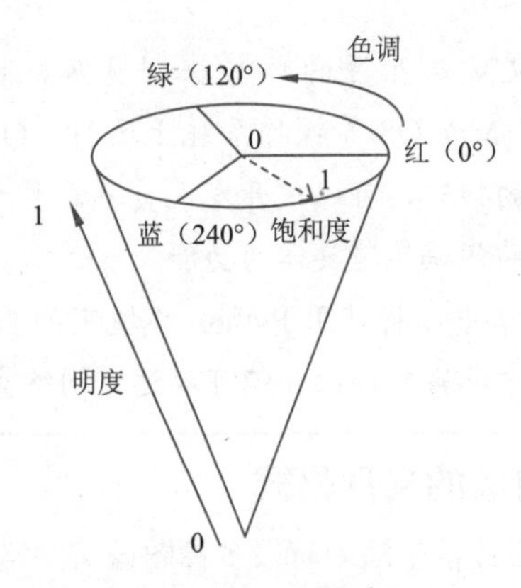

图 4-8 HSV 色彩空间

（1）色调 H：使用角度进行度量，比如红色对应 0°，绿色对应 120°，蓝色对应 240°，它表示人的感官对不同颜色的感受，取值范围为 0° ～ 360°。

（2）饱和度 S：表示颜色的纯度，纯光谱色是完全饱和的，加入白光会稀释饱和度，即饱和度给出一种纯色被白光稀释的程度的度量。饱和度越大，颜色看起来越鲜艳，反之亦然，其取值范围为 0 ～ 1。

（3）明度：表示颜色的明亮程度，其取值范围为 0 ～ 1。

示例4-1 利用 OpenCV 对图像进行色彩空间转换。

```
import cv2 as cv
image_BGR=cv.imread('../images/ex01.jpg')
image_HSV = cv.cvtColor(image_BGR, cv.COLOR_BGR2HSV)     # BGR-> HSV
cv.imshow('image_BGR', image_BGR)
cv.imshow('image_HSV', image_HSV)
cv.waitKey(0)
```

输出结果如图 4-9 所示。

(a) 原图像

(b) HSV 图像

图 4-9 色彩空间转换

小贴士

OpenCV 是开源的计算机视觉库，由 Gray Bradsky 于 1999 年创立，可以在 Linux、Windows、Mac OS 等操作系统上运行。OpenCV 提供了 Python、C++、MATLAB 和 Java 等编程语言的接口，可以使开发人员不需要考虑图像的具体处理步骤而高效地进行开发，通过编写较少的代码实现具体的功能。

在本章中，将使用 Python 环境下的 OpenCV 第三方库完成图像处理的相关操作，关于各种函数中参数的详细介绍可以通过网络查询 OpenCV 相关文档进行学习。

4.1.3 图像的文件格式

在人们的日常生活中有很多种图像文件格式，每种都有适合自己的使用场景，其中最为常见的有 JPEG、PNG、GIF 和 TIFF，下面对几种常见的文件格式进行介绍。

1. JPEG

JPEG（Joint Photographic Experts Group，简称 JPG）是一种标准图像文件格式。JPEG 文件的特点是图像较小，下载和传输速度快，这种格式由于对图像进行了压缩，使得图像在细节和质量上产生了一定损失，一般相机可拍摄不同画质的 JPEG 格式照片；画质越高，损失越小，相应的图像文件越大。由于压缩导致的细节损失，致使 JPEG 适合普通图片浏览，但不适合后期处理。

2. PNG

PNG（Portable Network Graphics）文件格式诞生于 1995 年，结合了 GIF 和 JPEG 的优点。PNG 图像的特点是其图像较大，非常适合在互联网上使用，并且能够保留丰富的图片细节。

3. GIF

GIF（Graphics Interchange Format）是一种图像文件格式，仅支持256种颜色，色域较窄，文件压缩比不高。GIF文件格式支持多帧动画，透明背景的图像，这种文件格式的文件小，下载速度快，可用许多具有同样大小的图像文件组成动画。

4. TIFF

TIFF（Tagged Image File Format）是最常用的工业标准格式，有一些印刷商会要求摄影师提供原尺寸的TIFF格式。TIFF格式是未压缩的文件，具有拓展性、方便性、可改性。采用无损压缩，支持多种色彩图像模式，图像质量高。但是由于文件容量较大，因此会占用大量存储空间。

4.2 基础图像处理方法

4.2.1 基本运算

1. 算术运算

算术运算是指对图像之间进行点对点的加减乘除操作，但是在做算术运算之前需要确保参与运算的图像大小、通道数相同。

加法运算：

$$g(x,y)=f(x,y)+h(x,y) \tag{4-1}$$

减法计算：

$$g(x,y)=f(x,y)-h(x,y) \tag{4-2}$$

乘法计算：

$$g(x,y)=f(x,y)\times h(x,y) \tag{4-3}$$

除法计算：

$$g(x,y)=f(x,y)\div h(x,y) \tag{4-4}$$

其中，$g(x,y)$、$f(x,y)$、$h(x,y)$表示图像在位置(x,y)处的像素值。

示例4-2 利用OpenCV对图像进行加法运算。

```
import cv2 as cv
image1 = cv.imread('../images/img1.png')
width_1, height_1 = image1.shape[:2]
image2 = cv.imread('../images/img2.png')
# 使两张图片大小相同
image2 = cv.resize(image2, dsize=(height_1, width_1))
assert image1.shape == image2.shape,"请检查图片通道数"
# 利用 y = αf(x,y) + βh(x,y) 进行加法操作
result = cv.addWeighted(image1, 0.5, image2, 0.5, 0)
cv.imshow('add', result)
cv.waitKey(0)
```

输出结果如图 4-10 所示。

(a) 原始图像 1

(b) 原始图像 2

(c) 叠加图像

图 4-10 加法

示例 4-3 利用 OpenCV 对图像进行减法运算。

```
import cv2 as cv
image1 = cv.imread('../images/sub1.png', 0)
width_1, height_1 = image1.shape[:2]
image2 = cv.imread('../images/sub2.png', 0)
image2 = cv.resize(image2, dsize=(height_1, width_1))   #使两张图片大小相同
result = cv.subtract(image2, image1)
cv.imshow('subtract', result)
cv.waitKey(0)
```

输出结果如图 4-11 所示。

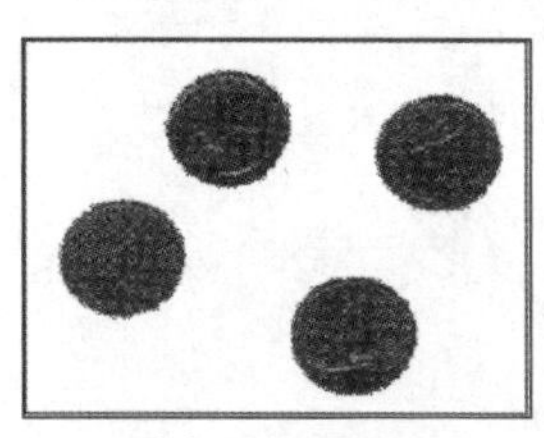
(a) 原始图像 1

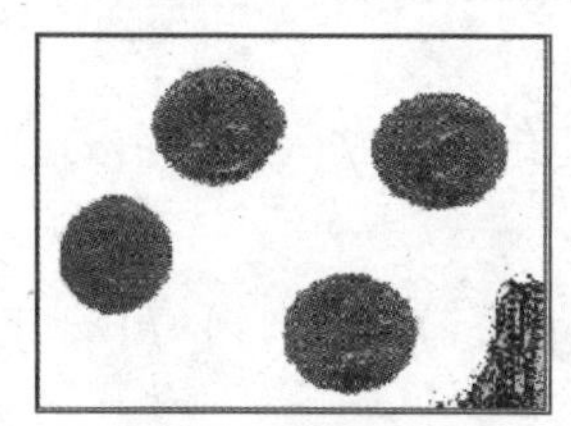
(b) 原始图像 2

(c) 结果

图 4-11 减法

示例 4-4 利用 OpenCV 对图像进行乘法运算。

```
import cv2 as cv
import numpy as np
image = cv.imread("images/person.jpeg")
image = cv.resize(image, dsize=(0,0), fx=0.5, fy=0.5)
mask = np.ones(image.shape, dtype=np.uint8)
mask[200:800, 200:800] = 0    # 指定位置像素值为 0，其他位置像素值为 1
result = cv.multiply(image, mask)
cv.imshow("img", image)
cv.imshow("mask", mask)
cv.imshow("result", result)
cv.waitKey(0)
```

输出结果如图 4-12 所示。

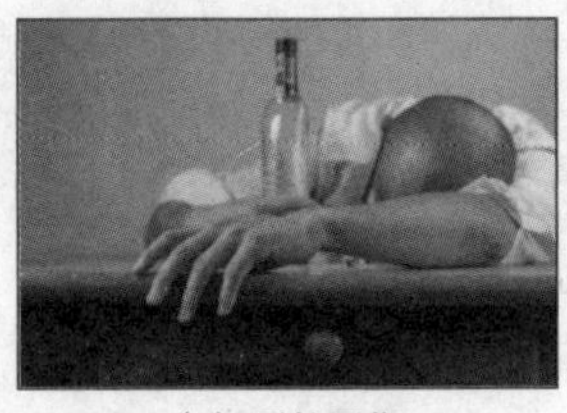
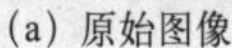
（a）原始图像

（b）掩模

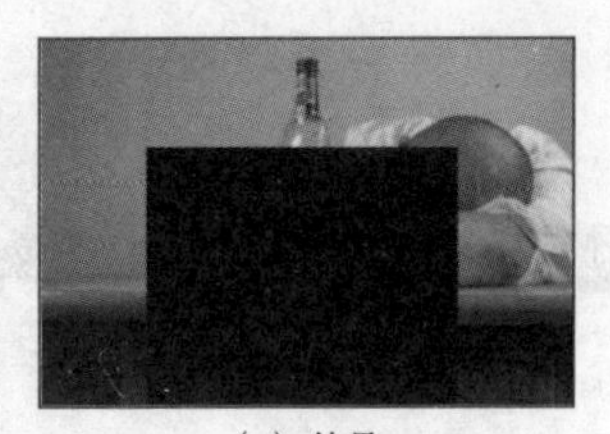
（c）结果

图 4-12　乘法

示例 4-5 利用 OpenCV 对图像进行除法运算。

```
import cv2 as cv
import numpy as np
image1 = cv.imread("../images/person.jpeg")
image1 = cv.resize(image1, dsize=(0,0), fx=0.5, fy=0.5)
image2 = cv.imread("../images/img1.png")
image2 = cv.resize(image2, dsize=(image1.shape[1], image1.shape[0]))
result = cv.divide(image1, image2)
cv.imshow("img1", image1)
cv.imshow("img2", image2)
cv.imshow("result", result)
cv.waitKey(0)
```

输出结果如图 4-13 所示。

（a）原始图像

（b）原始图像 2

（c）结果

图 4-13　除法

2. 逻辑运算

逻辑运算是对二值变量进行的运算，所谓二值变量是指只有 0、1 两个值的变量。对整幅图像的逻辑运算是逐像素进行的，即两幅图像进行点对点的与、或、异或、非运算。

与运算：

$$g(x,y)=f(x,y)\wedge h(x,y) \tag{4-5}$$

或运算：

$$g(x,y)=f(x,y)\vee h(x,y) \tag{4-6}$$

异或运算：

$$g(x,y)=f(x,y)\oplus h(x,y) \tag{4-7}$$

非运算：

$$g(x,y)=\neg f(x,y) \tag{4-8}$$

示例4-6 利用 OpenCV 对图像进行逻辑运算。

```
import numpy as np
import cv2
rect = np.zeros((300,300),dtype="uint8")                # 背景为黑色
cv2.rectangle(rect,(25,25),(275,275),255,-1)            # 画矩形
cv2.imshow("rect",rect)
circle = np.zeros((300,300),dtype="uint8")              # 背景为黑色
cv2.circle(circle,(150,150),150,255,-1)                 # 画圆形
cv2.imshow("circle",circle)
bitwiseAnd = cv2.bitwise_and(rect,circle)               # 与运算
bitwiseOr = cv2.bitwise_or(rect,circle)                 # 或运算
bitwiseXor = cv2.bitwise_xor(rect,circle)               # 异或运算
bitwiseNot = cv2.bitwise_not(rect)                      # 非运算
cv2.imshow("and",bitwiseAnd)
cv2.imshow("or",bitwiseOr)
cv2.imshow("xor",bitwiseXor)
cv2.imshow("not",bitwiseNot)
cv2.waitKey(0)
```

输出结果如图 4-14 所示。

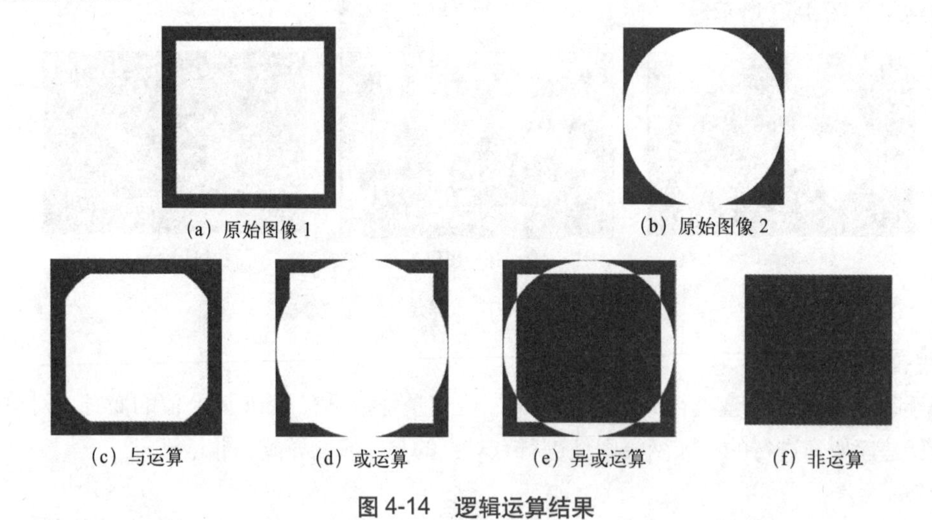

(a) 原始图像 1　(b) 原始图像 2

(c) 与运算　(d) 或运算　(e) 异或运算　(f) 非运算

图 4-14　逻辑运算结果

4.2.2　图像变换

1. 几何变换

几何变换又称空间变换，它不会改变图像的像素值，而是通过某种映射关系将图像从一个位置换到另外一个位置，如旋转、平移、放大、缩小等操作，常常作为图像预处理的核心内容。

1）图像平移变换

图像平移是将图像中的所有像素点按照给定的平移量进行水平或垂直方向上的位移。假设原始像素的位置坐标为(x_0, y_0)，经过平移量$(\Delta x, \Delta y)$后，坐标变为(x_1, y_1)，可以表示为：

$$\begin{cases} x_1 = x_0 + \Delta x \\ y_1 = y_0 + \Delta y \end{cases} \tag{4-9}$$

用矩阵表示为：

$$[x_1 \quad y_1 \quad 1] = [x_0 \quad y_0 \quad 1]\begin{bmatrix} 1 & 0 & 0 \\ 0 & 1 & 0 \\ \Delta x & \Delta y & 1 \end{bmatrix} \tag{4-10}$$

其中，矩阵称为平移变换矩阵，Δx 和 Δy 称为平移量。

示例 4-7　利用 OpenCV 对图像进行平移变换。

```
import cv2 as cv
import numpy as np
image = cv.imread('../images/ex01.jpg')                    # 读取图像
cv.imshow('image', image)
M = np.float32([[1,0,50], [0,1,100]])                      # 创建平移矩阵 M
width, height = image.shape[:2]
result = cv.warpAffine(image, M, (height, width))          # 图像平移
cv.imshow('move', result)
cv.waitKey(0)
```

输出结果如图 4-15 所示。

（a）原图像

（b）平移后的图像

图 4-15　图像平移

2）图像放缩变换

图像放缩指的是对数字图像的大小进行调整的操作。图像放大之后图像的像素数量增多，图像缩小则像素数量减少，增加或者减少的像素数量由放缩系数决定。假设原始像素的位置坐标为(x_0, y_0)，分别给定 x 和 y 两个方向的放缩系数 (s_x, s_y)，则其映射关系可以表示为：

$$\begin{cases} x_1 = x_0 \times s_x \\ y_1 = y_0 \times s_y \end{cases} \tag{4-11}$$

用矩阵表示为：

$$[x_1 \quad y_1 \quad 1]=[x_0 \quad y_0 \quad 1]\begin{bmatrix} s_x & 0 & 0 \\ 0 & s_y & 0 \\ 0 & 0 & 1 \end{bmatrix} \tag{4-12}$$

在进行图像放大或者进行图像缩小产生浮点数坐标时，需要选择合适的插值算法取得近似的整数型像素坐标，尽量避免失真情况产生。常见的插值算法有：最近邻插值（Nearest Interpolation）、双线性内插法（Bilinear Interpolation）等，每种插值算法都有其各自的特点，在使用中可以根据实际情况选择算法。

示例4-8 利用 OpenCV 库对图像进行放缩变换。

```
import cv2 as cv
image = cv.imread('../images/ex01.jpg')
height, width = image.shape[:2]
# 缩小图像（保留宽高比，最近邻插值）
image_1 = cv.resize(image,
dsize=(0,0),
fx=0.5,
fy=0.5,
interpolation=cv.INTER_NEAREST)
# 不保留宽高比（最近邻插值）
image_2 = cv.resize(image,
dsize=(width, 200),
interpolation=cv.INTER_NEAREST)
# 放大图像（保留宽高比，双线性插值）
image_3 = cv.resize(image,
dsize=(0,0),
fx=1.5,
fy=1.5,
interpolation=cv.INTER_LINEAR)
print("原图像大小为 : ", image.shape[:2])
print("缩小图像（保留宽高比，最近邻插值）之后图像大小为 : ", image_1.shape[:2])
print("不保留宽高比（最近邻插值）放缩后图像大小为 : ", image_2.shape[:2])
print("放大图像（保留宽高比，双线性插值）之后图像大小为 : ", image_3.shape[:2])
```

输出结果：

```
原图像大小为 : ", (425, 640)
缩小图像（保留宽高比，最近邻插值）之后图像大小为 :(212, ,30)
不保留宽高比（最近邻插值）放缩后图像大小为 :(200,640)
放大图像（保留宽高比，双线性插值）之后图像大小为 :(638,960)
```

3）图像旋转变换

图像旋转是指图像以某一点为中心旋转一定的角度，形成一幅新图像的过程。图像旋转变换会有一个旋转中心，这个旋转中心一般为图像的中心。如图 4-16 所示，图像像素原来的坐标为 (x_0, y_0)，顺时针旋转角度后得到 (x_1, y_1)。

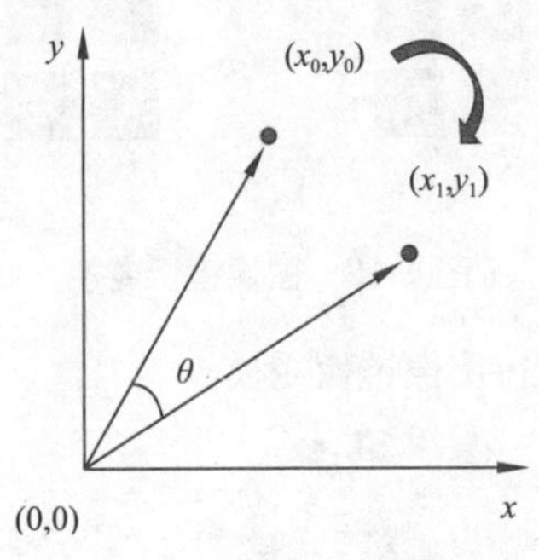

图 4-16 旋转变换原理

示例4-9 利用 OpenCV 库对图像进行旋转操作。

```
import cv2 as cv
image = cv.imread('../images/ex01.jpg')                    # 读取图像
cv.imshow('image', image)
height, width = image.shape[:2]
# 参数为(旋转中心,旋转角度,放缩大小)
M = cv.getRotationMatrix2D((width / 2, height / 2), 45, 1)
result = cv.warpAffine(image, M, (width, height))          # 图像旋转
cv.imshow('rorate', result)
cv.waitKey(0)
```

输出结果如图 4-17 所示。

（a）原图像　　（b）旋转 45°

图 4-17 图像旋转变换

4）图像镜像变换

图像镜像变换是图像旋转变换的一种特殊情况，通常包括垂直方向和水平方向的镜像，水平镜像通常是以原图像的垂直中轴为中心交换图像的左右两部分。同理，垂直镜像就是以图像水平中轴线为中心交换图像的上下两部分，图 4-18 所示为图像镜像变换原理，其中图 4-18（a）所示为水平

镜像原理，图 4-18（b）所示为垂直镜像原理。

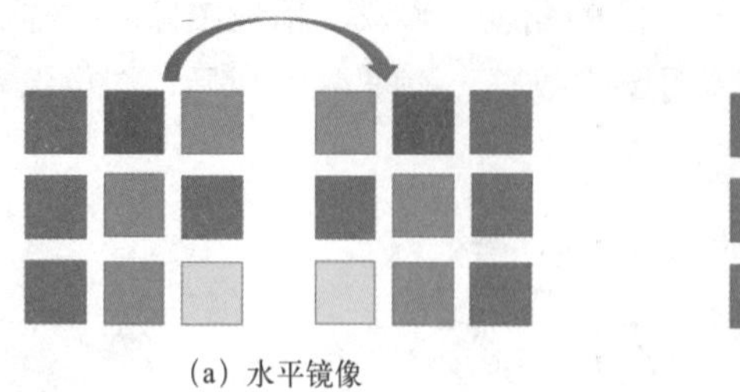

（a）水平镜像　　（b）垂直镜像

图 4-18　图像镜像变换

示例 4-10 利用 OpenCV 库进行图像镜像变换。

```
import cv2 as cv
image = cv.imread('../images/ex01.jpg')                # 读取图像
result1 = cv.flip(image, flipCode=1)                    # 水平镜像
result2 = cv.flip(image, flipCode=0)                    # 垂直镜像
result3 = cv.flip(image, flipCode=-1)                   # 对角镜像
cv.imshow('image', image)
cv.imshow('result1', result1)
cv.imshow('result2', result2)
cv.imshow('result3', result3)
cv.waitKey(0)
```

输出结果如图 4-19 所示。

（a）原图像

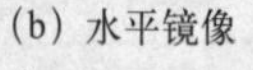

（b）水平镜像

（c）垂直镜像

（d）对角镜像

图 4-19　图像镜像变换结果

5）图像仿射变换

图像仿射变换是一种从一个二维坐标到另一个二维坐标的线性变换，是指在几何中，一个向量空间进行一次线性变换并接上一个平移，变换为另一个向量空间。简单来说，仿射变换即为线性变换以及平移变换的叠加，用矩阵表示为：

$$\begin{bmatrix} x' \\ y' \\ 1 \end{bmatrix} = \begin{bmatrix} R_{00} & R_{01} & T_x \\ R_{10} & R_{11} & T_y \\ 0 & 0 & 1 \end{bmatrix} \begin{bmatrix} x \\ y \\ 1 \end{bmatrix} \tag{4-13}$$

可以将其视为线性变换 R 以及平移变换 T 的叠加。此外仿射变换保持了二维图像的平直性和平行性。平直性指的是直线经仿射变换后还是直线，圆弧经仿射变换后还是圆弧。而平行性指的是直线之间的相对位置关系保持不变，平行线经仿射变换后依然为平行线，直线上点的位置顺序不会发生变化。

示例 4-11　利用 OpenCV 库对图像进行仿射变换。

```
import cv2 as cv
import numpy as np
image = cv.imread('../images/ex01.jpg') # 读取图像
height, width = image.shape[:2]
pt1 = np.float32([[0,0],
                 [width - 1, 0],
                 [0, height - 1]])
pt2 = np.float32([[0,height * 0.5],
                 [width * 0.8, height * 0.2],
                 [width * 0.2, height * 0.7]])
M = cv.getAffineTransform(pt1, pt2)
result = cv.warpAffine(image, M, (width, height))
cv.imshow('image', image)
cv.imshow('result', result)
cv.waitKey(0)
```

输出结果如图 4-20 所示。

（a）原图像

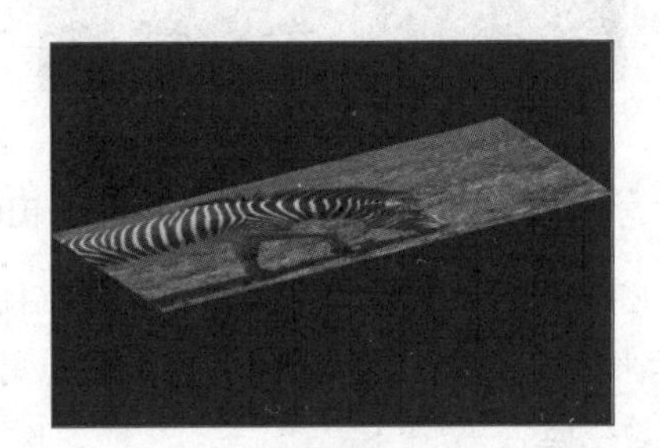

（b）仿射变换结果

图 4-20　图像仿射变换结果

6）图像透视变换

图像透视变换的本质是空间立体三维变换，将图像投影到另外一个视平面上，常常用在图像矫正任务中。在图像矫正过程中，需要指定畸变图像中的四个点以及目标图像中的四个点，根据这四对点之间的对应关系，就可以得到变换矩阵，从而实现图像矫正。

示例 4-12 利用 OpenCV 库对图像进行透视变换。

```
import cv2 as cv
import numpy as np
image = cv.imread('../images/trans.png')                    # 读取图像
height, width = image.shape[:2]
pt1 = np.float32([[90, 130], [350, 130], [90, 500], [400,500]])
pt2 = np.float32([[0,0], [width - 1, 0], [0, height - 1], [width - 1, height - 1]])
M = cv.getPerspectiveTransform(pt1,pt2)
result = cv.warpPerspective(image,M,(width, height))
cv.imshow('image', image)
cv.imshow('result', result)
cv.waitKey(0)
```

输出结果如图 4-21 所示。

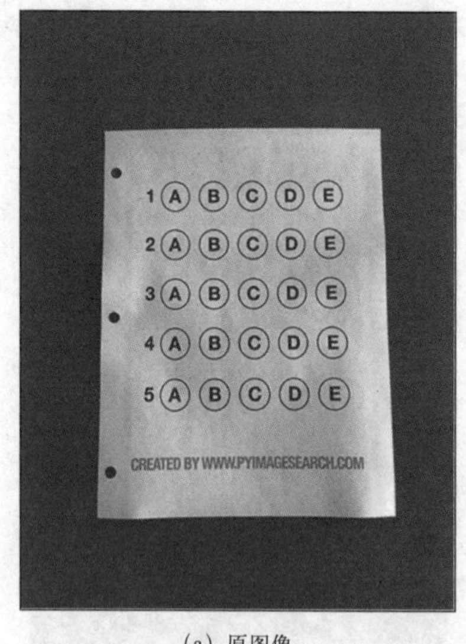

(a) 原图像

(b) 透视变换结果

图 4-21　图像透视变换结果

由于拍摄时摄像头视角的原因，导致一定程度的畸变：距离摄像头越近的点，看起来越大，越远的点看起来越小。故对这幅图像进行了透视变换，得到了一幅似乎在正上方拍摄的图像。

2. 频域变换

1）傅里叶变换概述

从纯粹的数学意义上看，傅里叶变换是将一个图像函数转换为一系列周期函数来处理的。其物理意义是将图像的灰度分布函数变换为图像的频率分布函数，傅里叶逆变换是将图像的频率分布函数变换为灰度分布函数。实际上对图像进行二维傅里叶变换得到频谱图，就是图像梯度的分布图，傅里叶频谱图上看到的明暗不一的亮点，实际上是图像上某一点与邻域点差异的强弱，即梯度的大小，也即该点频率的大小。如果频谱图中暗的点数更多，那么实际图像是比较柔和的；反之，如果频谱图中亮的点数多，那么实际图像一定是尖锐的、边界分明且边界两边像素差异较大的。

傅里叶变换是在以时间为自变量的“信号”与频率为自变量的“频谱”函数之间的某种变换关系。通过傅里叶变换，可在一个全新的频率空间上认识信号：一方面可能使得在时域研究中较复杂的问题在频域中变得简单起来，从而简化其分析过程；另一方面使得信号与系统的物理本质在频域中能更好地被揭示出来。

当自变量“时间”或“频率”为连续形式和离散形式的不同组合，就可以形成各种不同的傅里叶变换对,即“信号”与“频谱”的对应关系。傅里叶变换包含连续傅里叶变换、离散傅里叶变换、快速傅里叶变换、短时傅里叶变换等，在数字图像处理中使用的是二维离散傅里叶变换。

2）傅里叶变换定义

一维傅里叶变换方法如式（4-14）所示。

$$F(u)=\int_{-\infty}^{\infty} f(x)\mathrm{e}^{-\mathrm{j}2\pi ux}\mathrm{d}x \tag{4-14}$$

它的逆变换如式（4-15）所示。

$$f(x)=\int_{-\infty}^{\infty} F(u)\mathrm{e}^{\mathrm{j}2\pi ux}\mathrm{d}u \tag{4-15}$$

也就是说，对于一维傅里叶变换来说，它的变换函数是 $\mathrm{e}^{-\mathrm{j}2\pi ux}$。欧拉公式如下：

$$\mathrm{e}^{\mathrm{j}\omega}=\cos\omega+\mathrm{j}\sin\omega \tag{4-16}$$

根据式（4-16）可知，变换函数 $\mathrm{e}^{-\mathrm{j}2\pi ux}$ 等于 $\cos 2\pi ux-\sin 2\pi ux$ 为一个复数，所以经过傅里叶变换 $F(u)$ 一般情况下是一个复数量，可以将其写成如式（4-17）实部加虚部的表现形式：

$$F(u)=R(u)+\mathrm{j}I(u)=|F(u)|\mathrm{e}^{\mathrm{j}\phi(u)} \tag{4-17}$$

其中，$|F(u)|$ 等于 $F(u)$ 的实部和虚部平方和开根号，如式（4-18）所示，将其称为 $f(x)$ 的傅里叶幅度谱：

$$|F(u)|=\sqrt{R^2(u)+I^2(u)} \tag{4-18}$$

另外，$\phi(u)$ 如式（4-19）所示，将其称为 $f(x)$ 的傅里叶相位谱：

$$\phi(u)=\arctan\frac{I(u)}{R(u)} \tag{4-19}$$

傅里叶变换同样可以推广到二维函数。如果二维函数满足的狄里赫莱条件，那么存在式（4-20）所示的二维傅里叶变换对，这个变换对由一维变换推广得到。

$$\begin{cases} F(u,v)=\int_{-\infty}^{\infty}\int_{-\infty}^{\infty} f(x,y)\mathrm{e}^{-\mathrm{j}2\pi(ux+vy)}\mathrm{d}x\mathrm{d}y \\ f(x,y)=\int_{-\infty}^{\infty}\int_{-\infty}^{\infty} F(u,v)\mathrm{e}^{\mathrm{j}2\pi(ux+vy)}\mathrm{d}u\mathrm{d}v \end{cases} \tag{4-20}$$

二维傅里叶变换的变换函数变成了$e^{-j2\pi(ux+vy)}$，$f(x,y)$ 在 X 方向上进行变换的同时在 Y 方向上也进行了相应变换。二维傅里叶变换的逆变换相应的就变成了$e^{j2\pi(ux+vy)}$。类似于一维傅里叶变换，二维傅里叶变换也存在幅度谱和相位谱，如式（4-21）以及式（4-22）所示。

$$\left|F(u,v)\right| = \sqrt{R^2(u,v) + I^2(u,v)} \tag{4-21}$$

$$\phi(u,v) = \arctan\frac{I(u,v)}{R(u,v)} \tag{4-22}$$

离散傅里叶变换是经典的一种正弦 / 余弦型正交变换。它建立了空域与频域间的联系，具有明确的物理意义，能够更直观、方便地解决许多图像处理问题，广泛应用于数字图像处理领域。一维离散傅里叶变换的定义如下：设 $\{f(n)|n=0,\cdots,N-1\}$ 为一维信号的 N 个抽样，其离散傅里叶变换及其逆变换如式（4-23）所示。

$$\begin{cases} F(u) = \dfrac{1}{N}\sum\limits_{x=0}^{N-1} f(x)\mathrm{e}^{-\frac{j2\pi ux}{N}},\ u=0,1,2,\cdots,N-1 \\ f(x) = \sum\limits_{u=0}^{N-1} F(u)\mathrm{e}^{\frac{j2\pi ux}{N}},k=0,1,2,\cdots,N-1 \end{cases} \tag{4-23}$$

二维离散傅里叶变换的基函数是$\mathrm{e}^{-j2\pi\left(\frac{ux}{N}+\frac{vy}{N}\right)}$，它可以实现由图像矩阵向频域矩阵的转化，有式 (4-24) 所示的形式。其中 $1/N$ 是为了将二维离散傅里叶变换进行归一化处理所添加的系数。

$$\begin{cases} F(u,v) = \dfrac{1}{N}\sum\limits_{x=0}^{N-1}\sum\limits_{y=0}^{N-1} f(x,y)\mathrm{e}^{-j2\pi\left(\frac{ux}{N}+\frac{vy}{N}\right)} \\ f(x,y) = \dfrac{1}{N}\sum\limits_{u=0}^{N-1}\sum\limits_{v=0}^{N-1} F(u,v)\mathrm{e}^{j2\pi\left(\frac{ux}{N}+\frac{vy}{N}\right)} \end{cases} \tag{4-24}$$

图 4-22（b）以及图 4-22（c）所示分别是经过模处理和角处理后所得的傅里叶幅度谱以及相位谱离散信号。$F(x,y)$ 的频谱为 $F(u,v)$。其中$\left|F(u,v)\right| = \sqrt{R^2(u,v)+I^2(u,v)}$，将其称为傅里叶幅度谱，$\phi(u,v) = \arctan\dfrac{I(u,v)}{R(u,v)}$称为相位谱。

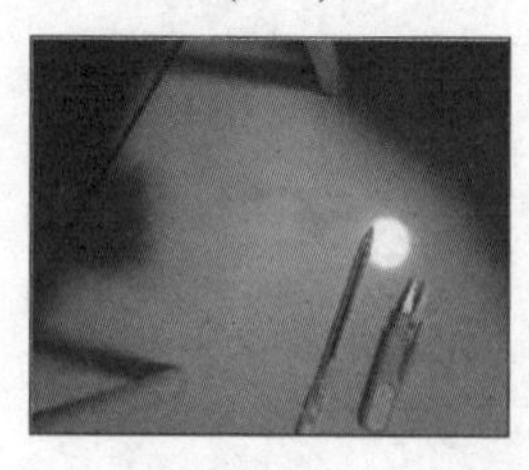
（a）原图

（b）经过变换的幅度谱

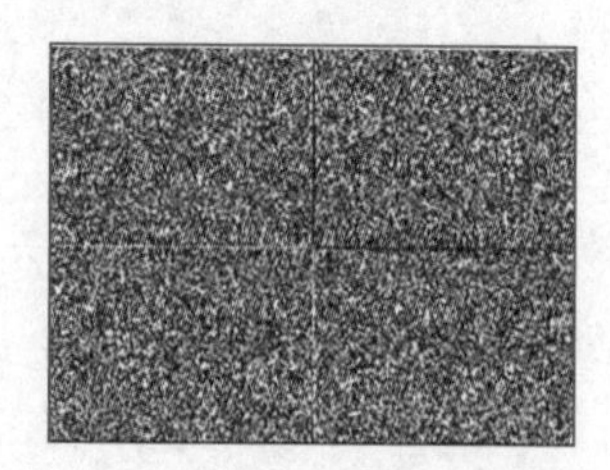
（c）经过变换的相位谱

图 4-22　幅度谱和相位谱

图 4-23（a）所示为一幅实际图像，对它进行二维离散傅里叶变换，就会得到其幅值谱，即图 4-23（b），即频域表达如果拿幅度谱再进行一个反变换（即重建），就得到图 4-23（c）所示的幅值重构图像，可以看到与原图像差异非常大，基本无法理解，即幅度谱所包含的信息不足以完全表示原图像的空间信息。同样是原图像，在得到它的相位谱图 4-23（d）以后，如果仅仅利用相位谱

而不用幅度谱进行傅里叶反变换，也就是把幅度都置为 1，则会得到图 4-23(e)所示的相位重构图像。

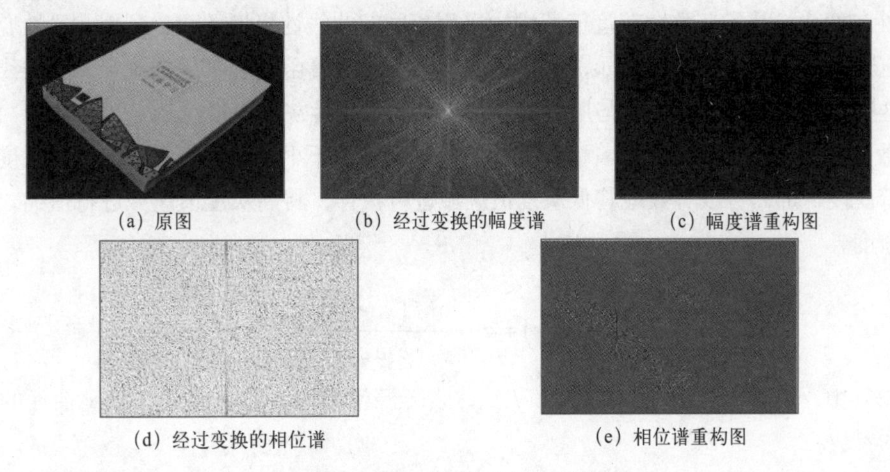

（a）原图　（b）经过变换的幅度谱　（c）幅度谱重构图

（d）经过变换的相位谱　（e）相位谱重构图

图 4-23　幅度谱、相位谱和重构图

显然，相位重构图像比幅值重构图像清晰、直观得多，也相似得多。因此，可以得到结论：相位谱可能具有更重要的应用，或者说它所携带的信息更为重要。

4.2.3　图像增强

图像增强就是利用一系列图像处理方法改善图像的视觉效果，提高图像的清晰度、对比度等，突出图像中感兴趣的信息，抑制不需要的信息，以提高图像的使用价值，将图像转换为更加适合分析和处理的形式。

1. 点运算

1）灰度变换

(1) 线性灰度变换

图像中偶尔会出现对比度不够的情况，导致图像不够清晰。这时可以通过灰度范围的线性变换对图像的灰度作线性拉伸，以提高图像的对比度。具体来说，就是通过式（4-25）原图像的灰度范围从 $[a,b]$ 扩大为 $[m,n]$。

$$g(x,y)=\frac{n-m}{b-a}\left[f(x,y)-a\right]+m \tag{4-25}$$

其中，$g(x, y)$ 表示目标像素值，$f(x, y)$ 表示源像素值。图 4-24 所示显示了线性灰度变换前后的效果对比。

（a）原图

（b）线性灰度变换

图 4-24　线性灰度变换效果图

(2) 非线性灰度变换

非线性灰度变换是指在整个灰度值范围内采用相同的非线性变换函数，利用非线性变换函数实现对灰度值区间的扩展与压缩。例如，指数函数、对数函数、幂函数都不是传统意义上的线性函数，因此利用这些函数对图像进行扩展与压缩的变换统称为非线性灰度变换。

以对数变换为例，对数函数随着横坐标的变大越来越趋于平缓，若将一幅图像的灰度值采用对数函数进行变换，那么可以有效地将低灰度值区域进行拉伸，将高灰度值区域进行压缩，以此提升图像的清晰度。

$$g(x,y)=a+\frac{\ln\left[f(x,y)+1\right]}{b\ln c} \tag{4-26}$$

式 (4-26) 中，$g(x,y)$ 表示目标像素值，$f(x,y)$ 表示源像素值，a,b,c 是为了调整曲线的位置和形状而引入的参数。

图 4-25 所示为图像的对数变换关系，经对数变换后的效果对比如图 4-26 所示。

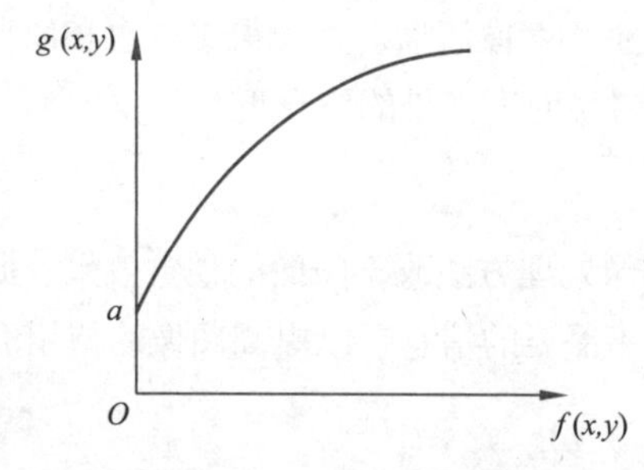

图 4-25　对数变换关系

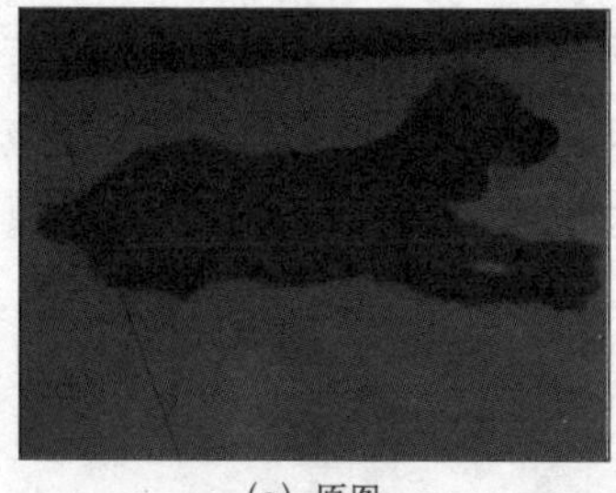

(a) 原图

(b) 经对数变换后的图像

图 4-26　对数变换效果

2) 直方图变换

图像直方图是图像最基本的统计特征，记录了图像中每个像素值的数量。直方图反映了图像的明暗分布规律，可以通过图像变换进行直方图调整，获得较好的视觉效果。

(1) 直方图均衡化

直方图均衡化又称直方图平坦化，实质上是对图像进行非线性拉伸，重新分配图像象元值，使一定灰度范围内象元值的数量大致相等。从图 4-27 (b) 可以看到原始图像的灰度值都聚集在左侧，这意味着图像中的灰度值较为单一，整体“偏暗”。而直方图均衡化就是要使图像的灰度值在所有灰度范围内均匀分布，最终达到图 4-27（d）所示的效果，可以看到经过直方图均衡化后的图像要比原图像更加清晰。

（a）原始图像

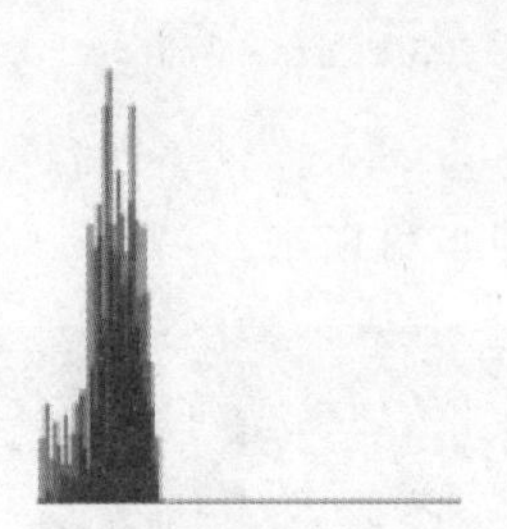

（b）原始图像的直方图

（c）直方图均衡化

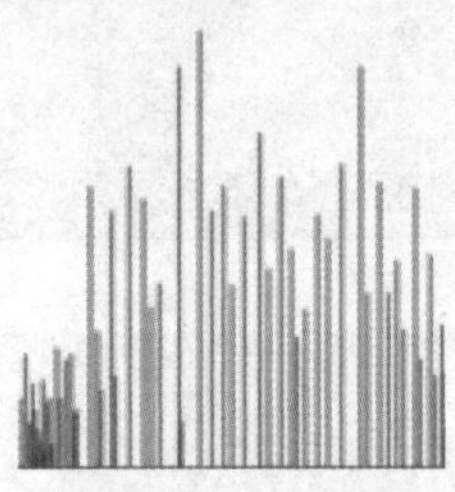

（d）均衡化后的直方图

图 4-27　直方图均衡化

示例 4-13　利用 OpenCV 库对图像进行直方图均衡化。

```
    import cv2 as cv
    import matplotlib.pyplot as plt
    image = cv.imread('../images/ex01.jpg')
    image_gray = cv.cvtColor(image, cv.COLOR_BGR2GRAY) # 为了方便说明，将彩色图像转
换为灰度图
    hist_ori = cv.calcHist([image_gray],          # src
                           [0],                    # 通道索引，由于处理的是灰度图，所以设为 0
                           None,                   # MASK
                           [256],                  # 分成多少份
                           [0,255])                # 像素值范围
    equhist = cv.equalizeHist(image_gray)          # 对图像进行直方图均衡化
    hist_equ = cv.calcHist([equhist],              # src
                           [0],                    # 通道索引，由于处理的是灰度图，所以设为 0
                           None,                   # MASK
                           [256],                  # 分成多少份
                           [0,255])                # 像素值范围
    plt.subplot(221),plt.plot(hist_ori, color="r")
    plt.title("Original Hist"), plt.xticks([]), plt.yticks([])
    plt.subplot(222),plt.plot(hist_equ, color="b")
    plt.title("EqualizeHist"), plt.xticks([]), plt.yticks([])
    plt.subplot(223),plt.imshow(image_gray)
```

```
plt.title("Original Imgae"), plt.xticks([]), plt.yticks([])
plt.subplot(224),plt.imshow(equhist)
plt.title("Equalize Image"), plt.xticks([]), plt.yticks([])
plt.show()
```

输出结果如图 4-28 所示。

(a) 原图像

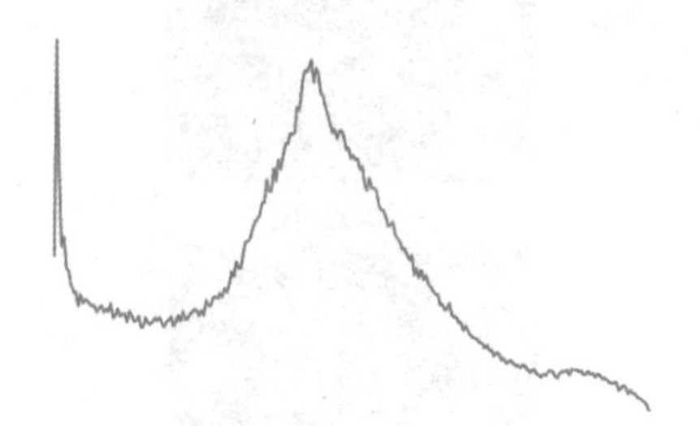

(b) 原图像对应直方图

(c) 均衡化后的图像

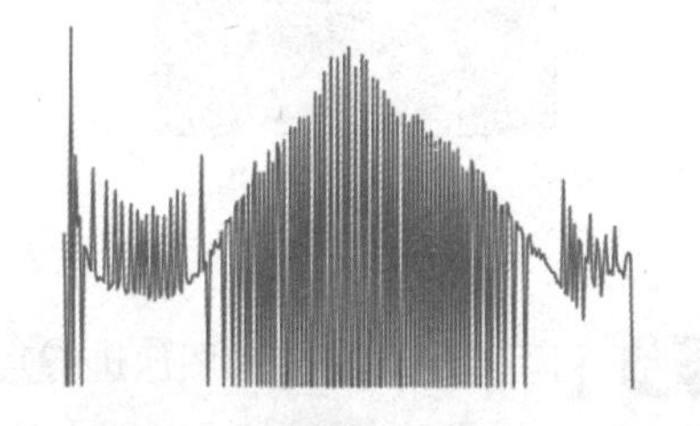

(b) 均衡化后图像对应直方图

图 4-28 直方图均衡化结果

(2) 直方图规定化

直方图均衡化能够自动增强整个图像的对比度，但其具体增强效果不易控制，处理的结果总是得到全局均匀化的直方图。实际上有时需要变换直方图成为特定形状，从而有选择地增强某个灰度值范围内的对比度，这时可以采用比较灵活的直方图匹配，一般来说正确地选择规定化的函数可以获得比直方图均衡化更好的效果。

直方图匹配是指把原图像直方图变换为某种指定形态的直方图或某一种参考图像的直方图，按照直方图调整原图像各个像素的灰度值，得到直方图匹配后的图像，使两图像的直方图相同和近似，使两幅图像具有类似的色调和反差，是直方图均衡化的扩展，如图 4-29 所示。

(a) 原图像

(b) 模板图像

(c) 规定化结果

图 4-29 直方图规定化效果

2. 空域滤波

1）平滑滤波器

平滑滤波器就是使像素点与周围的像素点进行混合，致使图像变得模糊，目的是减少噪声，将“尖锐”的部分去除，删除无用的细节部分，常用于图像预处理部分。

（1）均值滤波器

均值滤波器的基本思想是通过一点和邻域内像素点求平均值来去除突变的像素点。其主要优点是算法简单、计算速度快，但其代价是会造成图像一定程度上的模糊。并且其平滑效果与所采用邻域的半径（模板大小）有关，半径愈大，则图像的模糊程度越大。式 (4-27) 所示为常用的 3×3 模板：

$$H=\frac{1}{9}\begin{bmatrix}1&1&1\\1&1&1\\1&1&1\end{bmatrix}\tag{4-27}$$

（2）中值滤波器

中值滤波器是将像素邻域内灰度的中值代替该像素的值。给出滤波用的模板，对模板中的像素值由小到大排列，最终待处理像素的灰度取该模板中灰度的中值。例如，使用 3×3 模板，则用第 5 大的像素值代替待处理像素值，如果使用 5×5 的模板则使用第 13 大的像素值代替。

中值滤波器在去除噪声的同时，可以比较好地保留边的锐度和图像的细节（优于均值滤波器），而且能够有效去除脉冲噪声（以黑白点叠加在图像上）。

（3）高斯滤波器

高斯滤波的作用原理和均值滤波器类似，都是取滤波器窗口内像素的均值作为输出。与均值滤波器不同的是，均值滤波器的模板系数都为 1，而高斯滤波器的模板系数，则随着距离模板中心的增大而系数减小。所以，高斯滤波器相比于均值滤波器对图像的模糊程度较小。

假定中心点的坐标是 (0,0)，那么取距离它最近的 8 个点坐标，为了计算，需要设定 σ 的值。假定 σ=1.5，则根据模糊半径为 1 的高斯模板根据式 (4-28) 计算，过程如图 4-30 所示。

$$G(x,y)=\frac{1}{2\pi\sigma^2}e^{-\frac{x^2+y^2}{2\sigma^2}}\tag{4-28}$$

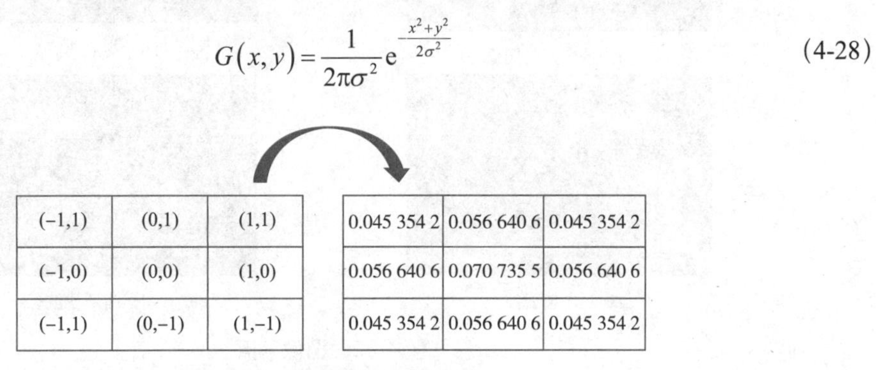

(−1,1)	(0,1)	(1,1)
(−1,0)	(0,0)	(1,0)
(−1,1)	(0,−1)	(1,−1)

0.045 354 2	0.056 640 6	0.045 354 2
0.056 640 6	0.070 735 5	0.056 640 6
0.045 354 2	0.056 640 6	0.045 354 2

图 4-30 高斯模板计算过程

此时，还要确保这九个点加起来为 1（这个是高斯模板的特性），这 9 个点的权重总和等于 0.478 714 7，因此上面 9 个值还要分别除以 0.478 714 7，得到最终的高斯模板，得到的高斯模板如图 4-31 所示。

0.094 741 6	0.118 318	0.094 741 6
0.118 318	0.147 761	0.118 318
0.094 741 6	0.118 318	0.094 741 6

图 4-31　高斯模板图

示例 4-14 利用 OpenCV 库对图像进行平滑操作。

```
import cv2 as cv
import numpy as np
image = cv.imread('../images/ex01_noise.jpg', 0)    # 读入灰度图像
blur_image = cv.blur(image, (3,3))                   # 以 3×3 的方框进行均值滤波
median_image = cv.medianBlur(image, 3)               # 以 3×3 方框进行中值滤波
gaussian_image = cv.GaussianBlur(image,(3,3), 0)     # 标准差取 0
cv.imshow('image', image)
cv.imshow('blur_image', blur_image)
cv.imshow('median_image', median_image)
cv.imshow('gaussian_image', gaussian_image)
cv.waitKey(0)
```

输出结果如图 4-32 所示。

(a) 带噪声的图像

(b) 均值滤波

(c) 中值滤波

(d) 高斯滤波

图 4-32　图像平滑

2）锐化滤波器

锐化滤波器与平滑滤波器的作用相反，它可以削弱图像中的低频分量，使图像的突变信息、边缘信息更加明显，产生更加适合人眼观察的图像，为进一步的图像处理奠定基础。

(1) 梯度锐化

梯度锐化是图像锐化最常用的方法之一，求解梯度时，使用离散函数的差分近似表示。考虑一

个 3×3 的图像区域，$f(x,y)$ 代表 (x,y) 位置的灰度值，则有

$$
\begin{cases}
\dfrac{\partial f(x,y)}{\partial x} = f(x+1,y) - f(x,y) \\
\dfrac{\partial f(x,y)}{\partial y} = f(x,y+1) - f(x,y)
\end{cases}
\tag{4-29}
$$

$$
= \sqrt{[f(x+1,y)-f(x,y)]^2 + [f(x,y+1)-f(x,y)]^2}
$$

$$
\approx \left| f(x+1,y) - f(x,y) \right| + \left| f(x,y+1) - f(x,y) \right|
$$

对于图 4-33（a）所示的二值图像，字母的边缘属于高频信息，而在其他区域属于低频信息，所以经过梯度锐化后提取出了字母的边缘。

（a）二值图像　　（b）梯度图像

图 4-33　梯度锐化

（2）拉普拉斯锐化

图像的拉普拉斯锐化是利用拉普拉斯算子对图像进行边缘增强的一种方法，其基本思想是：当邻域的中心像素灰度低于其所在邻域内其他像素的平均灰度时，此中心像素的灰度应被进一步降低，当邻域中心像素灰度高于它所在邻域内其他像素的平均灰度时，此中心像素的灰度应被进一步提高，以此实现图像的锐化处理。常用模板如图 4-34 所示。

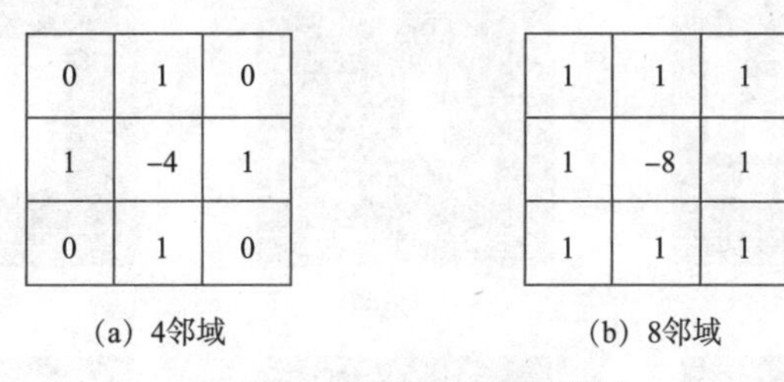

0	1	0
1	–4	1
0	1	0

（a）4邻域

1	1	1
1	–8	1
1	1	1

（b）8邻域

图 4-34　拉普拉斯锐化模板

4.2.4　形态学操作

形态学操作是指处理图像的形状特征的图像处理技术。在对图像进行阈值处理、图像增强等一系列预处理过程中会使图像中存在一些噪声。而形态学操作可以有效去除影响图像效果的噪声点，从而改善图像质量为后面的任务“打好基础”。一般来说，形态学操作主要用来处理二值化图像，其基本操作包括：膨胀、腐蚀、开运算、闭运算、形态学梯度、顶帽和黑帽。下面将对这些操作进行介绍。

1. 膨胀和腐蚀

膨胀可简单地理解为“将图像扩大”。其实现方法和图像平滑类似，假设有方形内核大小为3×3，使其遍历图像的所有像素，将内核中心对应的图像像素点的值更改为内核覆盖范围的最大值。腐蚀则相反，将内核中心对应的图像像素点的值更改为内核覆盖范围内像素点的最小值。其示意图如图4-35所示。

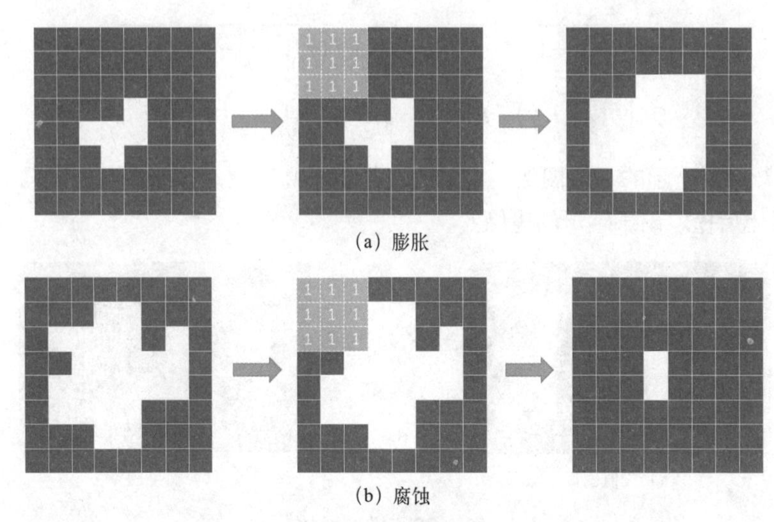

图4-35　膨胀和腐蚀

2. 开运算和闭运算

开运算就是先对图像进行腐蚀操作再进行膨胀操作，闭运算则相反。开运算通常被用来消除噪声点、分离物体、平滑较大物体等。闭运算则可以用来填充细小孔洞，对断开的且距离不远的物体进行连接。其示意图如图4-36所示。

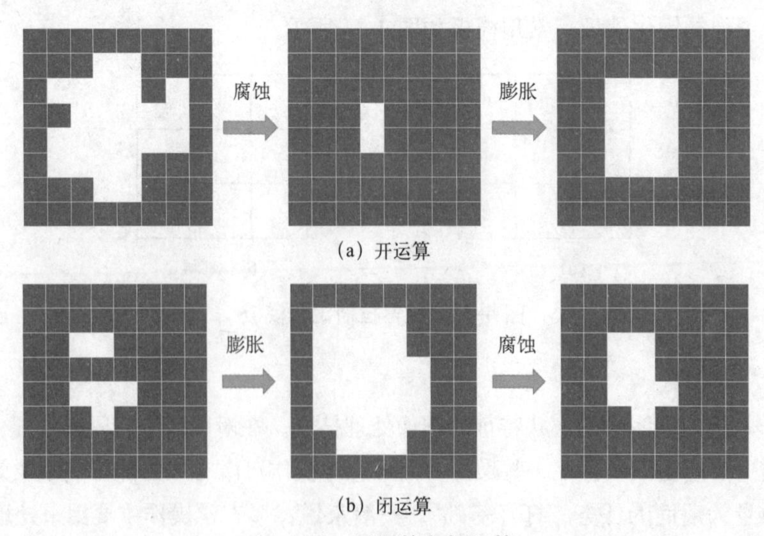

图4-36　开运算和闭运算

3. 形态学梯度

形态学梯度是指膨胀结果和腐蚀结果的差值，可以有效地将二值图像的边缘凸显出来以此保留边缘信息，如图 4-37 所示。

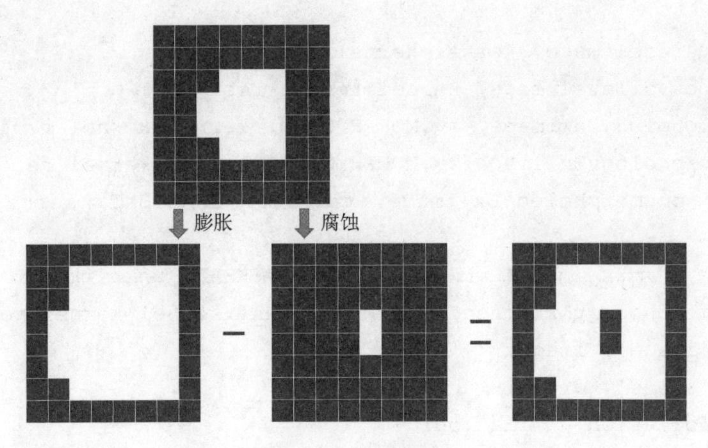

图 4-37　形态学梯度

4. 黑帽和顶帽

黑帽是指原图像和开运算的差值，它可以用来突出比邻近点较暗的区域。顶帽又称“礼帽”，它是图像的闭运算和原图像的差值，可以用来突出比邻近点较亮的区域，如图 4-38 所示。

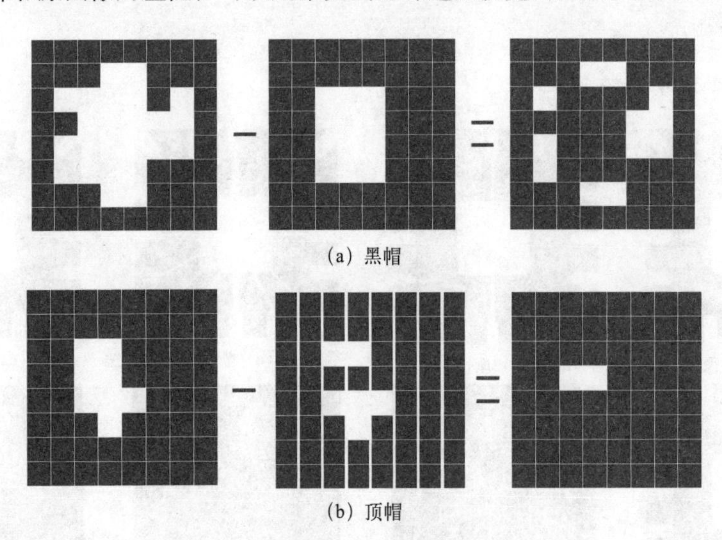

图 4-38　黑帽和顶帽

示例 4-15 利用 OpenCV 库对图像进行形态学操作。

```
import cv2 as cv
import numpy as np
image = cv.imread('../images/op.png', 0)
kernel_rect=cv.getStructuringElement(shape=cv.MORPH_RECT, ksize=(5,5))
                                                    # 定义矩形内核
kernel_ellipse=cv.getStructuringElement(shape=cv.MORPH_ELLIPSE, ksize=(5,5))
                                                    # 定义椭圆形内核
```

```
kernel_cross=cv.getStructuringElement(shape=cv.MORPH_CROSS, ksize=(5,5))
                                                        # 定义十字形内核
erode = cv.erode(image, kernel=kernel_rect)                       # 腐蚀运算
dilation = cv.dilate(image, kernel=kernel_rect)                   # 膨胀操作
open=cv.morphologyEx(image, cv.MORPH_OPEN, kernel=kernel_rect)    #开操作
close=cv.morphologyEx(image,cv.MORPH_CLOSE,kernel=kernel_rect)    #闭操作
gradient = cv.morphologyEx(image, cv.MORPH_GRADIENT, kernel=kernel_rect)
                                                        # 形态学梯度
blackhat = cv.morphologyEx(image, cv.MORPH_BLACKHAT, kernel=kernel_rect)   # 黑帽
tophat=cv.morphologyEx(image,cv.MORPH_TOPHAT,kernel=kernel_rect)      # 顶帽
cv.imshow('image', image)
cv.imshow('erode', erode)
cv.imshow('dilation', dilation)
cv.imshow('open', open)
cv.imshow('close', close)
cv.imshow('gradient', gradient)
cv.imshow('blackhat', blackhat)
cv.imshow('tophat', tophat)
cv.waitKey(0)
```

输出结果如图 4-39 所示。

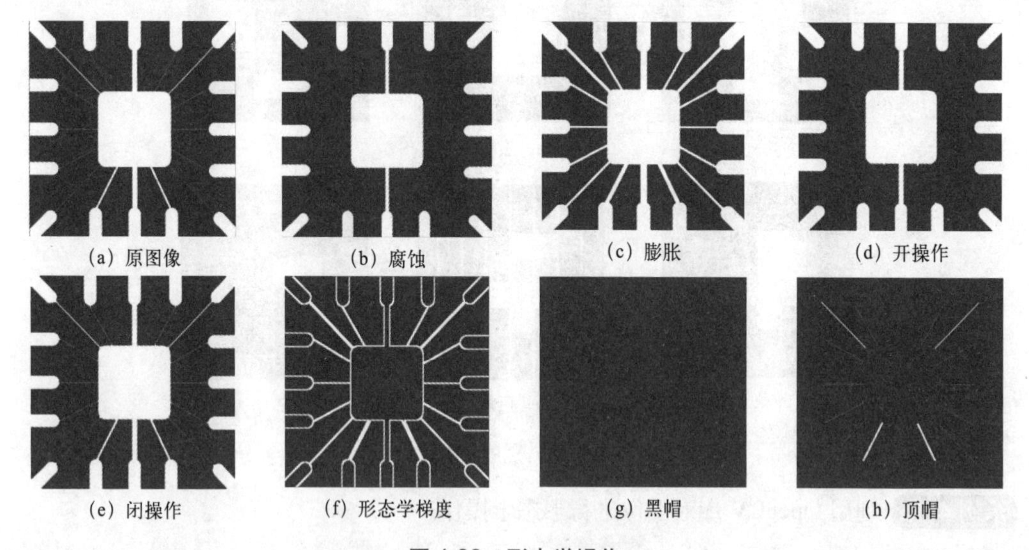

(a) 原图像　(b) 腐蚀　(c) 膨胀　(d) 开操作　(e) 闭操作　(f) 形态学梯度　(g) 黑帽　(h) 顶帽

图 4-39　形态学操作

4.3 边缘检测

边缘一般是指图像在某一局部强度剧烈变化的区域，边缘检测是图像处理和计算机视觉中的基本问题，其目的是标识数字图像中亮度变化明显的点，图像属性中的显著变化通常反映了

属性的重要事件和变化。边缘检测是图像处理和计算机视觉中，尤其是特征提取中的一个研究领域。

4.3.1　Sobel 算子

Sobel 算子检测方法对灰度渐变和噪声较多的图像处理效果较好，Sobel 算子对边缘定位不是很准确，图像的边缘不止一个像素；当对精度要求不是很高时，是一种较为常用的边缘检测方法。

需要注意的是，Sobel 算子认为，领域的像素对当前像素产生的影响是不等价的。所以距离不同的像素具有不同的权值，对算子结果产生的影响也不同。一般来说，距离越远，产生的影响越小。Sobel 算子的原理，对传进来的图像像素做卷积，卷积的实质是求梯度值，或者说给了一个加权平均，其中权值就是所谓的卷积核；然后对生成的新像素灰度值做阈值运算，以此确定边缘信息。可以通过其模板以及卷积计算展现。

Sobel 算子由如下两个 3×3 的模板构成，分别为检测水平边的横向模板 G_x 和检测垂直边的纵向模板 G_y：

$$G_x=\begin{bmatrix}-1 & -2 & -1\\ 0 & 0 & 0\\ 1 & 2 & 1\end{bmatrix} \tag{4-30}$$

$$G_y=\begin{bmatrix}-1 & 0 & 1\\ -2 & 0 & 2\\ -1 & 0 & 1\end{bmatrix} \tag{4-31}$$

其运算同样是将模板放到原始图像的某个位置上，形成一个卷积运算。对于卷积模板式(4-32)，经过运算得到的结果如式（4-32）和式（4-33）所示。

$$G_y=\begin{bmatrix}Z_1 & Z_2 & Z_3\\ Z_4 & Z_5 & Z_6\\ Z_7 & Z_8 & Z_9\end{bmatrix} \tag{4-32}$$

$$G_x=\left(Z_7+2Z_8+Z_9\right)-\left(Z_1+2Z_2+Z_3\right) \tag{4-33}$$

$$G_y=\left(Z_3+2Z_6+Z_9\right)-\left(Z_1+2Z_4+Z_7\right) \tag{4-34}$$

4.3.2　Laplacian 算子

拉普拉斯算子是最简单的各向同性微分算子，具有旋转不变性。一个二维图像函数的拉普拉斯变换是各向同性的二阶导数，如式（4-35）所示。

$$\nabla^2 f\left(x,y\right)=\frac{\partial^2 f}{\partial x^2}+\frac{\partial^2 f}{\partial y^2} \tag{4-35}$$

由于图像有 x 和 y 两个方向，因此图像属于二维离散信号，其 x 和 y 两个方向的离散二阶微分公式如式（4-36）所示。

$$\nabla^2 f\left(x,y\right)=\left[f\left(x+1,y\right)+f\left(x-1,y\right)+f\left(x,y+1\right)+f\left(x,y-1\right)\right]-4f\left(x,y\right) \tag{4-36}$$

因为在一个很暗的区域内，很亮的点和其周围的点属于差异比较大的点，在图像上反映为差异大，其实说的就是这个亮点与周围的像素在数值上的差距。那么基于二阶微分的拉普拉斯算子就是求取这种像素值发生突然变换的点或线，此算子却可用二次微分正峰和负峰之间的过零点来确定，对孤立点或端点更为敏感，因此特别适用于以突出图像中的孤立点、孤立线或线端点为目的的场合。同梯度算子一样，拉普拉斯算子也会增强图像中的噪声，有时用拉普拉斯算子进行边缘检测时，可将图像先进行平滑处理。但是在进行锐化的过程中，又不希望这个 filter 改变图像中其他 pixel 的信息，所以保证了每个 filter 的数值和加起来为 0，可以根据式（4-37）所示的卷积核得出。

$$L=\begin{bmatrix}0 & 1 & 0\\ 1 & -4 & 1\\ 0 & 1 & 0\end{bmatrix} \tag{4-37}$$

由于拉普拉斯是一种微分算子，它的应用可增强图像中灰度突变的区域，减弱灰度的缓慢变化区域。因此，锐化处理可选择拉普拉斯算子对原图像进行处理，产生描述灰度突变的图像，再将拉普拉斯图像与原始图像叠加而产生锐化图像。拉普拉斯锐化的基本方法可以由式（4-38）表示。

$$g(x,y)=\begin{cases} f(x,y)-\nabla^2 f(x,y) \text{ if Laplacian掩模中心系数为负} \\ f(x,y)+\nabla^2 f(x,y) \text{ if Laplacian掩模中心系数为正} \end{cases} \tag{4-38}$$

这种简单的锐化方法既可以产生拉普拉斯锐化处理的效果，同时又能保留背景信息，将原始图像叠加到拉普拉斯变换的处理结果中去，可以使图像中的各灰度值得到保留，使灰度突变处的对比度得到增强，最终结果是在保留图像背景的前提下，突现出图像中小的细节信息。

Laplacian 算子进行边缘检测并没有像 Sobel 那样的平滑过程，所以它会对噪声产生较大响应，并且不能分别得到水平方向、垂直方向或者其他固定方向的边缘。但是它只有一个卷积核，所以计算成本会更低。

4.3.3 Canny 算子

Canny 边缘检测算法是 John F. Canny 于 1986 年开发出来的一个多级边缘检测算法。通常情况下边缘检测的目的是在保留原有图像属性的情况下，显著减少图像的数据规模。目前有多种算法可以进行边缘检测，虽然 Canny 算法年代久远，但可以说它是边缘检测的一种标准算法，而且仍在研究中广泛使用。

在目前常用的边缘检测方法中，Canny 边缘检测算法是具有严格定义的，是可以提供良好、可靠检测的方法之一。

Canny 算子求边缘点的具体算法可以分为四个步骤：(1) 使用高斯滤波器，以平滑图像，滤除噪声；(2) 用一阶偏导有限差分计算梯度幅值和方向；(3) 对梯度幅值进行非极大值抑制；(4) 用双阈值算法检测和连接边缘。由于它具有满足边缘检测的三个标准和实现过程简单的优势，成为边缘检测最流行的算法之一。

示例 4-16 利用 OpenCV 库对图像进行边缘检测。

```
import cv2 as cv
import matplotlib.pyplot as plt
```

```
image = cv.imread('../images/trans.png', 0)
x = cv.Sobel(image, -1, 1, 0)
y = cv.Sobel(image, -1, 0, 1)
Scale_x = cv.convertScaleAbs(x)
Scale_y = cv.convertScaleAbs(y)
sobel = cv.addWeighted(Scale_x, 0.5, Scale_y, 0.5, 0)
# Laplacian
lap = cv.Laplacian(image, -1, ksize=3)
lap = cv.convertScaleAbs(lap)
# Canny
canny = cv.GaussianBlur(image, (3,3), 0)
canny = cv.Canny(canny, 50, 100)
cv.imshow('image', image)
cv.imshow('sobel', sobel)
cv.imshow('lap', lap)
cv.imshow('canny', canny)
cv.waitKey(0)
```

输出结果如图 4-40 所示。

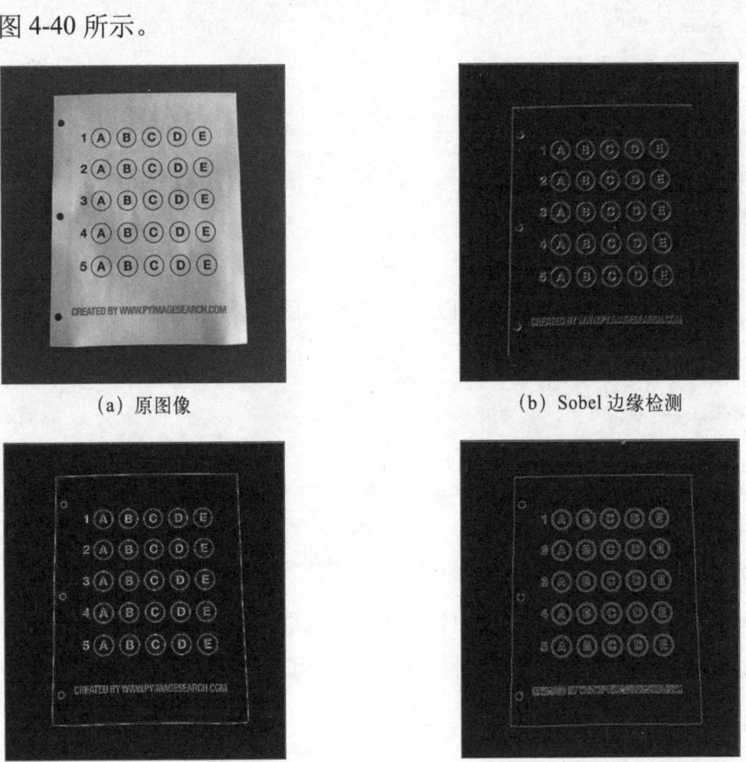

(a) 原图像　　(b) Sobel 边缘检测

(c) Laplacian 边缘检测　　(d) Canny 边缘检测

图 4-40　边缘检测结果

4.4 项目实战：疲劳驾驶检测

4.4.1 项目介绍

近年来，随着我国汽车数量的不断增长，交通事故也随之增加。世界卫生组织报告称，全世界每年有 135 万人死于道路事故。其中疲劳驾驶是导致交通事故的重要原因之一，占伤亡人数的 20% ～ 30%。一般的疲劳表现有打哈欠、闭眼等，在本项目中，利用 Dlib 第三方库实现了一个疲劳驾驶检测程序，通过计算嘴部、眼部的长宽比判断驾驶人是否在疲劳驾驶。

4.4.2 实现流程

首先定义初始化函数。由于特征点预测器的返回值为脸部的 68 个特征点，每个部位的特征点都是连续且相邻的，例如，脸的轮廓的特征点索引是从 0 ～ 16，左眼特征点的索引是从 17 ～ 21。所以，首先定义一个字典将特征点编号存储起来，代码如下：

```
self.face_area = {
    "outline": [0, 16],
    "left_eyebrow": [17, 21],
    "right_eyebrow": [22, 26],
    "nose": [27, 35],
    "left_eye": [36, 41],
    "right_eye": [42, 47],
    "mouse": [48, 67]
}
```

然后创建人脸检测器、特征点检测器以及疲劳检测所需要的阈值。代码如下：

```
self.left_eye, self.right_eye, self.mouse = [], [], []  # 存放特征点坐标
self.EYERATIO = 0.25                                     # 眼睛长宽比
self.EYE_AR_THRESH = 0.2                                 # 眼部面积
self.detector = dlib.get_frontal_face_detector()         # 人脸检测器
self.predictor =
dlib.shape_predictor("shape_predictor_68_face_landmarks.dat") # 检测器
```

实现完初始化函数之后，再来实现主体部分，也就是图像的处理和预测部分。主要步骤如下：

（1）检测人脸。利用人脸检测器进行实现，输入为灰度图，输出为检测到的人脸矩形框坐标列表。

```
gray_img = cv2.cvtColor(original_img, cv2.COLOR_BGR2GRAY)
faces = self.detector(gray_img, 1)
```

（2）定位人脸关键点。利用关键点检测器实现，输入为图像和矩形框坐标，输出为 68 个关键点坐标。

```
for face in faces:
    # 寻找人脸的 68 个标定点
    shape = self.predictor(original_img, face)
    # 获得人脸矩形框坐标
    pt1, pt2 = (face.left(), face.top()), (face.right(), face.bottom())
    # 画矩形框
    original_img = cv2.rectangle(original_img, pt1, pt2, (0,0,255), 2)
    # 遍历 68 个关键点
    for pt in shape.parts():
        # 获得每个关键点中心坐标
        x, y = pt.x, pt.y
        # 标记
        cv2.circle(original_img, (x, y), 1, (255,255,255), 1)
    # 获得左右眼、嘴部特征点中心坐标
    self.left_eye, self.right_eye, self.mouse =
    self.get_face_part(shape)
```

(3) 利用得到的特征点坐标计算眼部高宽比、面积大小和嘴部高宽比。

```
left = self.eye_per(self.left_eye)                                  # 计算左眼评分
right = self.eye_per(self.right_eye)                                # 计算右眼评分
res = (left + right) / 2.0                                          # 取平均值
left_eye_ratio = self._get_eye_ratio(self.left_eye)                 # 计算左眼高宽比
right_eye_ratio = self._get_eye_ratio(self.right_eye)               # 计算有眼高宽比
mouse_ratio = self._get_mouse_ratio(self.mouse, original_img)       # 计算嘴部宽高比
```

用于计算高宽比的函数如下：

```
def eye_per(self, eye):                                             # 计算评分
    A = dist.euclidean(eye[1], eye[5])
    B = dist.euclidean(eye[2], eye[4])
    C = dist.euclidean(eye[0], eye[3])
    ear = (A + B) / (2.0 * C)
    return ear
def _get_mouse_ratio(self, mouse, original_img):                    # 计算嘴部高宽比
    m1, m2, m3, m4, m5, m6, m7, m8 = mouse[-8:]
    width = dist.euclidean(m1, m5)                                  # 嘴巴横向距离
    heigh1 = dist.euclidean(m2, m8)                                 # 上下嘴唇距离
    heigh2 = dist.euclidean(m3, m7)                                 # 上下嘴唇距离
    heigh3 = dist.euclidean(m4, m6)                                 # 上下嘴唇距离
    avg_height = (heigh1 + heigh2 + heigh3) / 3
    mouse_ratio = avg_height / width
    return mouse_ratio
def _get_eye_ratio(self, eye_list):                                 # 计算眼部高宽比
```

```
    p1, p2, p3, p4, p5, p6 = eye_list
    dis_1_4 = dist.euclidean(p1, p4)
    dis_2_6 = dist.euclidean(p2, p6)
    dis_3_5 = dist.euclidean(p3, p5)
    eye_ratio = (dis_2_6 + dis_3_5) / (2*dis_1_4)
    return eye_ratio
```

（4）检测。首先创建检测器示例，利用 OpenCV 开启摄像头并读取每一帧图像，利用检测器进行检测并做出判断，实现代码如下：

```
detector = Detector()                            # 创建检测器
cap = cv2.VideoCapture(0)                        # 开启摄像头
while cap.isOpened():                            # 循环遍历每一帧图像
    _,frame = cap.read()                         # 读取获取图像
    if frame is None:
        break
    detector.detect(frame)                       # 检测
    if cv2.waitKey(1) == 27 & 0xFF:              # 循环结束条件
        break
```

4.4.3 结果展示

在实现了该疲劳驾驶检测系统后，对图像进行测试，如图 4-41 所示。从图中可以看到，驾驶人已经闭眼，程序发出警告。

图 4-41 检测结果

小 结

本章介绍了数字图像处理的一系列相关知识，首先介绍了图像在计算机中的表示方法、图像的色彩空间等基础知识，之后通过一些案例讲解了基础的图像处理方法，这些处理方法不论是在传

统的视觉任务当中还是深度学习当中都十分重要。然后介绍了图像增强的基本操作和边缘检测的方法，二者的目的都是对图像经过一系列操作，从而产生适合分析和处理的图像。最后利用 OpenCV 实现了疲劳驾驶检测项目。

习　题

1. 图像和数字图像的概念分别是什么？二者有什么区别？

2. 简述图像的数字化的操作步骤。

3. 简述灰度图像和彩色图像之间的区别。

4. 已知两幅幅 3×3 的数字图像$\boldsymbol{f}_1=\begin{bmatrix}1&3&5&5\\5&2&2&2\\3&2&1&2\\1&2&3&2\end{bmatrix}$和$\boldsymbol{f}_2=\begin{bmatrix}1&2&4&3\\2&3&1&2\\0&3&1&1\\3&2&1&4\end{bmatrix}$，求进行以下处理后的新图像。

（1）将$\boldsymbol{f}_1$水平向右移动 1 个单位，向下移动 3 个单位，求解移动后的新图像f_1；

（2）对两幅图像进行算术运算。

5. 增强的目的是什么？通常包括哪些增强方法？

6. 一幅图像为$\boldsymbol{f}=\begin{bmatrix}10&9&2&8&2\\8&9&3&4&2\\8&8&3&2&1\\7&7&2&2&1\\9&7&2&2&0\end{bmatrix}$对其进行线性动态范围调整处理，其中灰度变化区域 $[a,b]$ 为 [2,9]。

7. 一幅二值图像$\boldsymbol{f}=\begin{bmatrix}0&0&0&0&0\\0&1&1&0&0\\0&1&1&0&1\\0&0&1&1&1\\0&1&1&1&0\end{bmatrix}$和 3×3 矩形内核。分别求解膨胀、腐蚀操作后的结果。

8. 什么是图像平滑和图像锐化？简述二者的基本原理。

9. 简述利用 OpenCV 实现图像的快速傅里叶变换的步骤。

10. 什么是边缘检测？常用的算子有哪些？

第5章 机器学习

机器学习是一门多领域的交叉学科，它主要研究计算机如何模拟人和学习人的行为。发展至今的机器学习已经应用在了自然语言处理、手写识别、机器人应用、数据挖掘、计算机视觉等不同方向，很多机器学习中的方法都应用在了计算机视觉中。本章旨在对机器学习的基础知识进行介绍，重点介绍决策树算法、贝叶斯算法的基本流程。

思维导图

视 频

机器学习

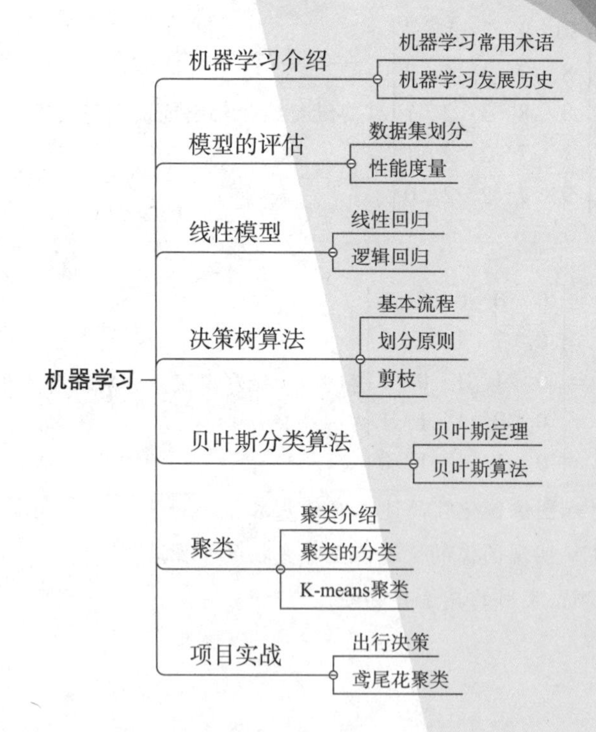

学习目标

- 掌握机器学习模型评估；
- 掌握线性回归与逻辑回归；

- 掌握决策树算法；
- 掌握贝叶斯分类算法；
- 了解常用聚类方法。

5.1 机器学习介绍

机器学习是这样一门学科，它通过大量的“经验”进行预测。在计算机中，通过大量的数据得到一个模型，模型可以对新的数据进行预测得到结果。这便是机器学习的基本解释。其中策略、模型和算法称为机器学习的三要素。模型就像一个黑盒子，输入数据然后模型输出结果，策略用来判断模型的优劣，算法则指学习模型的具体计算方法。

5.1.1 机器学习常用术语

机器学习一般分为监督学习，无监督学习和半监督学习。

监督学习指的是它的训练数据都是带有标记的，通过这些带有标记的数据不断修正模型。监督学习一般有分类和回归两类任务。分类问题输出物体所属的类别，它的输出值是离散的，而回归任务则是输出一个值，它的输出是连续的。如猫狗分类属于分类问题，像房价预测属于回归问题。

无监督学习则表示数据没有标记。最常见的就是聚类与降维，关于这一点后面会有介绍。还有部分是半监督学习，它通过少量带有标记的数据和大量不带有标记的数据训练模型。

在开始机器学习之前，需要大量的数据。比如（前夜天气＝阴，前夜温度＝低，前夜湿度＝高），这就是判断天气的一个记录，多个记录的组成称为“数据集”。每个记录称为样本。天气、温度、湿度等称为属性，上面的阴、低等称为属性值。如果是监督学习还需要对数据进行标记，上面那个样本第二天的天气会标记为晴天。

要想得到一个模型，需要利用大量的数据进行训练，把这些数据称为“训练数据”，它们的集合称为“训练集”。训练好模型之后还需要数据进行测试，不断修正模型，称为“测试集”。最后需要数据验证模型的好坏，称为“验证集”。

5.1.2 机器学习发展历史

人工智能与机器学习的发展大致可分为三个阶段。20世纪50～70年代运用基于符号表示的演绎推理技术，一般称为推理期。20世纪70～80年代属于知识期，基于符号知识表示，通过获取和利用领域知识建立专家系统。20世纪80年代至今称为学习期，其中两大主流技术分别是符号主义学习和基于神经网络的连接主义学习。

20世纪50年代初，人工智能研究处于推理期，A. Newell和H. Simon的“逻辑理论家”（Logic Theorist）程序证明了数学原理，以及此后的“通用问题求解”程序。1952年，阿瑟·萨缪尔在IBM公司研制了一个跳棋程序，这是人工智能下棋问题的由来。20世纪50年代中后期，开始出现基于神经网络的“连接主义”学习，F. Rosenblatt提出了感知机（Perceptron），但该感知机只能处理线性分类问题，处理不了“异或”逻辑。还有B. Widrow提出的Adaline。

20世纪60～70年代，基于逻辑表示的“符号主义”（Symbolism）学习技术蓬勃发展。例如 P. Winston 的结构学习系统，R. S. Michalski 的基于逻辑的归纳学习系统，以及 E. B. Hunt 的概念学习系统。以决策理论为基础的学习技术以及强化学习技术发展，例如 N. J. Nilson 的“学习机器”。

20 世纪 80 ～ 90 年代中期，从样例中学习的主流技术符号主义学习，基于逻辑的学习以及基于神经网络的连接主义学习开始出现。它是机器学习成为一个独立的学科领域，各种机器学习技术百花初绽的时期。20 世纪 90 年代中期出现了支持向量机、核方法等统计学习方法。21 世纪至今，研究者开始致力于研究深度学习技术，深度学习在飞速发展。

5.2 模型的评估

5.2.1 数据集划分

数据集一般分为训练集、测试集和验证集。在收集数据集之后一般还需要通过相应的手段将数据集划分为训练集和测试集，并且两种数据集必须互斥。常见的划分方法有三种。

1. 留出法

留出法是一种操作简单的划分方法，它将数据集 D 划分成两个互斥的集合。可以称为训练集 X 和测试集 C，其中 $D=C+X$。训练集和测试集的数据分布应该尽可能一致，即每个种类数据占比应该大致相同。有时一次留出法得到的结果可能不够准确，可以进行多次实验后取均值得出结果。其中训练样本一般占 2/3 ～ 4/5，剩下的样本用来进行测试。

2. 交叉验证法

交叉验证法是将数据集 D 划分成 K 个大小相同的互斥集合，然后用 1 个集合作为测试集，剩下的 $K-1$ 个集合作为训练集。进行 K 次训练与测试，最后返回它们的均值得到最终的结果，称为 K 折交叉验证法。其中当 $K=D$ 时候，称为留一法。

3. 自助法

自助法则是一个较为特殊的方法。假设数据集 D 中有 a 个样本，每一次从 D 中选出一个样本放入 D_1 数据集，然后再放回样本。如此重复 a 次得到 D_1 数据集，D_1 中会有重复样本或者一些样本不出现样本。没采集到的样本可以用来当作测试集。研究证明未被采集到的概率约为 36.8%。自助法在数据集比较少，不容易划分时比较适用，但是也容易改变数据集的分布。

5.2.2 性能度量

一个好的模型不仅在训练时误差小，在测试误差也要小。把训练时产生的误差称为训练误差，测试时产生的误差称为泛化误差。

衡量一个模型的好坏有很多参数或指标。错误率指的是分类错误的样本数占样本总数的比例，而精度则是分类正确的样本数占样本总数的比例，精度与错误率之和为 1。

在机器学习预测中，存在四个重要的参数。TP 表示将正类预测为正类数，FN 表示将正类预测为负类数，FP 表示将负类预测为正类数，TN 表示将负类预测为负类数。

机器学习中存在查全率和查准率两个指标。查全率：$R=\dfrac{\text{TP}}{\text{TP}+\text{FN}}$。查准率：$P=\dfrac{\text{TP}}{\text{TP}+\text{FN}}$。查准率和查全率两者相斥。当查准率较高时，查全率便低，查准率低时，查全率便高。

根据查准率和查全率，可以画出 *P-R* 图，如图 5-1 所示。

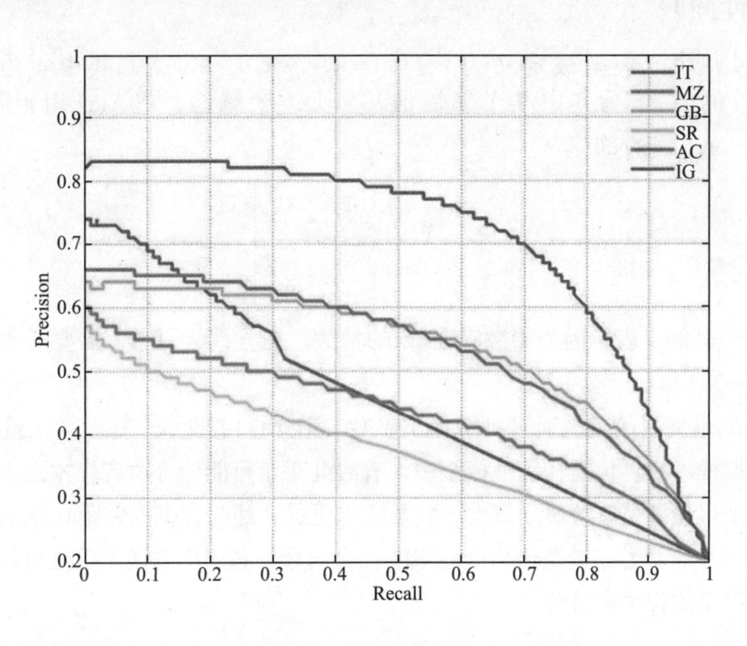

图 5-1　*P–R* 图

在 *P-R* 图中，若一条曲线能将另一条曲线完全包住，则说明它更优。如图中的 IG 最优，SR 最弱。但图中也会存在曲线交叉的情况，比如图中 IT、AC 和 GB 曲线有交叉，此时无法判别哪个学习器更好，就要使用其他度量方法。

在机器学习中，F_1 度量方法应用的更为广泛。

$$F_1=\frac{2\times P\times R}{P+R} \tag{5-1}$$

机器学习性能度量还有一种常用的方法，画 ROC 曲线与计算 AUC 面积。在学习 ROC 曲线之前，先需要了解真正确率 FPR 与假正确率 TPR。

$$\text{TPR}=\frac{\text{TP}}{\text{TP}+\text{FN}} \tag{5-2}$$

$$\text{FPR}=\frac{\text{FP}}{\text{TN}+\text{FP}} \tag{5-3}$$

将两者分别作为横纵坐标轴，画出 ROC 曲线。在 ROC 曲线中，若是一条曲线 A 将另一条曲线 B 完全包裹住，则说明 A 性能更好。但也会出现曲线交叉的情况，在机器学习中可以比较曲线下的面积，面积越大表示学习器性能越好。

5.3 线性模型

5.3.1 线性回归

在线性回归中，模型被定义为：$f(x)=w_0+w_1x_1+\cdots+w_nx_n$，其中 w 为权值，也是机器学习需要求得的值，x 为其中某个属性值，一共 n 个属性。将 $f(x)$ 用矩阵表示 $f(x)=XW$。$W=[w_0,w_1,w_2,\cdots,w_n]$，输入矩阵

$$X=\begin{bmatrix}1 & \cdots & x_m^{(1)} \\ \vdots & \ddots & \vdots \\ 1 & \cdots & x_n^m\end{bmatrix} \tag{5-4}$$

其中，第一列的 1 表示因为参数存在 w_0 的常数。在监督学习中，需要对数据集给出标签，记作 $y=[y_0,y_1,y_2,\cdots,y_n]$。

线性回归的最终目的就是通过训练得出参数 w 让 $f(x)$ 接近 y。在数学上就是找到一条曲线尽量拟合所有数据样本点。但是在线性模型中，直线几乎不可能拟合所有样本点。所以机器学习中的线性模型训练是尽量调整参数使线离大多数数据点更近，线与数据的差距在定量上称为误差。

在线性模型中，均方误差是使用比较多的损失函数，利用均方误差优化目标函数的方法为最小二乘法。均方误差的损失函数为

$$J(w)=\frac{1}{m}\sum_{i=1}^{m}\left(f\left(x^{(i)}\right)-y^{(i)}\right)^2=\frac{1}{m}(XW-y)^{\mathrm{T}}(XW-y) \tag{5-5}$$

将 J 对 w 求导进行梯度下降。即

$$W\leftarrow W-\alpha\frac{\partial J(W)}{\partial W} \tag{5-6}$$

其实 α 是学习率，控制训练速度。最后可以得到梯度下降的迭代过程为

$$W\leftarrow W-\frac{2}{m}\alpha X^{\mathrm{T}}(XW-y) \tag{5-7}$$

关于梯度下降、学习率等知识，读者可以在第 6 章深度学习部分系统学习。

5.3.2 逻辑回归

机器学习中，除了线性回归，逻辑回归的使用也比较多。但逻辑回归的作用和线性回归却大不相同。逻辑回归并不是用来完成回归任务，它经常被用来进行分类。

逻辑回归中用到了 Sigmoid 函数。Sigmoid 的函数形式为

$$g(z)=\frac{1}{1+\mathrm{e}^{-z}} \tag{5-8}$$

Sigmoid 函数图像像一个“S”形，将所有输出控制在 0 ～ 1，如图 5-2 所示。

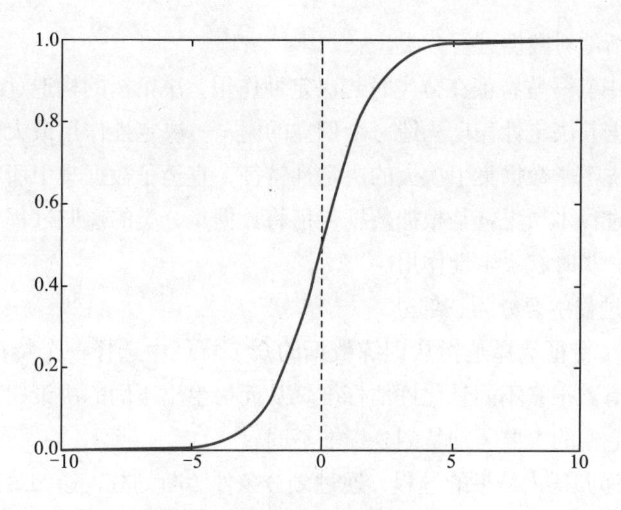

图 5-2 Sigmoid 函数图像

逻辑回归本质上是线性回归，只是在特征到结果的映射中加入了一层函数映射。即先把特征线性求和，然后使用函数 $g(z)$ 代替假设函数进行预测。$g(z)$ 可以将连续值映射到 0 ～ 1。将线性回归模型的表达式代入 $g(z)$，就得到逻辑回归的表达式

$$h_\theta(x)=g\left(\theta^{\mathrm{T}}x\right)=\frac{1}{1+\mathrm{e}^{-\theta^{\mathrm{T}}x}} \tag{5-9}$$

将 y 的取值通过 Logistic 函数归一化到 (0,1)，y 的取值有特殊含义，它表示结果取 1 的概率，故对于输入 x 分类结果为类别 1 和类别 0 的概率分别为

$$P(y=1|x;\theta)=h_\theta(x) \tag{5-10}$$

$$P(y=0|x;\theta)=1-h_\theta(x) \tag{5-11}$$

得到了逻辑回归的表达式，下一步与线性回归类似，构建似然函数，然后最大似然估计，最终推导出 θ 的迭代更新表达式。这里使用的不是梯度下降，而是梯度上升，因为这里是最大化似然函数不是最小化似然函数。然后取对数转化之后求导

$$L(\theta)=p(\vec{y}|X;\theta)=\prod_{i=1}^{m}\left(h_\theta\left(x^{(i)}\right)\right)^{y^{(i)}}\left(1-h_\theta\left(x^{(i)}\right)\right)^{1-y^{(i)}} \tag{5-12}$$

$$\frac{\partial}{\partial\theta_j}l(\theta)=\left(y\frac{1}{g\left(\theta^{\mathrm{T}}x\right)}-(1-y)\frac{1}{1-g\left(\theta^{\mathrm{T}}x\right)}\right)\frac{\partial}{\partial\theta_j}g\left(\theta^{\mathrm{T}}x\right)=\left(y-h_\theta(x)\right)x_j \tag{5-13}$$

5.4 决策树算法

5.4.1 基本流程

在生活中有很多这样的例子。比如要判断一个香蕉质量好不好，可能先看它的颜色，如果颜色金黄就继续往下判断。再试软硬程度，之后称质量等，一步步往下判断。决策树和这种方法相似，

它通过一些规则不断地对数据进行分类。

样本所有特征中有一些特征在分类时起决定性作用，决策树的构造过程就是找到这些具有决定性作用的特征，根据其决定性程度构造一个倒立的树——决定性作用最大的那个特征作为根节点，然后递归找到各分支下子数据集中次大的决定性特征，直至子数据集中所有数据都属于同一类。所以，构造决策树的过程本质上就是根据数据特征将数据集分类的递归过程，问题是当前数据集上哪个特征在划分数据分类时起决定性作用。

决策树学习的过程主要分为三部分。

(1) 特征选择：特征选择是指从训练数据的众多特征中选择一个特征作为当前节点的分裂标准，如何选择特征有着很多不同量化评估标准，从而衍生出不同的决策树算法。常见的决策树算法有 ID3、C4.5 等。它们的主要区别是划分标准不同。

决策树是一个递归得出结果的过程，通过划分条件不断划分，递归最终会停止。在决策树中，有三种情况会使得决策树停止递归。当所有节点都属于同一个类别、当前节点的属性集为空或者取值都相同或者当前节点包含样本值为空时都不用进行划分。

(2) 决策树生成：根据选择的特征评估标准，从上至下递归地生成子节点，直到数据集不可分则决策树停止生长。对树结构来说，递归结构是最容易理解的方式。

(3) 剪枝：决策树容易过拟合，一般需要进行剪枝，缩小树结构规模、缓解过拟合。剪枝技术有预剪枝和后剪枝两种。

5.4.2 划分原则

物理学上，熵 (Entropy) 是“混乱”程度的量度。系统越有序，熵值越低；系统越混乱或者分散，熵值越高。当系统的有序状态一致时，数据越集中的地方熵值越小，数据越分散的地方熵值越大。这是从信息的完整性上进行的描述。当数据量一致时，系统越有序，熵值越低；系统越混乱或者分散，熵值越高。这是从信息的有序性上进行的描述。

假如事件 A 的分类划分是 $(A_1, A_2, \cdots, A_n)$，每部分发生的概率是 $(p_1, p_2, \cdots, p_n)$，则信息熵的定义公式为

$$\mathrm{Ent}(A) = -\sum_{k=1}^{n} p_k \log_2 p_k \tag{5-14}$$

划分依据一般有信息增益、增益率、基尼指数等。信息增益指以某特征划分数据集前后熵的差值。因此可以使用划分前后集合熵的差值衡量使用当前特征对于样本集合 D 划分效果的好坏。

信息增益 = Entroy(前) – Entroy(后)

用 Gain 表示。信息增益越大，熵被消除，不确定性越小，应作为最优特征。

$$\mathrm{Gain}(D,a) = \mathrm{Ent}(D) - \sum_{v=1}^{v} \frac{D^v}{D} \mathrm{Ent}(D^v) \tag{5-15}$$

增益率是用前面的增益度量 Gain(S,A) 和所分离信息度量 SplitInformation 的比值共同定义的。

$$\mathrm{GainRatio}(S_A,\mathrm{A}) = \frac{\mathrm{Gain}(S_A,\mathrm{A})}{\mathrm{SplitInformation}(S_A, A)} \tag{5-16}$$

$$\text{SplitInformation}\left(S_A, A\right) = -\sum_{m \in M} \frac{\left|S_{A_m}\right|}{\left|S_A\right|} \log \frac{S_A m}{S_A} \tag{5-17}$$

基尼值一般用 Gini(D) 表示。从数据集 D 中随机抽取两个样本，起类别标记不一致的概率，故 Gini(D) 值越小，数据集 D 的纯度越高。

基尼系数公式如下：

$$\text{Gini}\left(D\right) = 1 - \sum_{k=1}^{|y|} p_k^2 \tag{5-18}$$

基尼指数 Gini_index(D)：一般情况下，选择使划分后基尼系数最小的属性作为最优化分属性。基尼指数公式如下：

$$\text{Gini\_index(D,a)} = \sum_{v=1}^{v} \frac{\left|D^v\right|}{\left|D\right|} \text{Gini}\left(D^v\right) \tag{5-19}$$

基尼增益公式如下：

$$\text{Gini}\left(D, a\right) = \text{Gini}\left(D\right) - \sum_{v=1}^{v} \frac{\left|D^v\right|}{\left|D\right|} \text{Gini}\left(D^v\right) \tag{5-20}$$

在常见的决策树算法中，ID3 算法的核心是依据信息增益来对特征进行划分选择。它的主要步骤如下：

（1）从根节点开始，计算所有可能特征的信息增益，选择信息增益最大的特征作为节点的划分特征。

（2）由该特征的不同取值建立子节点。

（3）再对子节点递归第一步和第二步，构建决策树。

（4）直到没有特征可以选择或类别完全相同为止，得到最终的决策树。

而 C4.5 决策树算法是在 ID3 算法上进行的改进。它主要的改进方面有：用信息增益率选择划分特征，克服用信息增益选择的不足，但信息增益率对可取值数目较少的属性有所偏好；能够处理离散型和连续型的属性类型，即将连续型的属性进行离散化处理；能够处理具有缺失属性值的训练数据；在构造树的过程中进行剪枝。

ID3 和 C4.5 算法生成的决策树是多叉树，只能处理分类不能处理回归。而 CART（Classification And Regression Tree）分类回归树算法，既可用于分类也可用于回归。分类树的输出是样本的类别，回归树的输出是一个实数。

CART 分类树算法使用基尼系数选择特征，基尼系数代表了模型的不纯度，基尼系数越小，不纯度越低，特征越好。这和信息增益（率）相反。

5.4.3 剪枝

C4.5 和 CART 算法中都使用了 ID3 算法中没有的剪枝技术。决策树是充分考虑了所有数据点而生成的复杂树，它在学习的过程中为了尽可能正确地分类训练样本，不停地对节点进行划分，因此这会导致整棵树的分支过多，造成决策树很庞大。决策树过于庞大，有可能出现过拟合（在第 6 章中介绍）的情况，决策树越复杂，过拟合的程度越高。

过拟合的树泛化能力表现非常差。所以要进行剪枝处理，剪枝又分为预剪枝和后剪枝，前剪枝是指在构造树的过程中就知道哪些节点可以剪掉。后剪枝是指构造出完整的决策树之后再来考查哪些子树可以剪掉。

预剪枝在节点划分前确定是否继续增长，及早停止增长的主要方法有：节点内数据样本数小于切分最小样本数阈值；所有节点特征都已分裂；节点划分前准确率比划分后准确率高。

预剪枝不仅可以降低过拟合的风险而且还可以减少训练时间，但另一方面它是基于“贪心”策略，会带来欠拟合风险。在C4.5决策树算法中，当节点划分前准确率比节点划分后准确率高，就进行剪枝处理。

后剪枝和预剪枝不同，它是等决策树完全生成之后从下往上对决策树进行剪枝处理。如果决策树的划分使得精确度下降，就进行剪枝（让其不划分）。后剪枝技术在减少过拟合风险的同时并不会增加欠拟合的风险，所以相对而言更优秀。

5.5 贝叶斯分类算法

假设有黑白两种盲盒，每个盒子中都有一个球，要么是红色要么是绿色。现各拿十个盒子打开，黑盒子中有九个红球一个绿球，白盒子中有九个绿球一个红球。那么重新拿一个黑盒和一个白盒，盒子中是什么颜色的球？想必多数人会猜测黑盒子中是红球，白盒子中是绿球。贝叶斯分类算法和这个例子类似。在学习贝叶斯算法之前，先了解一下概率论中的贝叶斯定理。

5.5.1 贝叶斯定理

条件概率，一般记作$P(A|B)$，意思是当B事件发生时，A事件发生的概率。其定义为

$$P(A|B)=\frac{P(A\cap B)}{P(B)} \tag{5-21}$$

$P(A\cup B)$意思是A和B共同发生的概率，称为联合概率。两个事件的乘法公式如下

$$P(AB)=P(A)P(B|A) \tag{5-22}$$

由此可以推出n个事件的乘法公式

$$P(A_1A_2\cdots A_n)=P(A_1)P(A_2|A_1)P(A_3|A_1A_2)\cdots P(A_n|A_1A_2\cdots A_{n-1}) \tag{5-23}$$

在概率论中，要想得到一个事件的发生概率，可以使用全概率公式。其中所有A事件互斥并且合集为全集合，又称完备事件组。将多个乘法公式相加得到全概率公式

$$P(B)=\sum_{i=1}^{n}P(A_i)P(B|A_i) \tag{5-24}$$

贝叶斯公式是从已知结果找原因。贝叶斯公式为

$$P(A_k|B)=\frac{P(A_k)P(B|A_k)}{P(B)}=\frac{P(A_k)P(B|A_k)}{\sum_{i=1}^{n}P(A_i)P(B|A_i)} \tag{5-25}$$

通常把$P(A_1)$、$P(A_2)$等称为先验概率，就是做试验前的概率；而把$P(A_k|B)$称为后验概率，在统计决策中十分重要，由此得到的决策称为贝叶斯决策。

5.5.2　贝叶斯算法

条件概率可以理解成下面的式子：后验概率 = 先验概率 × 调整因子。

这就是贝叶斯推断的含义。先预估一个“先验概率”，然后加入实验结果，看这个实验到底是增强还是削弱了“先验概率”，由此得到更接近事实的“后验概率”。因为在分类中，只需要找出可能性最大的那个选项，而不需要知道具体那个类别的概率是多少，所以为了减少计算量，全概率公式在实际编程中可以不使用。

而朴素贝叶斯推断，是在贝叶斯推断的基础上，对条件概率分布做了条件独立性的假设。因此可得朴素贝叶斯分类器的表达式。因为以自变量之间的独立（条件特征独立）性和连续变量的正态性假设为前提，就会导致算法精度在某种程度上受影响。

$$\hat{y} = \arg\max_{c \in Y} P(c) \prod_{i=1}^{d} P(x_i|c) \tag{5-26}$$

实际在机器学习的分类问题的应用中，朴素贝叶斯分类器的训练过程就是基于训练集 D 来估计类先验概率 $P(c)$，并为每个属性估计条件概率 $P(x_i \mid c)$。这里就需要使用极大似然估计（Maximum Likelihood Estimation，MLE）来估计相应的概率。

令 D_c 表示训练集 D 中的第 c 类样本组成的集合，若有充足的独立同分布样本，则可容易地估计出类别的先验概率

$$P(c) = \frac{|D_c|}{|D|} \tag{5-27}$$

对于离散属性而言，令 D_{c}, x_i 表示 D_c 中在第 i 个属性上取值为 x_i 的样本组成的集合，则条件概率 $P(x_i \mid c)$ 可估计为

$$P(x_i|c) = \frac{|D_{c,x_i}|}{|D_c|} \tag{5-28}$$

对于连续属性可考虑概率密度函数，假定

$$p(x_i|c) \sim \eta(\mu_{c,i}, \sigma_{c,i}^2) \tag{5-29}$$

μ 和 σ 分别是第 c 类样本在第 i 个属性上取值的均值和方差，则有

$$P(x_i \mid c) = \frac{1}{\sqrt{2\pi}\sigma_{c,i}} \exp\left(-\frac{(x_i - \mu_{c,i})^2}{2\sigma_{c,i}^2}\right) \tag{5-30}$$

贝叶斯分类算法一般流程如下：

在准备阶段进行数据的预处理，获得训练样本。然后估计每个样本出现的概率，再估计每个类别条件下属性值出现的概率，对每个属性组合计算其所属于每个类别的概率，最后选择最大概率值作为该条数据的推测结果。

在机器学习中若任务对预测速度要求较高，则对给定的训练集，可将朴素贝叶斯分类器涉及的所有概率估值事先计算好存储起来，这样在进行预测时只需要“查表”即可进行判别。

若任务数据更替频繁，则可采用“懒惰学习”（Lazy Learning）方式，先不进行任何训练，待收到预测请求时再根据当前数据集进行概率估值。

若数据不断增加，则可在现有估值的基础上，仅对新增样本的属性值所涉及的概率估值进行计数修正即可实现增量学习。

5.6 聚类

5.6.1 聚类介绍

聚类问题是机器学习中无监督学习的典型代表，在数据分析、模式识别等实际问题中得到应用。

聚类也是要确定一个物体的类别，但和分类问题不同的是，这里没有事先定义好的类别，聚类算法要自己想办法把一批样本分开，分成多个类，保证每个类中的样本之间是相似的，而不同类的样本之间是不同的。在这里，类型称为“簇”（Cluster）。

聚类问题可以抽象成数学中的集合划分问题。假设一个样本集 C

$$C=\{x_1,\cdots,x_l\} \tag{5-31}$$

聚类算法把这个样本集划分成 m 个不相交的子集，即簇。这些子集的并集是整个样本集

$$C_1 \cup C_2 \cup \cdots \cup C_m = C \tag{5-32}$$

每个样本只能属于这些子集中的一个，即任意两个子集之间没有交集

$$C_i \cap C_j = \phi, \forall i,j, i \neq j \tag{5-33}$$

同一个子集内部的各个样本之间要很相似，不同子集的样本之间要尽量不同。

聚类本质上是集合划分问题。它没有人工定义的类别标准，因此算法要解决的核心问题是如何定义簇，唯一的要求是簇内的样本尽可能相似。通常的做法是根据簇内样本之间的距离，或是样本点在数据空间中的密度来确定。对簇的不同定义可以得到各种不同的聚类算法。

5.6.2 聚类的分类

常见的聚类算法有以下几种。

基于划分的聚类方法应用十分广泛。该方法首先要确定这些样本点最后聚成几类，然后挑选几个点作为初始中心点，再然后给数据点做迭代重置（Iterative Relocation），直到最后到达“类内的点都足够近，类间的点都足够远”的目标效果。也正是根据所谓的“启发式算法”，形成了K-means算法及其变体，包括K-medoids、K-modes、K-medians等算法。

基于划分的聚类方法具有对大型数据集简单高效、时间复杂度与空间复杂度低等优点。也有数据集大时结果容易局部最优；需要预先设定 K 值，对最先的 K 个点选取很敏感；对噪声和离群值非常敏感；只用于numerical类型数据；不能解决非凸数据等缺点。

层次聚类主要有两种类型：合并的层次聚类和分裂的层次聚类。前者是一种自底向上的层次聚类算法，从底层开始，每一次通过合并相似聚类形成上一层次中的聚类，当全部数据点都合并到一个聚类时停止或者达到某个终止条件而结束，大部分层次聚类都是采用这种方法处理。后者是采用自顶向下的方法，从一个包含全部数据点的聚类开始，然后把根节点分裂为一些子聚类，每个子聚类再递归地继续往下分裂，直到出现只包含一个数据点的单节点聚类出现，即每个聚类中仅包含一

个数据点。

基于密度的方法能解决不规则形状的聚类。该方法同时也对噪声数据的处理比较好。它需要定义一个圈，其中要定义两个参数，一个是圈的最大半径，一个是一个圈中最少应容纳几个点。只要邻近区域的密度（对象或数据点的数目）超过某个阈值，就继续聚类，最后在一个圈中，就是一个类。DBSCAN（Density-Based Spatial Clustering of Applications with Noise）就是其中的典型。

基于网络的方法：这类方法的原理就是将数据空间划分为网格单元，将数据对象集映射到网格单元中，并计算每个单元的密度。根据预设的阈值判断每个网格单元是否为高密度单元，由邻近的稠密单元组形成“类”。它的优点是速度很快，因为其速度与数据对象的个数无关，而只依赖于数据空间中每个维上单元的个数。不过也有参数敏感、无法处理不规则分布的数据、容易带来维数灾难等缺点；这种算法效率的提高是以聚类结果的精确性为代价的。经常与基于密度的算法结合使用。

基于模型的方法：为每簇假定一个模型，寻找数据对给定模型的最佳拟合，这一类方法主要是指基于概率模型的方法和基于神经网络模型的方法，尤其以基于概率模型的方法居多。这里的概率模型主要指概率生成模型（Generative Model），同一“类”的数据属于同一种概率分布，即假设数据是根据潜在的概率分布生成的。其中最典型、也最常用的方法就是高斯混合模型（Gaussian Mixture Models，GMM）。基于神经网络模型的方法主要是指 SOM（Self Organized Maps）。

5.6.3 K-means 聚类

作为无监督聚类算法中的代表——K 均值聚类（K-means）算法，该算法的主要作用是将相似的样本自动归到一个类别中。

K-means 算法是找中心点到各个样本点距离都相近的一个算法。K-means 的算法步骤为：①选择初始化的 k 个样本作为初始聚类中心 $a=a_1,a_2,a_3,\cdots$；②针对数据集中每个样本计算它到 k 个聚类中心的距离并将其分到距离最小的聚类中心所对应的类中；③针对每个类别，重新计算它的聚类中心；④一直重复步骤②和③直到收敛。

K-means 算法的时间复杂度为 $O(tkmn)$，t 为迭代次数，k 为簇的数，n 为样本点数，m 为样本点维度。空间复杂度为 $O(m(n+k))$，其中，k 为簇的数目，m 为样本点维度，n 为样本点数。

K-means 算法具有容易理解，聚类效果不错，处理大数据集的时候，该算法可以保证较好的伸缩性，当簇近似高斯分布时，效果非常不错，具有算法复杂度低等优点。

但也有 K 值需要人为设定，不同 K 值得到的结果不一样；对初始的簇中心敏感，不同选取方式会得到不同结果；对异常值敏感；样本只能归为一类，不适合多分类任务；适合太离散的分类、样本类别不平衡的分类、非凸形状的分类等缺点。

5.7 项目实战：出行决策

5.7.1 项目介绍

在图 5-3 中可以清楚地看到一共有四个属性，分别是天气、温度、湿度，以及是否有风，GoOut 标记表示是否出门。

Outlook	Temperature	Humidity	Windy	GoOut
sunny	hot	high	false	N
sunny	hot	high	true	N
overcast	hot	high	false	Y
rain	mild	high	false	Y
rain	cool	normal	false	Y
rain	cool	normal	true	N
overcast	cool	normal	true	Y

图 5-3　数据集

5.7.2　实现流程

导入模型。

```
from math import log
import operator
import matplotlib.pyplot as plt
decisionNode = dict(boxstyle="sawtooth", fc="0.8")
leafNode = dict(boxstyle="round4", fc="0.8")
arrow_args = dict(arrowstyle="<-")
```

绘制节点。

```
def plotNode(nodeTxt, centerPt, parentPt, nodeType):
    createPlot.ax1.annotate(nodeTxt,xy=parentPt,
        xycoords='axes fraction',xytext=centerPt,\
        textcoords='axes fraction', va="center",\
        ha="center",bbox=nodeType, arrowprops=arrow_args)
```

决策树叶子数量。

```
def getNumLeafs(myTree):
    numLeafs = 0
    firstStr = list(myTree.keys())[0]
    secondDict = myTree[firstStr]
    for key in secondDict.keys():
        if type(secondDict[key]).__name__ == 'dict':
            numLeafs += getNumLeafs(secondDict[key])
        else:
            numLeafs += 1
    return numLeafs
```

树的深度。

```
def getTreeDepth(myTree):
    """
    输入：决策树
    输出：树的深度
    """
    maxDepth = 0
    firstStr = list(myTree.keys())[0]
    secondDict = myTree[firstStr]
    for key in secondDict.keys():
        if type(secondDict[key]).__name__ == 'dict':
            thisDepth = getTreeDepth(secondDict[key]) + 1
        else:
            thisDepth = 1
        if thisDepth > maxDepth:
            maxDepth = thisDepth
    return maxDepth
```

绘制决策树。

```
def createPlot(inTree):
    """
    描述：绘制整个决策树
    """
    fig = plt.figure(1, facecolor='white')
    fig.clf()
    axprops = dict(xticks=[], yticks=[])
    createPlot.ax1 = plt.subplot(111, frameon=False, **axprops)
    plotTree.totalw = float(getNumLeafs(inTree))
    plotTree.totalD = float(getTreeDepth(inTree))
    plotTree.xOff = -0.5 / plotTree.totalw
    plotTree.yOff = 1.0
    plotTree(inTree, (0.5, 1.0), '')
    plt.show()
```

计算基尼指数。

```
def calcGiniIndex(dataSet):
    numEntries = len(dataSet)                  # 返回数据集的行数
    labelCounts = {}                           # 保存每个标签（Label）出现次数的字典
    for featVec in dataSet:                    # 对每组特征向量进行统计
        currentLabel = featVec[-1]             # 提取标签信息
        if currentLabel not in labelCounts.keys():       # 如果标签没有放入统计
```

```
次数的字典，添加进去
                labelCounts[currentLabel] = 0
            labelCounts[currentLabel] += 1                # Label 计数
        giniIndexEnt = 0.0                                # 基尼指数
        for key in labelCounts:                           # 计算基尼指数
            prob = float(labelCounts[key])/numEntries # 选择该标签（Label）的概率
            giniIndexEnt += prob * (1.0 - prob)       # 利用公式计算
        return giniIndexEnt
```

划分数据集。

```
    def splitDataSet(dataSet, axis, value):           # 待划分数据集合，特征下标
        retDataSet = []                               # 保存划分的数据子集
        for featVec in dataSet:                       # 遍历数据集中的每个样本
            if featVec[axis] == value:
                reduceFeatVec = featVec[:axis]        # 保存第 0 ～ axis-1 个特征
                reduceFeatVec.extend(featVec[axis+1:])
                retDataSet.append(reduceFeatVec)
        return retDataSet
```

构建决策树。

```
    def createTree(dataSet, labels):
        classList = [example[-1] for example in dataSet]
        if classList.count(classList[0]) == len(classList):
            # 类别完全相同，停止划分
            return classList[0]
        if len(dataSet[0]) == 1:
            # 遍历完所有特征时返回出现次数最多的
            return majorityCnt(classList)
        bestFeat = chooseBestFeatureToSplit(dataSet)
        bestFeatLabel = labels[bestFeat]
        myTree = {bestFeatLabel:{}}
        del(labels[bestFeat])
        featValues = [example[bestFeat] for example in dataSet]
        uniqueVals = set(featValues)
        for value in uniqueVals:
            subLabels = labels[:]
            myTree[bestFeatLabel][value] = createTree(splitDataSet(dataSet, bestFeat,
value), subLabels)
        return myTree
```

输出决策结果。

```
    def classify(inputTree, featLabels, testVec):
```

```
    """
    输出：决策结果
    """
    firstStr = list(inputTree.keys())[0]
    secondDict = inputTree[firstStr]
    featIndex = featLabels.index(firstStr)
    for key in secondDict.keys():
        if testVec[featIndex] == key:
            if type(secondDict[key]).__name__ == 'dict':
                classLabel=classify(secondDict[key], featLabels, testVec)
            else:
                classLabel = secondDict[key]
    return classLabel
def classifyAll(inputTree, featLabels, testDataSet):
    classLabelAll = []
    for testVec in testDataSet:
        classLabelAll.append(classify(inputTree, featLabels, testVec))
    return classLabelAll
```

决策树的保存与读取。

```
def storeTree(inputTree, filename):
    import pickle
    fw = open(filename, 'wb')
    pickle.dump(inputTree, fw)
    fw.close()

def grabTree(filename):
    import pickle
    fr = open(filename, 'rb')
    return pickle.load(fr)
```

数据集输入。

```
def createDataSet():
    """
    outlook->  0: sunny | 1: overcast | 2: rain
    temperature-> 0: hot | 1: mild | 2: cool
    humidity-> 0: high | 1: normal
    windy-> 0: false | 1: true
    """
    dataSet = [[0, 0, 0, 0, 'N'],
               [0, 0, 0, 1, 'N'],
               [1, 0, 0, 0, 'Y'],
```

```
                [2, 1, 0, 0, 'Y'],
                [2, 2, 1, 0, 'Y'],
                [2, 2, 1, 1, 'N'],
                [1, 2, 1, 1, 'Y']]
    labels = ['outlook', 'temperature', 'humidity', 'windy']
    return dataSet, labels
```

主函数。

```
def main():
    dataSet, labels = createDataSet()
    # 创建副本，createTree 会改变 labels
    labels_tmp = labels[:]
    desicionTree = createTree(dataSet, labels_tmp)
    print('desicionTree: ', desicionTree)
    createPlot(desicionTree)
if __name__ == '__main__':
    main()
```

5.7.3 结果展示

最后得到的结果如图 5-4 所示。

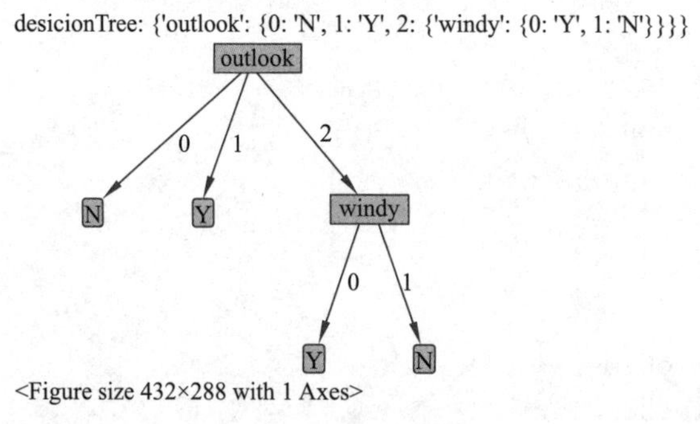

图 5-4 运行结果

5.8 项目实战：鸢尾花聚类

5.8.1 项目介绍

Iris 鸢尾花数据集是一个经典数据集，在统计学习和机器学习领域都经常被用作示例。数据集内包含 3 类共 150 条记录，每类各 50 个数据，每条记录都有 4 项特征：花萼长度、花萼宽度、花瓣长度、花瓣宽度，可以通过这 4 个特征预测鸢尾花卉属于（iris-setosa, iris-versicolour, iris-virginica）中的哪一个品种。它在机器学习包中能够直接使用。

5.8.2　实现流程

导入工具包。

```
import matplotlib.pyplot as plt
import numpy as np
from sklearn.cluster import KMeans
from sklearn import datasets
```

加载数据集。

```
iris = datasets.load_iris()
X = iris.data[:, :4]
```

绘制数据分布（结果如图 5-5 所示）。

```
plt.scatter(X[:, 0], X[:, 1], c="red", marker='o', label='see')
plt.xlabel('sepal length')
plt.ylabel('sepal width')
plt.legend(loc=2)
plt.show()
```

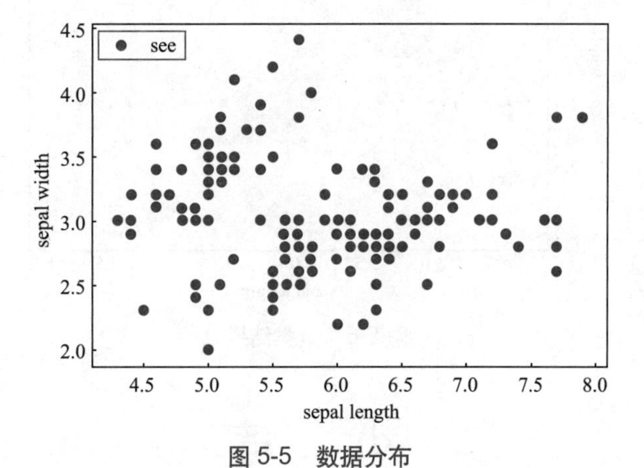

图 5-5　数据分布

实例化 k-means 类并训练。

```
def Model(n_clusters):
    estimator = KMeans(n_clusters=3)
    return estimator
def train(estimator):
    estimator.fit(X)
estimator=Model(3)
train(estimator)
```

可视化结果。

```
label_pred = estimator.labels_     # 获取聚类标签
x0 = X[label_pred == 0]
x1 = X[label_pred == 1]
x2 = X[label_pred == 2]
plt.scatter(x0[:,0], x0[:,1], c='red', marker='o', label='label0')
plt.scatter(x1[:,0], x1[:,1], c='green', marker='*', label='label1')
plt.scatter(x2[:,0], x2[:,1], c='blue', marker='+', label='label2')
plt.legend(loc=2)
plt.xlabel('sepal length')
plt.ylabel('sepal width')
```

5.8.3 结果展示

最后聚类结果如图 5-6 所示。

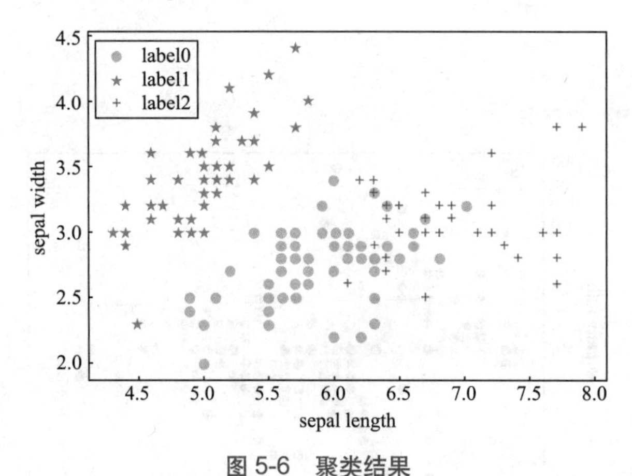

图 5-6 聚类结果

小结

本章从引言开始，讲解了机器学习一些常用术语以及它的发展历史。随后讲解了机器学习中模型评估的一些参数以及如何划分数据集。在回归模型中，详细讲解了线性回归和逻辑回归，逻辑回归主要用来做分类工作。在决策树算法中，详细讲解了决策树的划分原则以及它的剪枝技术。随后讲解了关于贝叶斯概率和贝叶斯算法的知识。最后介绍了有关聚类的知识，它是一种无监督的技术，其中对于 K-means 聚类有着详细的介绍。

习　题

1. 简述机器学习的三要素。
2. 数据集分为哪几部分，各有什么作用？
3. 简述分类与回归的区别。
4. 常见决策树算法有哪几种，有何区别？
5. 寻找一个文本分类数据集，尝试利用贝叶斯算法进行预测。
6. 简述 K-means 算法的原理。

第6章 深度学习

深度学习是机器学习中的一个研究方向，是一种基于对数据进行表征学习的方法。学习样本数据的内在规律和表示层次，学习过程获得的信息对数据的解释过程有很大帮助。深度学习的最终目标就是让其能够像人一样具有分析数据，并进行学习的能力，然后对文字、图像等数据进行识别或其他功能的实现。本章旨在对神经网络的基础知识进行介绍，重点介绍BP神经网络的正反向传播过程。

思维导图

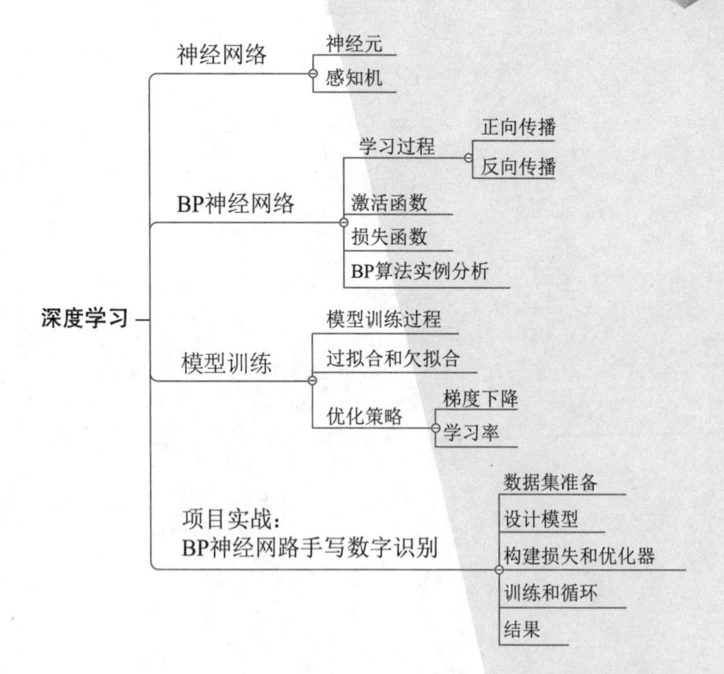

学习目标

- 了解神经网络基础知识；

- 掌握 BP 神经网络的正反向传播方法；
- 掌握模型训练方法；
- 了解模型优化方式，熟悉常见的梯度下降算法。

6.1 神经网络

随着科学的发展，人们逐渐认识到人类的智能行为都和大脑活动有关。人类大脑是一个可以产生意识、思想和情感的器官。受到大脑神经系统的启发，早期的神经科学家构造了一种模仿人脑神经系统的数学模型，称为人工神经网络，简称神经网络。在机器学习领域，神经网络是指由很多人工神经元构成的网络结构模型，由简单元素及其分层组织成的大规模并行互联网络，旨在以与生物神经系统相同的方式与现实世界的对象进行交互，这些人工神经元之间的连接强度是可学习的参数。

6.1.1　神经元

神经网络最开始是受生物神经系统的启发，为了模拟生物神经系统（人脑生理结构和功能）而出现的。人的神经系统是由众多神经元相互连接而组成的一个复杂系统，因此，神经元是人类大脑"CPU"最基本的计算单元。人类神经系统中的神经元非常庞大，数量众多，神经元之间通过突触进行连接。生物神经元之间信息传递过程如下所示：每个神经元从树突接收输入信号，沿着唯一的轴突产生输出信号，轴突通过分支和突触连接到其他神经元的树突。神经元结构如图 6-1 所示。

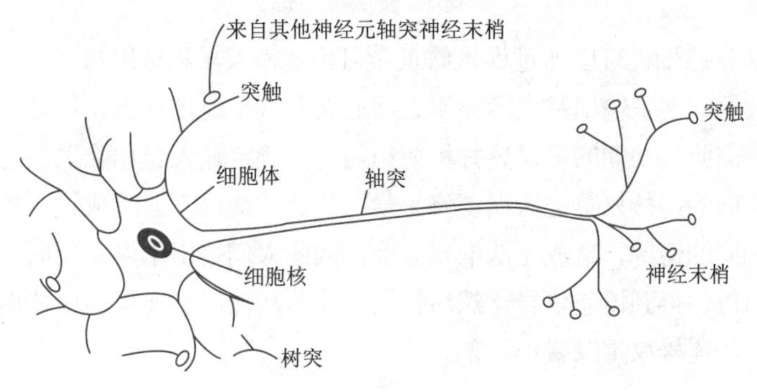

图 6-1　生物神经元

6.1.2　感知机

人工神经网络（Artificial Neural Network，ANN）是对人脑最简单的一种抽象和模拟，是人们模仿人的大脑神经系统信息处理功能的一个智能化系统，是 20 世纪 80 年代以来人工智能领域兴起的研究热点。经过数十年的发展，人工神经网络已经取得了很大进步，在模式识别、智能机器人、自动控制等领域已经解决了很多实际问题。人工神经元是一个多输入、单输出的非线性元件，通过对生物神经元的抽象化，用人工方法模拟生物神经元形成的。单层感知机是最简单的神经网络，可以理解为对输入进行处理，得到结果并输出结果的机器。其结构是将输入层与输出层直接相连。结构图如图 6-2 所示。

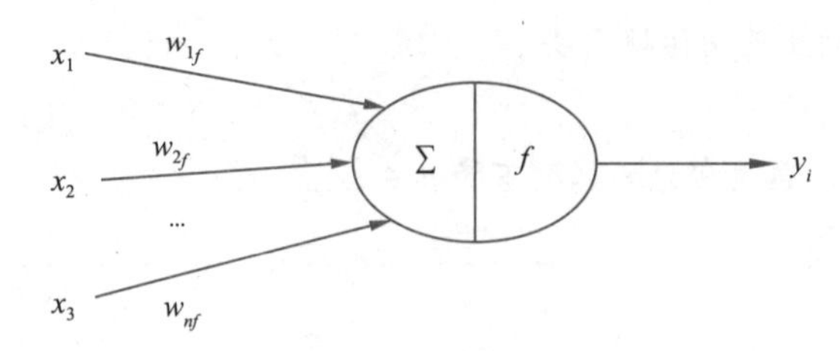

图 6-2　人工神经元

由于单层感知机无法解决线性不可分等复杂问题，所以设计了多层感知机（Multilayer Perception，MLP）。多层感知机是在单层感知机的输入层与输出层之间增加了若干隐藏层，隐藏层之间是全连接的，且输出端从一个变成了多个。其结构如图 6-3 所示。

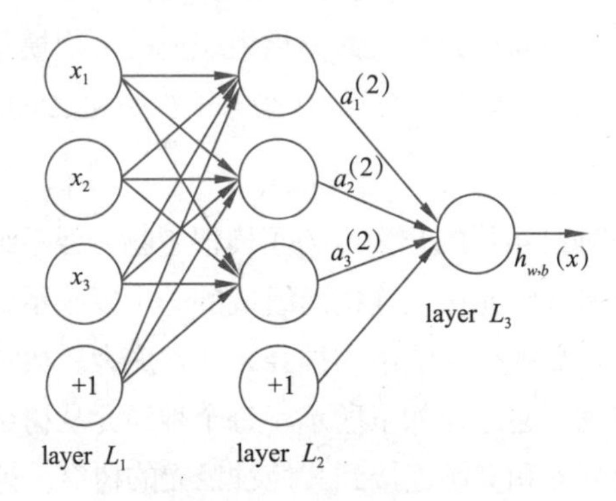

图 6-3　多层感知机

单层感知机和多层感知机可以通过误差修正学习确定输入层和输出层之间的连接权重。误差修正学习是根据输入数据的期望输出和实际输出之间的误差调整连接权重，但是不能进行跨层调整，无法进行多层训练。因此，初期的多层感知机使用随机数确定输入层和隐藏层之间的连接权重，只对隐藏层和输出层之间的连接权重进行误差修正学习，这种情况下会造成输入数据虽然不同，但是隐藏层的输出值却相同的情况，造成无法准确分类。因此人们提出了误差反向传播算法，通过比较实际输出和期望输出值，得到误差信号，然后把误差信号从输出层逐层向前传播得到各层的误差信号，再通过调整各层的连接权重以减小误差。

6.2 BP 神经网络

BP 神经网络是一种按误差逆传播（Back Propagation，BP）算法训练的多层前馈网络，其最初是由 Paulwerbo S.S 在 1974 年提出的，但是当时并没有得到传播，直到 20 世纪 80 年代中期 BP 神经网络被重新发现。目前 BP 算法已成为应用最广泛的神经网络算法，据统计有近 90%的神经网络应用是基于 BP 算法的。

BP 神经网络的模型由输入层（input layer）、隐藏层（hidden layer）和输出层（output layer）三层结构组成。其中，输入层的各个神经元负责接收来自外界的输入信息，并传递给中间层各神经元；中间层是内部信息处理层，负责信息变换，其可以设计为单隐藏层或多隐藏层结构，最后一个隐藏层将信息传递到输出层；输出层输出结果，完成整个流程。

BP 神经网络学习是由信息的正向传播和误差的反向传播两个过程组成的。学习规则是最速下降法，通过反向传播不断调整网络的权值和阈值，使网络的误差平方和最小。BP 神经网络通常采用 sigmoid 型的激活函数，所以可以实现输入和输出间的任意非线性映射。

6.2.1　学习过程

在正向传播过程中，输入信息从输入层经隐藏层处理后，传输到输出层，每一层神经元的状态只影响下一层神经元的状态。当实际与期望输出不符时，进入误差的反向传播阶段，把误差通过输出层沿连接路径返回，按照误差梯度下降的方式修正各层权值，向隐藏层和输入层逐层反传。不断地进行信息正向传播和误差反向传播的过程，各层权值不断调整，此过程一直进行到网络输出的误差信号减少到可以接受的程度，或达到预先设定的学习次数为止。学习过程如图 6-4 所示。

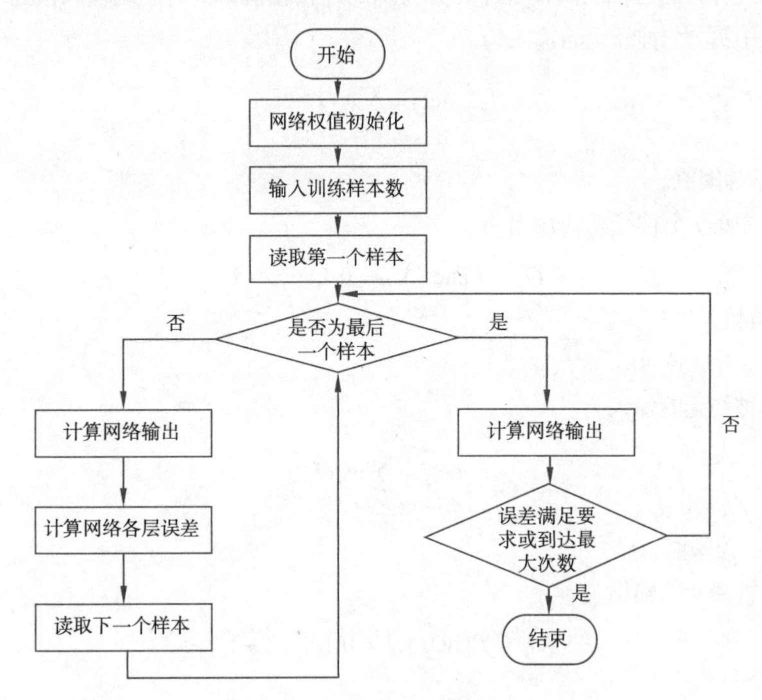

图 6-4　BP 神经网络学习过程

BP 神经网络的结构如图 6-5 所示。

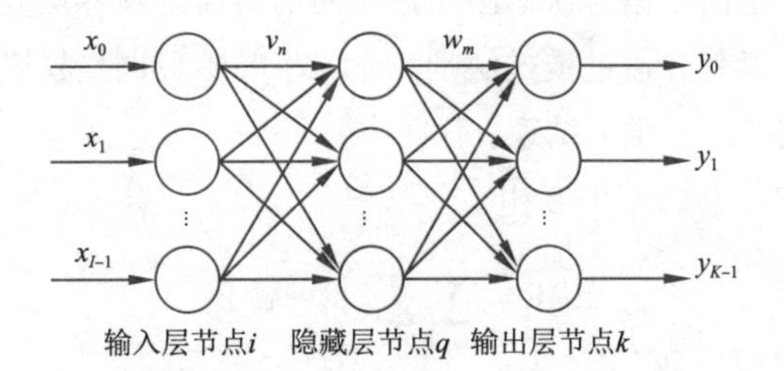

图 6-5　BP 神经网络示例图

其中，图中有 I 个输入神经元、K 个输出神经元、J 个隐层神经元。

输入向量	$X^p = (x_0, x_1, \cdots, x_{I-1})$
期望输出向量	$D^p = (d_0, d_1, \cdots, d_{K-1})$

1. 正向传播

正向传播是将输入信息从输入层经隐藏层逐层计算各单元的输出值。

过程：

（1）输入层：

$$O_i = x_i, i = 0,1,\cdots,I-1 \tag{6-1}$$

（2）隐藏层：

为简化推导过程，将各点的阈值当作一种特殊的连接权值，其对应的输入恒为 –1。

对于隐藏层中第 j 个神经元的输入为

$$\text{net}_j = \sum_{i=0}^{I} v_{ij} O_i \tag{6-2}$$

式中，Q_i=–1，v_{ij} 为阈值。

对于隐藏层中第 j 个神经元的输出为

$$O_j = f\left(\text{net}_j\right), j = 0,1,\cdots,J-1 \tag{6-3}$$

式中，f 为激活函数。

（3）输出层：

对于第 k 个神经元的输入为

$$\text{net}_k = \sum_{j=0}^{J} w_{jk} O_j \tag{6-4}$$

式中，Q_j=–1，w_{jk} 为阈值。

对于第 k 个神经元的输出为

$$O_k = f\left(\text{net}_k\right), k = 0,1,\cdots,K-1 \tag{6-5}$$

2. 反向传播

反向传播主要是针对神经网络优化的过程进行的，在输出端计算总的损失函数，然后根据梯度下降策略，逐层向前反馈，算出隐藏层单元的误差，并用此误差修正前层权值。通过比较实际输出和期望输出得到误差信号，把误差信号从输出层逐层向前传播得到各层的误差信号，通过梯度下降法调整各层连接权重以减小误差。通过链式法则和学习率等参数调整权值以及阈值，使得误差损失达到最小时，网络趋于稳定状态，学习结束。

实际值和网络输出值之间的误差平方和：

$$\text{ERR} = \sum_{\text{sample}} \sum_{k} \left(O_k - d_k\right)^2 \tag{6-6}$$

式中，sample 为样本集。

过程：

（1）求解网络各层的反传误差：

输出层与隐藏层：

$$\delta_k = -\frac{\partial \mathrm{ERR}}{\partial \mathrm{net}_k} = -\frac{\partial \mathrm{ERR}}{\partial O_k} \cdot \frac{\partial O_k}{\partial \mathrm{net}_k} = \left(d_k - O_k\right) f'\left(\mathrm{net}_k\right) \tag{6-7}$$

隐藏层与输入层：

$$\delta_j = -\frac{\partial \mathrm{ERR}}{\partial \mathrm{net}_j} = -\frac{\partial \mathrm{ERR}}{\partial O_j} \cdot \frac{\partial O_j}{\partial \mathrm{net}_j} = f'\left(\mathrm{net}_j\right) \sum_{k=0}^{K-1} \delta_k w_{jk} \tag{6-8}$$

（2）权值调整：

输出层与隐藏层之间的权值调整，对于每一个 w_{jk} 的修正值为

$$\Delta w_{jk} = -\eta \frac{\partial \mathrm{ERR}}{\partial w_{jk}} = -\frac{\partial \mathrm{ERR}}{\partial \mathrm{net}_k} . \frac{\partial \mathrm{net}_k}{\partial w_{jk}} = \eta \delta_k O_j \tag{6-9}$$

隐藏层与输入层之间的权值调整，对于每一个 v_{ij} 的修正值为

$$\Delta v_{ij} = -\eta \frac{\partial \mathrm{ERR}}{\partial v_{ij}} = -\frac{\partial E}{\partial \mathrm{net}_j} . \frac{\partial \mathrm{net}_j}{\partial v_{ij}} = \eta \delta_j O_i \tag{6-10}$$

（3）按新的权值重新计算隐藏层和输出层的输出和总的误差平方和，若对于每个 p 样本和相应的第 k 个输出神经元，都满足 $\left|d_k^{(p)} - O_k^{(p)}\right| < \varepsilon$，或达到最大的学习次数，终止学习，否则继续新一轮的网络学习。

6.2.2　激活函数

一系列线性方程的运算最终都可以使用一个线性方程表示。两个式子联立后可以用一个线性方程表达。两层的神经网络是这样，网络深度加深到 100 层也是这样，那么神经网络就会失去意义。因此需要对网络注入灵魂：激活函数。

激活函数（Activation Function）用于对神经元上的信号进行处理，为神经网络运算出来的结果添加非线性。采用不同的激活函数，就有不同的信息处理特性。神经元的信息处理特性是决定神经网络整体性能的主要因素之一。因此激活函数是神经网络中不可缺少且非常重要的一部分。下面介绍实际应用中常用的激活函数：Sigmoid、Tanh、ReLU 和 LeakyReLU。

1. Sigmoid

Sigmoid 函数是一个连续、平滑的非线性激活函数，又称逻辑函数（Logistic 函数），其数学公式如下，图像如图 6-6 所示。

$$f\left(x\right) = \frac{1}{1 + \mathrm{e}^{-x}} \tag{6-11}$$

Sigmoid 激活函数可以将输入映射在区间上，可以表示概率，因此经常作为二分类任务中的输出层。通过图 6-6 可以看出，Sigmoid 函数连续，梯度平滑，易于求导。但是 Sigmoid 同时也有很大缺陷。首先从数学形式上来看，Sigmoid 函数在正向传播和反向传播中都包含了除法及幂运算，这导致计算量较大。其次 Sigmoid 函数存在饱和区间（图像两侧），当输入值过大或者过小时，Sigmoid 导数接近于零。而这会导致在反向传播过程中所计算出的梯度也接近于零，无法实现参数

的更新。其次，Sigmoid 的输出结果为 0~1，也就是说如果输入数据都是正数时，那么在反向传播过程中计算出的梯度也是恒正的。这将会在梯度下降时出现 Z 字形下降的情况，导致网络的收敛速度变慢。

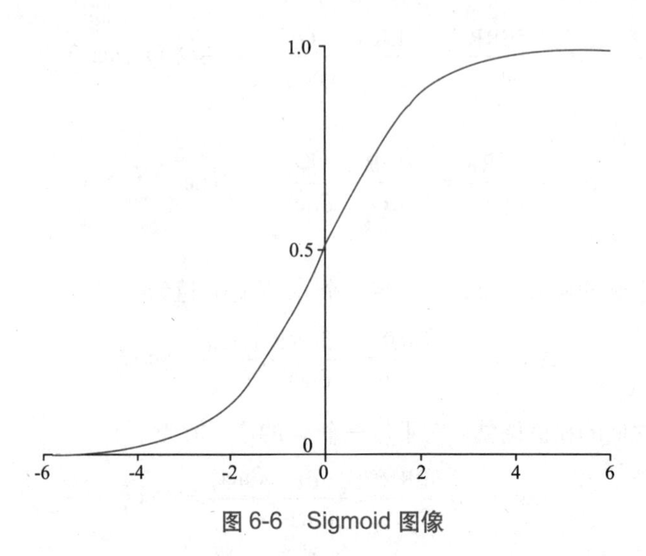

图 6-6 Sigmoid 图像

2. Tanh

Tanh 在 Sigmoid 的基础上做了一些改进，其数学公式如下，图像如图 6-7 所示。

$$f(x)=\frac{\mathrm{e}^{x}-\mathrm{e}^{-x}}{\mathrm{e}^{x}+\mathrm{e}^{-x}} \tag{6-12}$$

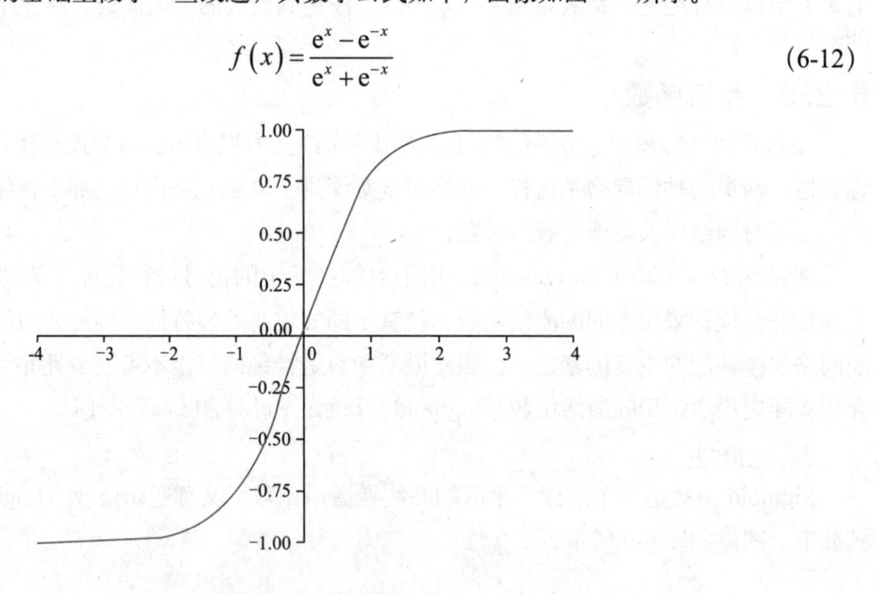

图 6-7 Tanh 图像

Sigmoid 中所有输出都介于 0~1，而非 0 均值。Tanh 在此基础上对 Sigmoid 做了变形，将输入映射到 [−1, 1] 区间，可以有效避免梯度下降时出现 Z 字形下降情况，提高了网络的收敛速度。但还是没有解决 Sigmoid 最大的缺陷——饱和区间存在导致的梯度消失。

3. ReLU

ReLU 是神经网络中使用最多的非线性激活函数，其数学公式如下，图像如图 6-8 所示。

$$f(x)=\max(x,0) \tag{6-13}$$

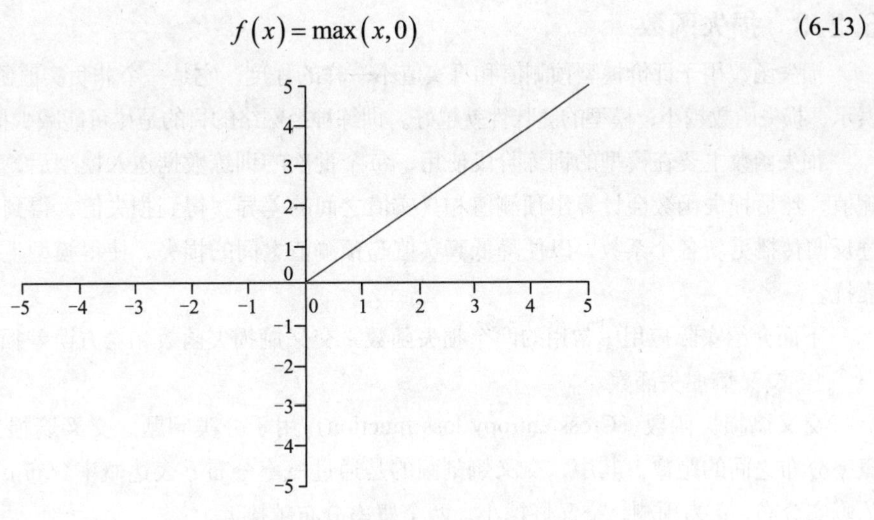

图 6-8 ReLU 图像

ReLU 函数其实是分段线性函数，把所有负值都变为 0，而正值不变，这种操作称为单侧抑制。这种操作使得网络中一部分神经元的输出为 0，这样就造成了网络的稀疏性，可以有效减少参数的相互依存关系，缓解了过拟合问题的发生。从数学形式上来看，ReLU 相较于 Sigmoid、Tanh 来说避免了指数和除法运算，减少了计算量。此外，当输入大于 0 时导数为 1，缓解了出现由于导数过小导致的梯度消失问题。

4. LeakyReLU

LeakyReLU 在 ReLU 的基础上做了一些改进，其数学公式如下，图像如图 6-9 所示。

$$y=\max(0,x)+\text{leak}\times\min(0,x) \tag{6-14}$$

式中，leak 是一个很小的常数。

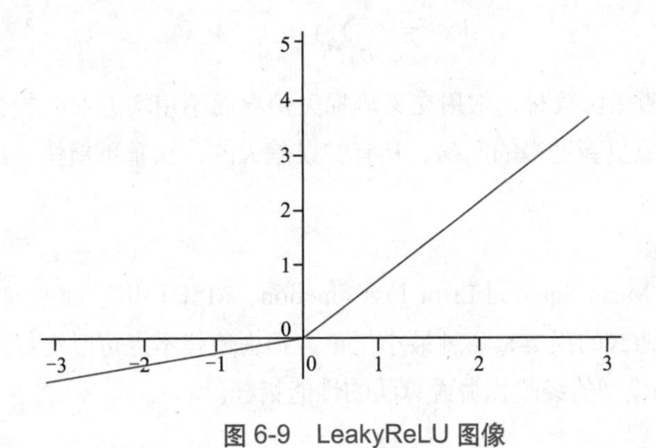

图 6-9 LeakyReLU 图像

ReLU 函数存在 Dying ReLU 的缺陷，Dying ReLU 指的是随着训练的进行，某些神经元可能永远不会被激活，导致相应参数永远不能被更新，神经元死亡。所以针对这一缺点，许多大牛对 ReLU 做了一些改进，提出了 LeakyReLU，解决了 ReLU 的神经元死亡问题，在负区域具有小的正斜率，因此，即使对于负输入值，它也可以进行反向传播。

6.2.3 损失函数

损失函数用于评价模型预测值和真实值不一样的程度，它是一个非负实值函数，通常用$L(Y,f(x))$表示，损失函数越小，模型的健壮性就越好。训练神经网络的目的是尽可能减少损失函数的值。

损失函数主要在模型的训练阶段使用，每个批次的训练数据送入模型后，通过正向传播输出预测值，然后损失函数会计算出预测值和真实值之间的差异，得到损失值。得到损失值之后，模型通过反向传播更新各个系数，以便降低真实值与预测值之间的损失，使得模型生成的预测值向真实值靠拢。

下面介绍实际应用中常用的两个损失函数：交叉熵损失函数和均方误差损失函数。

1. 交叉熵损失函数

交叉熵损失函数（Cross-entropy loss function）用于分类问题。交叉熵损失函数刻画的是两个概率分布之间的距离。其中，交叉熵刻画的是通过概率分布q表达概率分布p的困难程度，其中p为真实分布，q为预测，交叉熵越小，两个概率分布越接近。

$$H(p,q)=-\sum p(x)\log(q(x)) \tag{6-15}$$

交叉熵损失函数的标准形式如下所示：

$$C=-\frac{1}{n}\sum_{x}\left[y\ln a+(1-y)\ln(1-a)\right] \tag{6-16}$$

式中，x表示样本，y表示实际的标签，a表示预测的输出，n表示样本数量。

特点：

交叉熵损失函数本质上是一种对数似然函数，可用于二分类和多分类任务中。

二分类问题中的loss函数形式与交叉熵损失函数的标准形式相同。

多分类问题中的loss函数：

$$\text{loss}=-\frac{1}{n}\sum_{i}y_i\ln a_i \tag{6-17}$$

当使用sigmoid作为激活函数时，常用交叉熵损失函数而不用均方误差损失函数，因为它可以完美解决平方损失函数权重更新过慢的问题。具有“误差大的，权重更新快；误差小的，权重更新慢”的良好性质。

2. 均方误差损失函数

均方误差损失函数（Mean Squared Error loss function，MSE）用于回归问题，又称L2 Loss。其用于度量样本点到回归曲线的距离，通过最小化平方损失使样本点可以更好地拟合回归曲线。在回归问题中，MSE常作为模型的经验损失或算法的性能指标。

其基本形式如下所示：

$$J_{\text{MSE}}=\frac{1}{N}\sum_{i=1}^{N}(y_i-\hat{y}_i)^2 \tag{6-18}$$

式中，y_i为真实值，$\hat{y}_i$为预测值。

特点：具有无参数、计算成本低和具有明确物理意义等优点，MSE是一种优秀的距离度量方法。虽然 MSE 在图像和语音处理方面表现较弱，但它仍是评价信号质量的标准。MSE 的使用非常广泛，但是它对离群值非常敏感，在选择损失函数时需要考虑这点。

6.2.4　BP 算法实例分析

图 6-10 所示为一个“3-2-1”结构的 BP 神经网络，采用 Sigmoid 作为激活函数，偏置为 0。

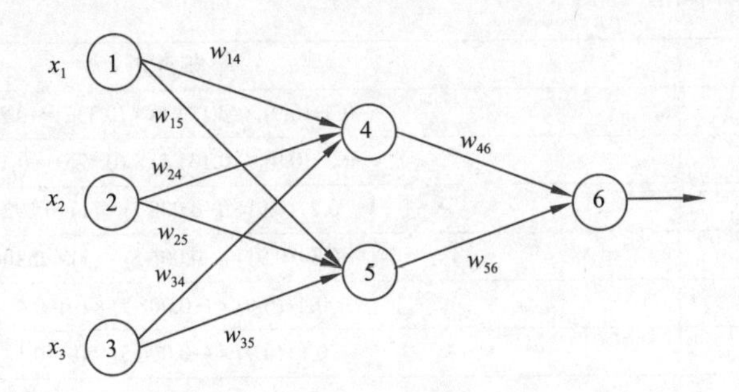

图 6-10　BP 神经网络结构图

初始设置：

x_1	x_2	x_3	w_{14}	w_{15}	w_{24}	w_{25}	w_{34}	w_{35}	w_{46}	w_{56}	θ_4	θ_5	θ_6
1	0	1	0.2	–0.3	0.4	0.1	–0.5	0.2	–0.3	–0.2	–0.4	0.2	0.1

1. 正向传播阶段

各隐藏层及输出层的输入、输出值：

节点 4：

输入：$w_{14}\times x_1 + w_{24}\times x_2 + w_{34}\times x_3 + \text{bias of node} = 0.2\times 1 + 0.4\times 0 - 0.5\times 1 - 0.4 = -0.7$

输出：0.332

节点 5：

输入：0.1

输出：0.525

节点 6：

输入：$w_{46}\times O_4 + w_{56}\times O_5 + \text{bias of node} = -0.3\times 0.332 - 0.2\times 0.525 + 0.1 = -0.105$

输出：0.474

节点	网络输入值	输出值
4	$0.2+0-0.5-0.4=-0.7$	$\frac{1}{1+e^{0.7}}=0.332$
5	$-0.3+0+0.2+0.2=0.1$	$\frac{1}{1+e^{-0.1}}=0.525$
6	$(-0.3)\times(0.332)-(0.2)\times(0.525)+0.1=-0.105$	$\frac{1}{1+e^{0.105}}=0.474$

2. 反向传播阶段

各层权系数修正：

节点	权系数变化
6	(0.474) × (1−0.474) × (1−0.474)=0.131 1
5	(0.525) × (1−0.525) × (0.131 1) × (−0.2)=−0.006 5
4	(0.332) × (1−0.332) × (0.131 1) × (−0.3)=−0.008 7

计算出新的权系数和阈值：

权系数和阈值	新的值
w_{46}	−0.3+(0.9) × (0.131 1) × (0.332)=−0.261
w_{56}	−0.2+(0.9) × (0.131 1) × (0.525)=−0.138
w_{14}	0.2+(0.9) × (−0.008 7) × (1)=0.192
w_{15}	−0.3+(0.9) × (−0.006 5) × (1)=−0.306
w_{24}	0.4+(0.9) × (−0.008 7) × (0)=0.4
w_{25}	0.1+(0.9) × (−0.006 5) × (0)=0.1
w_{34}	−0.5+(0.9) × (−0.008 7) × (1)=−0.508
w_{35}	0.2+(0.9) × (−0.006 5) × (1)=0.194
θ_6	0.1+(0.9) × (0.131 1)=0.218
θ_5	0.2+(0.9) × (−0.006 5)=0.194
θ_4	−0.4+(0.9) × (−0.008 7)=−0.408

6.3 模型训练

6.3.1 模型训练过程

模型训练可以分为以下几步进行：

（1）确定网络输入和输出。对于输入来说，每个数值型的输入对应一个输入神经元。对于输出来说，如果是二分类任务，则需要一个输出神经元，如果是四分类问题，就需要两个输出神经元。

（2）数据预处理。构建数据集中的训练集、验证集及测试集，并预处理输入值。

（3）确定网络结构。根据经验确定网络的拓扑结构，初始化神经元权值和偏置。通常用不同的网络拓扑或使用不同的初始权值，重复训练过程。

（4）模型训练。利用反向传播或其他算法训练网络，调整网络权值减少预测误差，获得最佳的权值。

（5）模型评估。在测试集上检验网络的分类或预测质量。在已经确定的权值和偏置的网络下在测试集上进行验证，得到训练好的神经网络的效果。模型的评估见 5.2 节。

（6）模型预测。把新的样本输入到训练好的神经网络上查看对未知样本预测的效果。

6.3.2 过拟合和欠拟合

在模型训练过程中，模型是非常容易过拟合的。深度学习模型在不断的训练过程中训练误差会逐渐降低，但测试误差的走势则不一定。因此模型训练可能会出现过拟合和欠拟合的情况。

拟合（Fitting）：曲线能很好地描述某些样本，并且有比较好的泛化能力。

过拟合（OverFitting）：模型把数据学习得太彻底，以至于把噪声数据的特征也学习到了，这样就会导致在后期测试时不能很好地识别数据，不能正确分类，模型泛化能力太差。

欠拟合（UnderFitting）：模型没有很好地捕捉到数据特征，不能很好地拟合数据或者是模型过于简单无法拟合或区分样本。

防止过拟合的方法：

（1）正则化方法。正则化方法包括 L0 正则、L1 正则和 L2 正则，正则一般是在目标函数之后加上对应的范数。机器学习中一般使用 L2 正则。

（2）数据增强（Data Augmentation）。增大数据的训练量。

（3）早停（Early Stopping）。早停是一种截断迭代次数来防止过拟合的方法，即在模型对训练数据集迭代收敛之前停止迭代以防止过拟合。

（4）丢弃法（Dropout）。丢弃法是 ImageNet 中提出的一种方法，丢弃法在训练时让神经元以一定的概率不工作。

防止欠拟合的方法：

（1）添加其他特征项。有时候模型出现欠拟合是因为特征项不够导致的，可以添加其他特征项来解决。

（2）减少正则化参数。正则化的目的是防止过拟合，现在模型出现了欠拟合，则需要减少正则化参数。

6.3.3 优化策略

1. 梯度下降

梯度下降是一种优化算法，目的是求出目标函数的最优解。模型训练根据误差反向传播进行调优。误差反向传播时会先对误差函数求导计算梯度，然后计算连接权重调整值，反复迭代训练直至获得最优解，梯度下降的调整过程如图 6-11 所示。

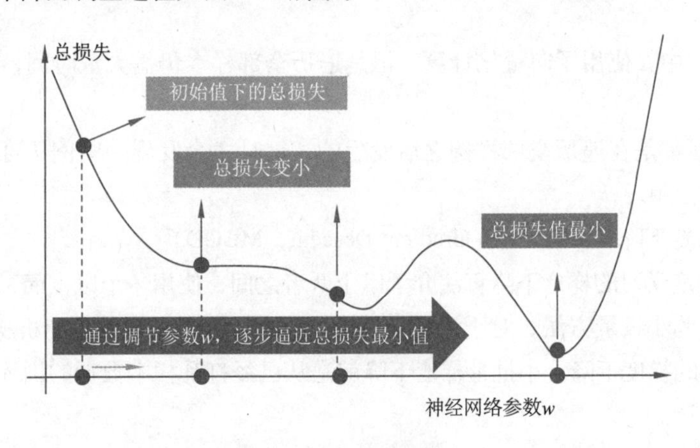

图 6-11 梯度下降

梯度下降的参数学习：

$$\Delta w = -\eta \frac{\partial \mathrm{ERR}}{\partial w} \tag{6-19}$$

式中，ERR 为误差，η 为学习率，w 为权重。

根据训练样本的输入方式不同，梯度下降的方式主要分为三类：随机梯度下降、批量梯度下降和小批量梯度下降。

（1）随机梯度下降（Stochastic Gradient Descent，SGD）

随机梯度下降是每次迭代使用一个样本对参数进行更新。

优点：

① 在学习过程中加入了噪声，提高了泛化误差。

② 由于不是在全部训练数据上的损失函数，而是在每轮迭代中随机优化某一条训练数据上的损失函数，这样每一轮参数的更新速度大大加快。

缺点：

① 不收敛，在最小值附近波动。

② 可能会收敛到局部最优，单个样本并不能代表全体样本的趋势。

③ 不易于并行实现。

④ 当遇到局部极小值或鞍点时，SGD 会卡在梯度为 0 处。

（2）批量梯度下降（Batch Gradient Descent，BGD）

使用整个训练集的优化算法称为批量或确定性梯度算法，它们会在一个大批量中同时处理所有样本。批量梯度下降算法是最原始的形式，它是指在每一次迭代时使用所有样本进行梯度更新。它对梯度的估计是无偏的。样例越多，标准差越低。

优点：

① 在训练过程中，使用固定的学习率，不必担心学习率衰退现象的出现。

② 由全数据集确定的方向能够更高地代表样本总体，从而更准确地朝向极值所在的方向。当目标函数为凸函数时，一定能收敛到全局最小值，如果目标函数非凸则收敛到局部最小值。

缺点：

① 在计算过程中，使用了向量化计算，但是遍历全部样本仍需大量时间，尤其是当数据集很大时，就会很困难。

② 每次的更新都是在遍历全部样例之后发生的，这时才会发现一些例子可能是多余的且对参数更新没有太大的作用。

（3）小批量梯度下降（Mini-batch Gradient Descent，MBGD）

大多数用于深度学习的梯度下降算法介于以上两者之间，使用一个以上而又不是全部的训练样本。这样的方法称为小批量方法。对于深度学习模型而言，人们所说的“随机梯度下降 SGD”，其实就是基于小批量的梯度下降。小批量梯度下降就是从已经打乱样本数据的训练集中，随机抽出一小批量的样本。

优点：

① 计算速度比批量梯度下降快，因为只遍历部分样例就可以执行更新。

② 随机选择样例可避免重复多余的样例和对参数更新贡献较少的样例。

③ 每次使用一个 batch 可以大大减小收敛所需要的迭代次数，同时可以使收敛到的结果更加接

近梯度下降的效果。

缺点：

① 在迭代过程中，因为噪声的存在，学习过程会出现波动。因为会在最小值区域徘徊，不会收敛。

② 学习过程会有更多的振荡，为了更接近最小值，需要增加学习率衰减项，以降低学习率，避免过渡振荡。

③ Batch-size 的不当选择可能会带来一些问题。

三种梯度下降算法的收敛过程如图 6-12 所示。

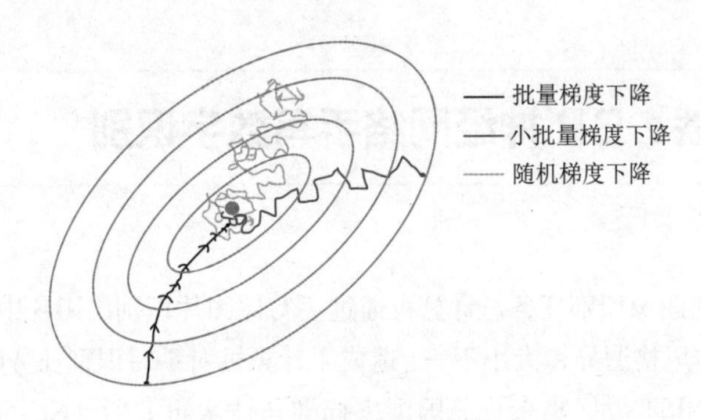

图 6-12 梯度下降的收敛过程

梯度下降法是一种贪心算法，在网络训练时可能陷入局部极小，影响神经网络的效果。常用的解决方法是控制学习率，网络的学习可能跳出局部最小。下面详细介绍学习率。

2. 学习率

学习率是用来确定连接权重调整程度的系数。用于在梯度下降过程中控制步长。梯度下降中的计算结果乘以学习率，可得到权重调整值。如果学习率过大，可能会修正过头，导致误差无法收敛，神经网络训练效果不佳；如果学习率过小，则收敛速度会很慢，导致训练时间过长。

多数时候需要根据经验确定学习率，首先设定一个较大的值，然后逐步把该值减小。在梯度下降初期，能接受较大的步长（学习率），以较快的速度进行梯度下降。当收敛时，希望步长小一点，并且在最小值附近小幅度地摆动。假设模型已经接近梯度较小区域，若保持原来的学习率，只能在最优点附近徘徊。如果降低学习率，目标函数能够进一步降低，有助于算法收敛，更容易接近最优解。下面介绍几种常用的学习率。

（1）Momentum

Momentum 算法借用了物理中动量的概念，它模拟的是物体运动时的惯性，更新时在一定程度上保留之前更新的方向，同时利用当前 batch 的梯度微调最终的更新方向。这样可以在一定程度上增加稳定性，从而学习得更快，并且还有一定摆脱局部最优的能力。

（2）Adagrad

Adagrad 算法能够在训练中自动对 learning rate 进行调整，对于出现频率较低参数采用较大的学习率更新；对于出现频率较高的参数采用较小的学习率更新。能够独立适应所有模型参数的学习率。学习率单调递减，训练后期学习率非常小。因此，Adagrad 非常适合处理稀疏数据，适用于凸函数。

（3）RMSprop

RMSprop 算法是 Geoff Hinton 提出的一种自适应学习率方法。其针对 Adagrad 算法的缺陷进行修改，Adagrad 会累加之前所有的梯度平方，而 RMSprop 仅仅是计算对应的平均值，因此可缓解 Adagrad 算法学习率下降较快的问题。

（4）Adam

Adam 是另一种自适应学习率的方法，它利用梯度的一阶估计和二阶估计动态调整每个参数的学习率。Adam 的优点主要在于经过偏置校正后，每一次迭代学习率都有个确定范围，使得参数比较平稳。

6.4 项目实战：BP 神经网络手写数字识别

6.4.1 项目介绍

手写识别是常见的图像识别任务。计算机通过手写体图片识别出图片中的字，与印刷字体不同的是，不同人的手写体风格迥异，大小不一，造成了计算机对手写识别任务的一些困难。

本项目采用的 MNIST 数据集来自美国国家标准与技术研究所（National Institute of Standards and Technology，NIST）。数据集如图 6-13 所示。

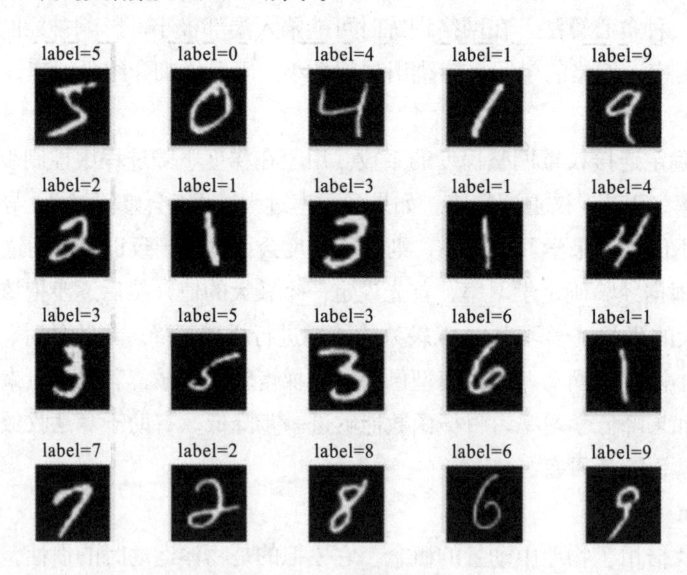

图 6-13　数据集图片

MNIST 数据集包含以下四部分内容：

Training set images: train-images-idx3-ubyte.gz（9.9 MB，解压后 47 MB，包含 60 000 个样本）。

Training set labels: train-labels-idx1-ubyte.gz（29 KB，解压后 60 KB，包含 60 000 个标签）。

Test set images: t10k-images-idx3-ubyte.gz（1.6 MB，解压后 7.8 MB，包含 10 000 个样本）。

Test set labels: t10k-labels-idx1-ubyte.gz（5 KB，解压后 10 KB，包含 10 000 个标签）。

其中，Training set images 是 MNIST 数据集中的训练集，包含 60 000 张大小为 28×28 的灰度图片，由 250 个不同人手写的数字构成。Test set images 是测试集，包含 10 000 张大小为 28×28 的灰度图片。Training set labels 和 Test set labels 则是对应的标签。

6.4.2 实现流程

首先导入项目所需要的库。

```
import torch
import torch.nn as nn
import torch.nn.functional as F
import torch.optim as optim
from torchvision import datasets, transforms
import torchvision
import matplotlib.pyplot as plt
from torch.utils.data import DataLoader
import cv2
```

导入项目中用到的两个辅助方法，分别是绘图和 one-hot 编码。

```
def one_hot(label, depth=10):
     out = torch.zeros(label.size(0), depth)
     idx = torch.LongTensor(label).view(-1, 1)
     out.scatter_(dim=1, index=idx, value=1)
     return out
 def graph(data):
     fig = plt.figure()
     plt.plot(range(len(data)),data,color="red")
     plt.legend(['value'])
     plt.xlabel('step')
     plt.ylabel('value')
     plt.show()
```

利用 torchvision 包下的 datasets.MINIST() 类加载 MNIST 数据集。

```
# 下载训练集
train_dataset = datasets.MNIST(root='./mnist/',train=True,
transform=transforms.ToTensor(),download=True)
# 下载测试集
test_dataset = datasets.MNIST(root='./mnist/',train=False,
transform=transforms.ToTensor(),download=True)
```

设置超参数。

```
batch_size = 128
```

```
EPOCHS = 3
LR = 0.01
train_loss = []
```

接下来构建一个数据加载器，用来把训练数据分成多个小组，此函数每次抛出一组数据。直至抛出所有数据。

```
# 建立一个数据加载器
# 装载训练集
train_loader=torch.utils.data.DataLoader(dataset=train_dataset,batch_size=batch_size,shuffle=True)
# 装载测试集
test_loader=torch.utils.data.DataLoader(dataset=test_dataset,batch_size=batch_size,shuffle=True)
```

为了更好地了解数据集，可以从中调取部分图片和其对应的标签。

```
# 图片可视化
images, labels = next(iter(train_loader))
img = torchvision.utils.make_grid(images)
img = img.numpy().transpose(1, 2, 0)
print(labels)
cv2.imshow('MNIST', img)
cv2.waitKey(0)
```

在可视化时为了方便展示，将 batch_size 设置为 16。可视化效果如图 6-14 所示。

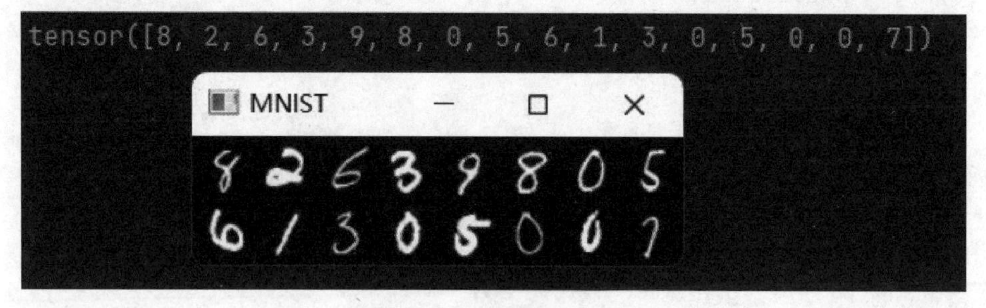

图 6-14　手写数字实例

在模型搭建过程中，只采用了全连接网络。可以看到在网络中构建了三个全连接层。fc1 的输入为 28×28（输入图片的大小），输出为 256。fc2 的输入和输出分别为 256 和 64。fc3 的输入和输出分别为 64 和 10（分类的个数）。在这些参数中除了第一层的输入和最后一层的输出，其他都可以调整。

```
class Net(nn.Module):
    def __init__(self):
        super(Net, self).__init__()
```

```
        self.fc1 = nn.Linear(28 * 28, 256)
        self.fc2 = nn.Linear(256, 64)
        self.fc3 = nn.Linear(64, 10)
    def forward(self, x):
        x = self.fc1(x)
        x = self.fc2(x)
        x = self.fc3(x)
        return x
```

实例化网络，设置训练所需的损失函数和优化器。

```
# 实例化网络
net = Net()
criterion = nn.CrossEntropyLoss()  # 损失函数使用交叉熵
# 优化函数使用 Adam 自适应优化算法
optimizer = optim.SGD(net.parameters(),lr=LR,momentum=0.9)
```

正式开始训练，迭代次数为设置好的 EPOCHS。从数据加载器 train_loader 中获取到的输入尺寸为 [128,1,28,28]，但是搭建的网络中输入为 batch_size,28 × 28，所以要用 view() 函数对输入尺寸进行调整，使其适应网络输入。

```
for epoch in range(EPOCHS):
    for batch_idx, (img, label) in enumerate(train_loader):
        # print(img.shape, label.shape)
        img = img.view(img.size(0), 28 * 28)
        # print(img.shape)
        out = net(img)                      # 将数据传入网络进行前向运算
        label = one_hot(label)
        optimizer.zero_grad()               # 将梯度归零
        loss = F.mse_loss(out, label)       # 得到损失函数
        loss.backward()                     # 反向传播
        optimizer.step()                    # 通过梯度做一步参数更新
        train_loss.append(loss.item())
        # print(loss)
        if batch_idx % 10 == 0:
            print('[%d,%d] loss:%.03f' % (epoch + 1, batch_idx + 1, loss.item()))
```

训练结束后可以用训练好的模型在测试集中验证，观察训练效果。

```
total_correct = 0
for img,label in test_loader:
    img = img.view(img.size(0),28*28)
    out = net(img)
    pred = out.argmax(dim=1)
```

```
        correct = pred.eq(label).sum().float().item()
        total_correct += correct
    total_num = len(test_loader.dataset)
    acc = total_correct / total_num
    print('准确率：',acc)
```

6.4.3 结果展示

下面是项目运行的一部分训练结果的代码，完整的训练走势如图 6-15 所示，随着训练的进行，loss 值不断下降。模型训练完毕后准确率达到 86%。

```
[2,181] loss:0.050
[2,191] loss:0.043
[2,201] loss:0.043
[2,211] loss:0.044
[2,221] loss:0.048
[2,231] loss:0.040
准确率:0.8608
```

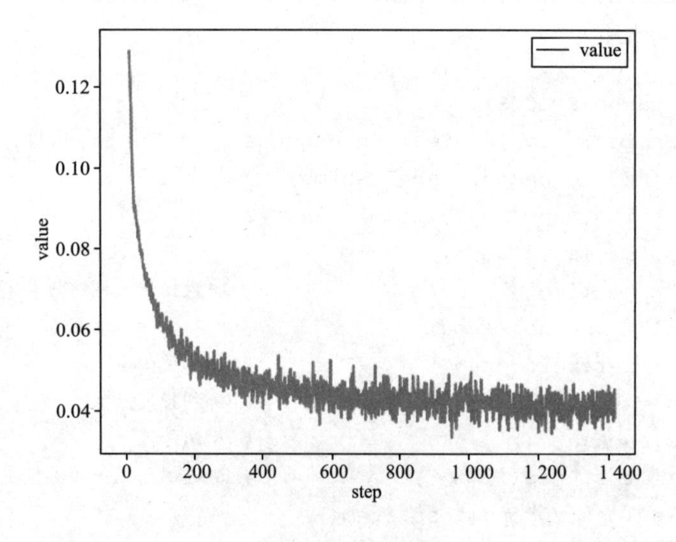

图 6-15　运行结果

小　结

本章首先介绍了深度学习的一些基础知识，对神经元与感知机等神经网络的基础知识进行讲述。其次对经典的 BP 神经网络进行介绍。BP 神经网络是如今应用最广泛的一种神经网络，其主要由正向传播和反向传播两部分组成，传播的过程中涉及激活函数和损失函数相关知识。随后对模型的训练、训练中出现的问题以及优化进行详细描述，其中优化涉及梯度下降和学习率调整的相关内容。最后基于 BP 神经网络实现了手写数字识别的项目。

习　题

1. 对于图6-16所示的一个单隐藏层2-3-1BP神经网络，假设学习系数η=1，隐藏层与输出层神经元采用ReLU激活函数，即$f(x)=\begin{cases}x, x\geqslant 0\\0, x<0\end{cases}$。若当前权值如下表所示，各神经元阈值均为0。

w_{13}	w_{14}	w_{15}	w_{23}	w_{24}	w_{25}	w_{36}	w_{46}	w_{56}
0.1	0.1	0.1	0.2	0.2	0.2	0.3	0.3	0.3

现对于某训练样本（输入X_1=1，X_2=0，期望输出值为1），要求：

（1）在相应输入下计算网络的实际输出值Y。

（2）利用误差反向传播原理，计算权值的修正量Δw_{56}。

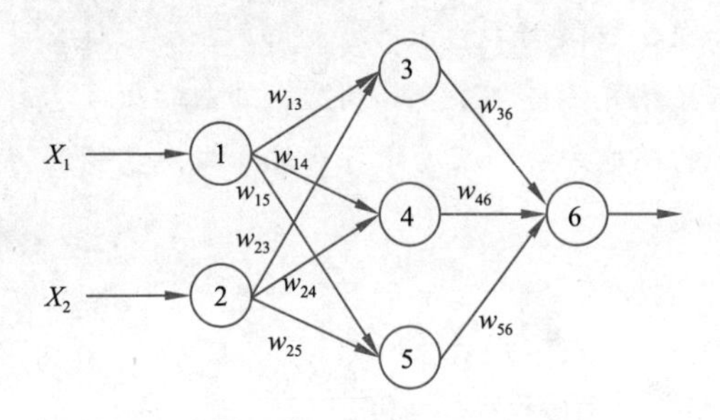

图6-16　网络结构

2. 参考pytorch文档，尝试更换梯度下降方式、优化器、batchsize、epoch等实现BP手写数字识别项目，体会各参数的作用。

第7章 图像分类

前面章节中已经介绍了关于神经网络的基础理论和简单的全连接网络模型。上一章搭建了一个三层的全连接网络模型，这显然并不符合深度一词。在真正的深度学习中，网络层数远不止三层，下面继续介绍深度学习网络的搭建方法和深度学习在计算机视觉领域的基础任务——图像分类。

思维导图

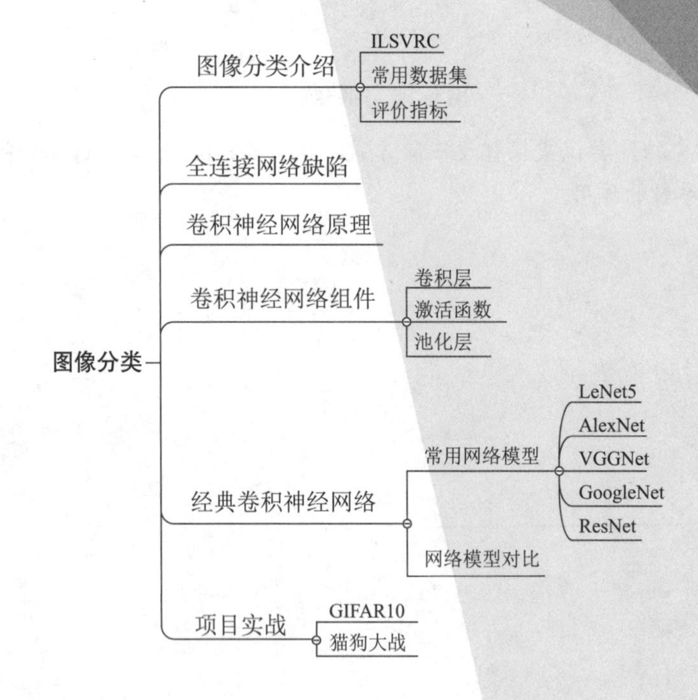

学习目标

- 理解图像分类的概念；
- 掌握卷积神经网络特性及组件；
- 掌握经典卷积神经网络框架。

7.1 图像分类介绍

图像分类任务指的是将输入图像划分到不同的类别中，使得产生的分类误差达到最小。图像分类是计算机视觉的核心任务，实际应用范围广泛，是许多下游任务的基础。实际上，深度学习的发展史就是人们沿着图像分类这条道路不断探索的过程。

7.1.1 ILSVRC

ILSVRC（ImageNet Large Scale Visual Recognition Challenge）是计算机视觉领域最具权威的学术竞赛之一。各个研究团队在给定的数据集上评估其算法，并在几项视觉识别任务中争夺更低的错误率。从 2010 年至 2017 年，ILSVRC 每次举办都会引起计算机视觉领域的广泛关注。

ILSVRC 竞赛主要包含六项任务：图像分类（Classification）、目标定位（Object localization）、目标检测（Object detection）、视频目标检测（Object detection from video）、场景分类（Scene classification）、场景解析（Scene parsing）。

2012 年的 ILSVRC 冠军得主 AlexNet 在图像识别任务上取得了巨大突破，掀起了深度学习的狂潮。此后，ILSVRC 竞赛中的名次成为各大研究机构追逐的目标。但是随着深度学习技术的日益发展，ILSVRC 对于图像识别的错误率已经降到约 2.9 %，继续提升已经没有太大意义。2017 年，ILSVRC 最后一届比赛落下帷幕，期间产生了大量经典的模型，在推进计算机视觉和深度学习研究方面发挥了重要作用。

从 2018 年起，由 WebVision 竞赛（Challenge on Visual Understanding by Learning from Web Data）接棒。其中的数据不再是人工标注的数据集，而是从网络中直接抓取，尽管难度远超从前，但更加贴近实际应用场景。

7.1.2 常用数据集

1. ImageNet

斯坦福大学的李飞飞教授敏锐地意识到数据在机器学习中的重要性，于是在 2007 年开始组织构建了一个大型图像数据集。2009 年李飞飞教授等在 CVPR2009 上发表了一篇名为 *ImageNet: A Large-Scale Hierarchical Image Database* 的论文，ImageNet 正式诞生。ImageNet 中含有 1 400 多万张图片，囊括了 2 万多个类别，其中包含超过 100 万幅有着明确类别标注和目标位置边框的图像。这是目前世界上图像识别领域最大的公开数据集，也是最常用的数据集，ILSVRC 中所用的数据集也仅仅是 ImageNet 的子集，领域内相关的研究工作大多由此展开。

2. MNIST

在计算机视觉图像分类算法的发展中，MNIST 是一个非常经典的数据集，可以看作数据集中的“Hello World”，是首个具有通用学术意义的数据集基准。MNIST 中搜集了来自 250 个不同人的手写数字图片，共计 70 000 张，其中训练集中包含 60 000 张大小为 28 × 28 的灰度图片，测试集中包含 10 000 张尺寸相同灰度图片。

3. CIFAR10

CIFAR10 数据集由 60 000 个 32 × 32 彩色图像组成，其中有 50 000 个训练图像和 10 000 个测试图像，包含有飞机、汽车、鸟等十个不同类别，每个分类包含 6 000 张图像。不同类别相互独立，无任何重叠情况。

4. CIFAR100

CIFAR100 和 CIFAR10 类似，由 60 000 张 32 × 32 的彩色图片组成，其中有 50 000 张训练图像和 10 000 张测试图像，来自 100 个分类，每个分类包含 600 张图片。与 CIFAR10 不同的是，CIFAR100 中 100 种类别实际是由 20 个类（每个类又包含 5 个子类）构成。

5. Fashion-MNIST

Fashion-MNIST 数据集是一个用于替代 MNIST 手写数字集的图像数据集。其涵盖了来自 10 种类别的商品图片，共 70 000 张。Fashion-MNIST 完全对标原始 MNIST 数据集，无论是大小、格式和训练集、测试集划分都与原始 MNIST 一致。

7.1.3 评价指标

1. 混淆矩阵

混淆矩阵是衡量分类模型准确度中最基本、最直观、计算最简单的方法。通过混淆矩阵可以得到最基本的四个指标。真实标签为正样本，预测结果为正样本的数目为 True Positive，简称 TP；真实标签为正样本，预测结果为负样本的数目为 False Negative，简称 FN；真实标签为负样本，预测结果为正样本的数目为 False Positive，简称 FP；真实标签为负样本，预测结果为负样本的数目为 True Negative，简称 TN。详细描述见 5.2 节。

2. One-error

One-error：计算预测结果中概率最大的标签不属于真实标签的次数。值越小，性能越好。具体公式如下式：

$$\text{one-error}(f)=\frac{1}{p}\sum_{i=1}^{p}\left\{\left[\arg_{y\in Y}\max f\left(x_i,y\right)\right]\notin Y_i\right\} \tag{7-1}$$

3. Hamming loss

Hamming loss：被误分类样本的个数。例如，不属于这个样本的标签被预测，或者属于这个样本的标签没有被预测。值越小，性能越好。具体公式如下：

$$\text{hloss}(h)=\frac{1}{p}\sum_{i=1}^{p}\left|h\left(x_i\right)\Delta Y_i\right| \tag{7-2}$$

7.2 全连接网络缺陷

在第 6 章的手写数字识别任务中，使用了三层全连接网络。在迭代 3 次后，模型的准确率已经达到 86%。随着迭代次数的增多，准确率还将得到进一步提升，一切看起来似乎如我们预想的那么顺利，但是真的是这样吗？

以手写数字识别为例，用到的图像全部为 28 × 28 的灰度图。相较于现在经常使用的高分辨率彩图来说，MNIST 数据集中的图片可以用小巧来形容。但即使是这样，我们设计的网络中的参数量仍然相当高。利用 pytorch 中 parameters() 方法可以很方便地得到网络中的参数量。

```
total = sum(p.numel() for p in net.parameters())     # 计算各层参数量
print("参数量：",total)
```

输出结果：

```
参数量：218058
```

可以看到，即使输入的图片仅仅是 28×28 的单通道灰度图像，参数量仍然高达 21 万。试想一下，当使用分辨率更高的图像、多通道图像或者同时处理多张图像时，参数会增长多少？如此巨大的参数量严重影响了计算速度。此外全连接网络反向传播的有效层数也只有 4 ～ 6 层，更多的层数会导致反向传播的修正值越来越小，无法训练。

因此，需要设计一种更合理的神经网络结构来弥补全连接网络的不足。

7.3 卷积神经网络原理

早在 20 世纪 60 年代，神经生物学家 David Hubel 和 Torsten Wiese 在对动物的脑皮层神经元进行研究时受到启发，提出了感受野这一概念。随后，日本学者 Kunihiko Fukushima 在此基础上提出了感知机模型，提出使用卷积层来模拟视觉细胞对特定图案的反应、使用池化层模拟感受野的方法。这也被人们认为是卷积神经网络的第一个实现网络，此后越来越多的科研人员加入到了对卷积神经网络的研究当中。至今，卷积神经网络已经成为众多科研领域的研究热点之一。

具体来讲，卷积神经网络是一类包含卷积计算且具有深度结构的前馈神经网络，是深度学习的代表算法之一。相较于传统的神经网络，卷积神经网络最大的优势是其采用了局部连接和权值共享的思想。

局部连接指的是卷积层的节点仅与前一层的部分节点相连接，这块局部区域称为感受野。局部感知结构的设计思想来源于科学家对动物视觉系统的研究，研究者发现在感知过程中动物的神经元并非全部生效，起作用的只是部分神经元。这一机制启发了研究者：在计算机视觉中，图像由若干像素点组成，这些像素点之间的联系并不统一，像素点只会与它周围的像素点产生较为紧密的联系，这种联系与像素之间的距离呈正相关，所以这种局部相关的特性同样适用于计算机视觉。基于这一思想，在提取特征时并不需要图像中所有像素，只在不同的区域内分别进行特征提取更贴合大脑的感知过程。如图 7-1 所示，局部连接的思想减少了网络中的参数量，加快了训练速度。

如图 7-1 (a) 所示，假设输入图像的尺寸为 1 000×1 000，若隐藏层与输入层维度一致，采用全连接结构则会产生 $1\,000\times1\,000\times1\,000\times1\,000=10^{12}$ 个参数。而在图 7-1(b)中，采用局部连接机制，隐藏层中的神经元只与输入层中 10×10 的区域相连接，那么会产生 $10\times10\times1\,000\times1\,000=10^{8}$ 个参数。

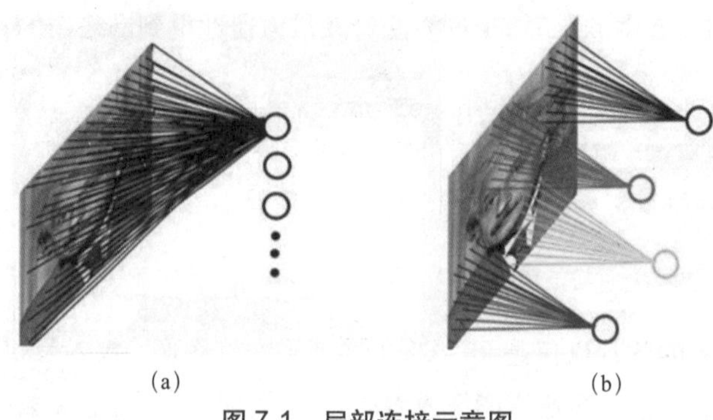

图 7-1　局部连接示意图

上面的例子介绍了局部连接机制，尽管在参数量方面相较于全连接网络有一定下降，但剩余的参数量依然巨大，仍然需要更高效的方法进一步降低参数量。

接着上面的例子来看，每个 10×10 区域都要有一个对应的权重矩阵 ***W***，在 1 000×1 000 的图像中会产生 10 000 个这样的权重矩阵，每个矩阵包含 100 个参数。这就是庞大参数量的来源。但对于同一个权重矩阵 ***W*** 来说，它不仅可以在一个区域内提取特征，在其他区域也适用，因此可以让这 100 个权重矩阵之间的参数共享，那么只需要训练一个共享的权重矩阵 ***W*** 即可，这就是权重共享。通过权重共享的方法可以将参数量降至 100。权重共享示意图如图 7-2 所示。

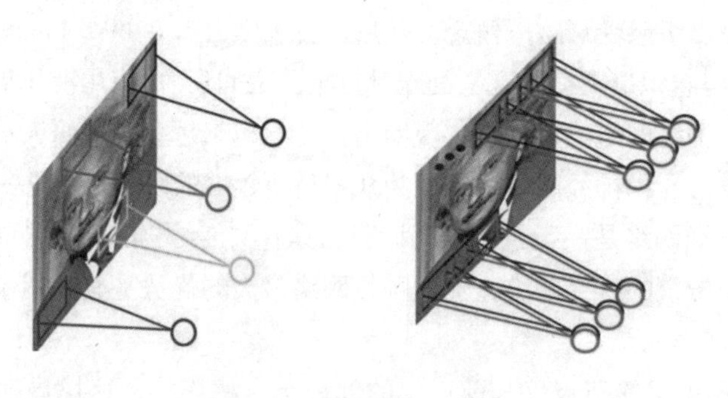

图 7-2　权重共享示意图

借助局部连接和权重共享的思想，可以将参数量从 10^8 降低到 100。当然还有一个问题，一个共享的权重矩阵只能提取某一种特征，所以需要设置多个权重矩阵获取不同方面的特征。假设设置 100 个权重矩阵获取不同的特征，所需的参数量也仅仅只有 $10\times10\times100=10^4$ 个参数，远远少于之前。由此可见，卷积神经网络性能远超全连接网络。

7.4 卷积神经网络组件

7.4.1 卷积层

卷积层是卷积神经网络的核心结构，它的参数是由一组可通过训练不断调整的滤波器（filter）或内核（kernels）组成，其作用是实现特征提取。在图像分类任务中，输入图像会被计算机转换为灰度或是由 RGB 数值填充的数字矩阵，将卷积核和图片矩阵对齐，对应位置元素相乘后再相加，所得结果填入新的矩阵，这就是卷积操作。所得的新矩阵可以反映出原图片的部分特征，故卷积后得到的新矩阵又称特征图。卷积操作示意图如图 7-3 所示。

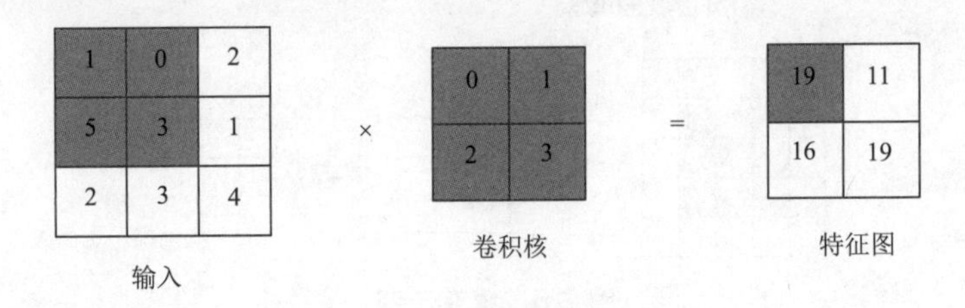

图 7-3　卷积示例

在图 7-3 中，卷积核与输入图像转化成的数字矩阵对齐，从左上角开始滑动，在滑动过程中数字矩阵与卷积核中元素进行卷积运算（$1\times0+0\times1+5\times2+3\times3=19$）。依此类推，即可得到新的特征图。

在卷积层的设计中有两个常用参数：步长 Stride 和填充 Padding。

所谓步长，就是指卷积核每步所移动的距离。之前已经提到过感受野这一概念，总的来说，感受野是卷积神经网络每一层输出的特征图上的像素点在原始图像上映射的区域大小。当原始图像中信息密度较大时，为了尽可能避免信息缺失，需要更加密集地设置感受野窗口，而当原始图像中信息密度较小时，可以适当减少感受野窗口数量。设置步长就是控制感受野的常用手段。如图 7-4 所示，当垂直步长为 3，水平步长为 2 时，对输入进行卷积操作。

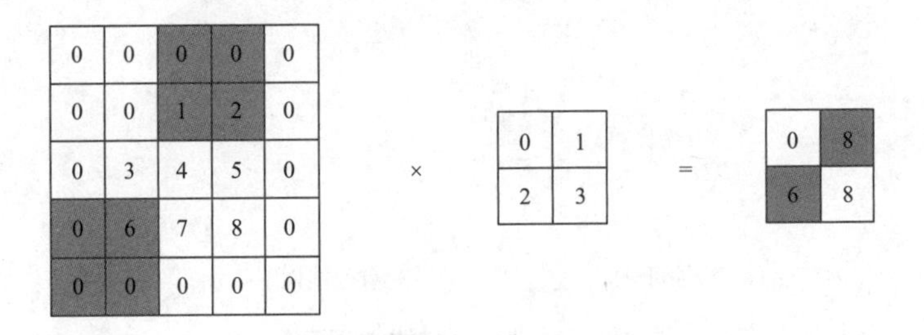

图 7-4　步长示例

仔细观察图像，可以发现每一次卷积后，输出的特征图都比原始图像的尺寸小，这会带来参数量上的缩减，也可以不断扩大特征图的感受野。但是有时希望卷积后图像尺寸不变。此时可以在图像外围填充一些 0 像素，拓宽原始图像的尺寸，抵消卷积操作造成的尺寸上的缩减，如图 7-5 所示。原始图像尺寸为 3×3，与一个 3×3 的卷积核进行卷积运算后所得特征图尺寸为 1×1。但在原始图像外围填充 0 像素后再进行卷积，所得特征图尺寸与原图像一致。

了解上述概念后，可以通过一个简单的公式计算出输出特征图的尺寸：假设输入图像为一个 $W\times W$ 的矩阵，卷积核的大小设置为 $F\times F$，步长为 S，填充像素数为 P。则输出特征图的尺寸公式如下：

$$\text{Feature\_map\_size}=\frac{W-F+2P}{S}+1 \tag{7-3}$$

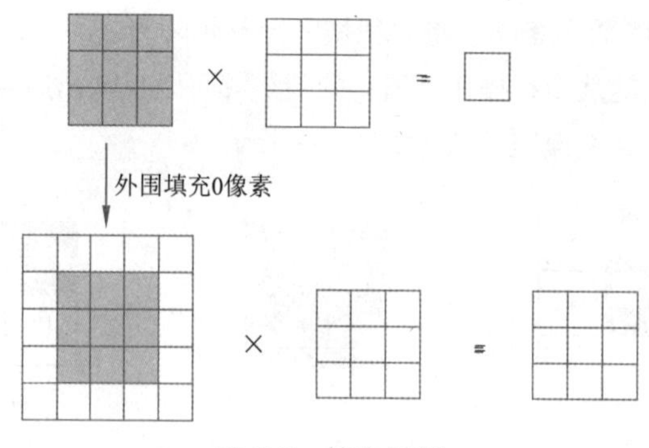

图 7-5　填充示例

7.4.2　激活函数

激活函数（Activation Functions）对于人工神经网络模型学习、理解非常复杂和非线性的函数来说具有十分重要的作用。在简单情况下，如图 7-6（a）所示，数据是线性可分的，可以通过一条直线完成对样本的分类。但大多数场景中，如图 7-6（b）所示，线性模型的复杂度有限，其表达能力不足以完成分类，于是需要引入一些非线性因素增强模型的表达能力。这就是引入非线性激活函数的目的。

在第 6 章中，已经介绍了一些常用的非线性激活函数以及它们的优缺点和应用场景，这里不再赘述。

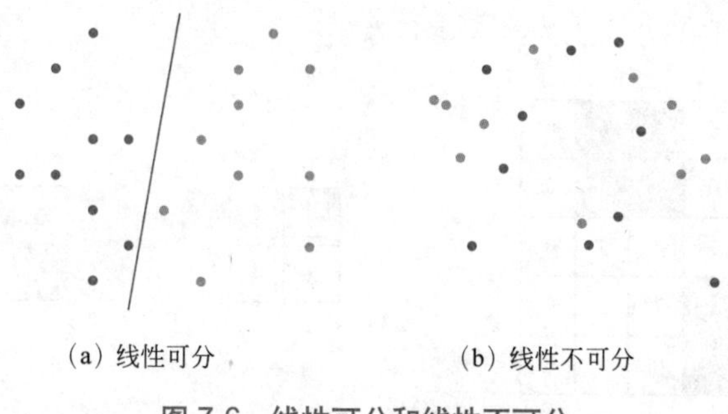

图 7-6　线性可分和线性不可分

7.4.3　池化层

池化是一种常用的下采样操作。在卷积层中获得特征图后需要对这些特征进行整合、分类，但如果直接将特征提取的结果输入到分类器中会面临巨大的计算代价。因此需要对提取的特征进行池化处理。而常用的池化操作包括最大池化（Max Pooling）、平均池化（Average Pooling）、全局最大池化（Global Max Pooling）、全局平均池化（Global Average Pooling）等。

最大池化会选择该位置及其相邻矩阵区域内的最大值，并将该最大值作为该区域的输出值，如图 7-7 所示。

平均池化会计算该位置及其相邻矩阵区域内的平均值，并将该平均值作为该区域的输出值，如图 7-8 所示。

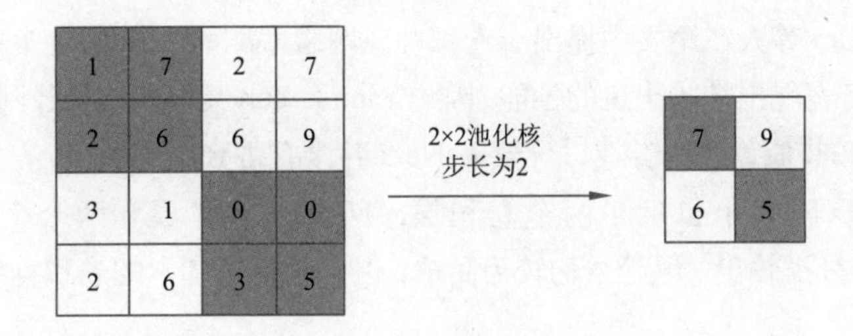

图 7-7 最大值池化

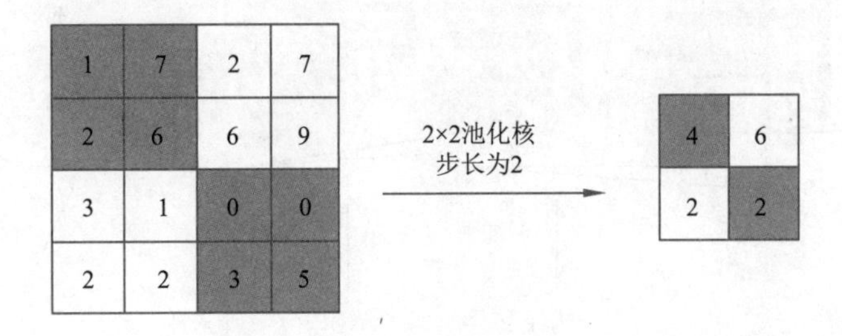

图 7-8 均值池化

全局最大池化和全局平均池化与最大池化、平均池化思想一致，但不同的是它们没有步长的概念，它们针对的是整个特征图，每个特征图经全局最大池化或全局平均池化后输出一个值。

池化层的使用不会造成数据矩阵深度的改变，只会降低图像的高度和宽度，从而达到降维的目的，在这一过程中不涉及任何需要学习的参数。池化层的引入是通过仿照人的视觉系统对输入图像进行降维和抽象。总的来说，池化层的作用可以归纳为以下几点：

（1）特征不变性：池化操作可以让模型更加关注输入图像中是否包含某种特征而不是特征具体的位置。例如，在拿到一张小猫的图片后，无论是对图片进行平移、旋转、放大、缩小，仍然可以认出这是一只猫。池化层的机制有效保证了特征的平移不变性、尺度不变性和旋转不变性。

（2）特征降维：池化对输入图像的宽度和高度做了维度削减，从而使模型可以抽取更大范围内的特征。同时在降维过程中去除了部分重复冗余的信息，保留了最重要的特征，减小了下一层的输入大小，进而减少计算量和参数个数。

（3）通过减少参数量在一定程度上缓解了过拟合，更方便优化。

（4）扩大感受野。

7.5 经典卷积神经网络结构

7.5.1 经典网络模型

1. LeNet5

1989 年，纽约大学的 Yann Lecun 就开始使用卷积神经网络进行手写数字的识别任务，他将通过反向传播算法训练的卷积神经网络应用于识别手写邮政编码数字上，这项工作被称为卷积神经网络的雏形。

1998 年 Yann Lecun 等人在论文中提出了卷积神经网络 LeNet5，并与各类手写字符的方法进行比较，结果显示LeNet5表现出较为出色的性能。因此 Yann Lecun 又称卷积神经网络之父。但在当时，由于对硬件要求过高和其他算法的存在，导致 LeNet5 并没有得到广泛关注。

如图 7-9 所示，LeNet5 中包括了两个卷积层，两个下采样层和两个全连接层，最后通过 softmax 分类器进行多分类输出，尽管结构较为简单，但它包括了基本的卷积神经网络的主要单元。

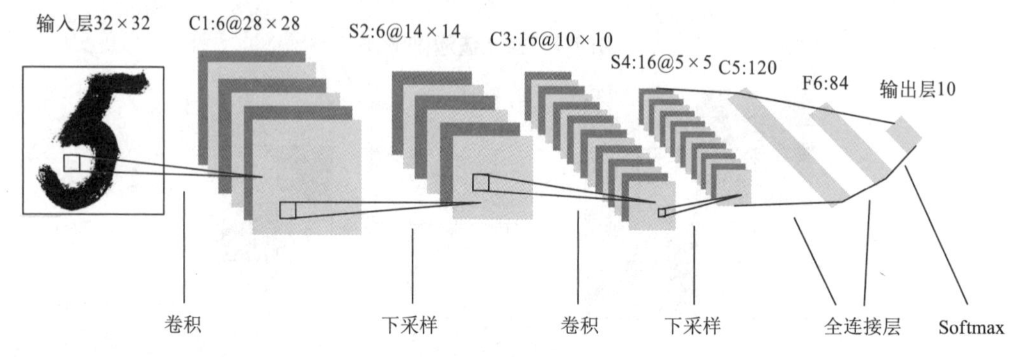

图 7-9　LeNet5 网络结构

实现代码如下：

```
# 定义 LeNet5
class LeNet5(nn.Module):
    def __init__(self):
        super().__init__()
        # 定义卷积层，1 个输入通道，6 个输出通道，5 × 5 的卷积核
        self.conv1=nn.Conv2d(in_channels=1,out_channels=6,kernel_size=5,
            padding=0)
        # 第二个卷积层，6 个输入，16 个输出，5 × 5 的卷积核
        self.conv2=nn.Conv2d(in_channels=6,out_channels=16, kernel_size=5, padding=0)
        # 最后是三个全连接层
        self.fc1 = nn.Linear(16*5*5, 120)
        self.fc2 = nn.Linear(120, 84)
        self.fc3 = nn.Linear(84, 10)

    def forward(self, x):
        x = F.max_pool2d(F.sigmoid(self.conv1(x)), (2, 2)) # 卷积、激活、池化
        # 第二次卷积 激活 池化
        x = F.max_pool2d(F.sigmoid(self.conv2(x)), (2, 2))
        print(x.shape)
        x = x.view(x.size()[0], -1)                  # 将多维数据重新塑造为二维数据
        # 全连接层
        x = F.sigmoid(self.fc1(x))
        x = F.sigmoid(self.fc2(x))
```

```
        x = self.fc3(x)
        print(x.shape)
        return x
```

2. AlexNet

LeNet5 的出现虽然为人工神经网络开辟了一条新道路，但在那个还没有 GPU 的年代并没有将卷积神经网络带入大众视野。直至 2012 年，Hinton 和他的学生 Alex Krizhevsky 设计了一种大型的深度卷积神经网络——AlexNet，给卷积神经网络带来了历史性的突破。AlexNet 在当年的 ILSVRC 比赛中获得冠军，其图像分类的精度大幅度超过传统方法，将 Top-5 错误率降低到了 15.3%，掀起了深度学习发展的浪潮。如图 7-10 所示，AlexNet 含有五个包含池化操作的卷积层以及三个全连接层。

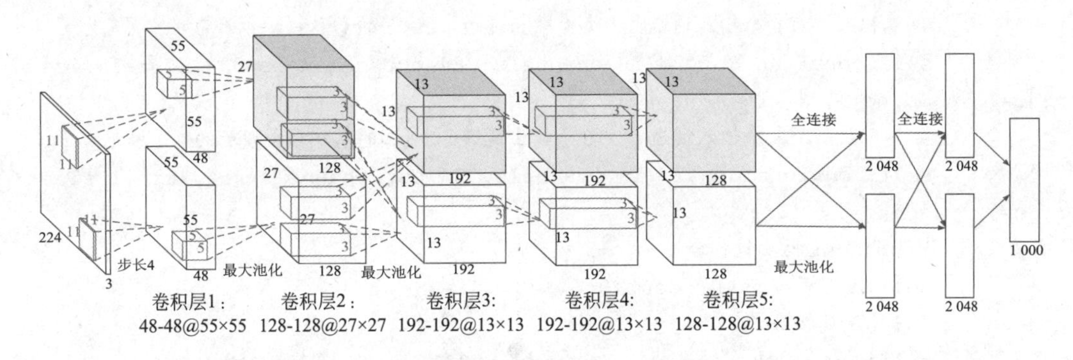

图 7-10　AlexNet 网络结构

值得一提的是，AlexNet 在设计时使用的显卡设备是 NVIDIA GTX580（3 GB 显存），由于 GPU 的内存限制，所以使用了两个 GPU 进行并行训练。而以目前 GPU 的处理能力，单 GPU 足以支持 AlexNet 训练。图 7-11 所示为合并后的 AlexNet 网络结构图。

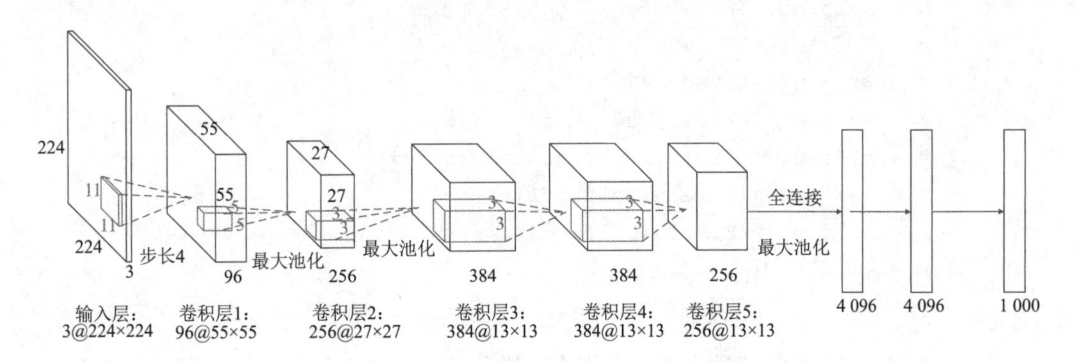

图 7-11　合并后的 AlexNet 网络结构

实现代码如下：

```
# 定义 AlexNet
class AlexNet(nn.Module):
    def __init__(self):
```

```
        super(AlexNet, self).__init__()
        # 卷积层，3个输入通道，96个输出通道，11×11的卷积核，步长为4，填充为0
        self.conv1=nn.Conv2d(in_channels=3,out_channels=96,kernel_size=11,
            stride=4, padding=0)
        # 池化层 3×3池化核，步长为2
        self.pool = nn.MaxPool2d(kernel_size=3, stride=2)
        # 卷积层，96个输入通道，256个输出通道，5×5的卷积核，步长为1，填充为2
        self.conv2=nn.Conv2d(in_channels=96,out_channels=256, kernel_size=5,
stride=1, padding=2)
        # 卷积层，256个输入通道，384个输出通道，3×3的卷积核，步长为1，填充为1
        self.conv3=nn.Conv2d(in_channels=256,out_channels=384,kernel_size=3,
stride=1, padding=1)
        # 卷积层，384个输入通道，384个输出通道，3×3的卷积核，步长为1，填充为1
        self.conv4=nn.Conv2d(in_channels=384,out_channels=384,kernel_size=3,
stride=1, padding=1)
        # 卷积层，384个输入通道，256个输出通道，3×3的卷积核，步长为1，填充为1
        self.conv5=nn.Conv2d(in_channels=384,out_channels=256,kernel_size=3,
stride=1, padding=1)
        # Dropout防止过拟合
        self.drop = nn.Dropout(0.5)
        # 3个全连接层
        self.fc1 = nn.Linear(in_features=9216, out_features=4096)
        self.fc2 = nn.Linear(in_features=4096, out_features=4096)
        self.fc3 = nn.Linear(in_features=4096, out_features=1000)
    def forward(self, x):
        x = self.pool(F.relu(self.conv1(x)))
        x = self.pool(F.relu(self.conv2(x)))
        x = F.relu(self.conv3(x))
        x = F.relu(self.conv4(x))
        x = self.pool(F.relu(self.conv5(x)))
        x = x.view(-1, self.num_flat_features(x))
        x = self.drop(F.relu(self.fc1(x)))
        x = self.drop(F.relu(self.fc2(x)))
        x = self.fc3(x)
        return x
```

AlexNet在原本LeNet5的基础上加入了许多改进，其中很多方法在后续研究中被广泛使用，其特点可归纳为以下几点：

（1）层数提升至8层，相较于LeNet5有更好的特征提取能力。

（2）提出ReLU函数：Sigmoid在网络结构层数较深时会出现梯度弥散，AlexNet首次将激活函数ReLU引入到了卷积神经网络中，其在深层的网络结构中效果更佳。

（3）Dropout：在训练过程中使用 Dropout 随机使部分神经元失活，提高了模型的泛化能力，抑制过拟合。

（4）提出了局部响应归一化层 LRN，增强了模型的泛化能力。

（5）交叠池化：在 LeNet5 中使用的池化方案是无重叠的，即无步长概念。AlexNet 首次提出了池化时的步长，提升了提取特征的丰富性。

（6）通过分组卷积减少参数数量。

3. VGGNet

AlexNet 出色的表现带动了深度学习的发展，启发了业界对于卷积神经网络的研究。VGGNet 由牛津大学计算机视觉组（Visual Geometry Group）和 Google Deepmind 共同设计，包含了 VGG11、VGG13、VGG16 等一系列网络模型。在 2014 年的 ILSVRC 比赛中获得目标定位任务冠军和图像分类任务亚军。

如图 7-12 所示，VGG 网络的组成可以分为 8 部分，包括 5 个带有池化操作的卷积层以及 3 个全连接层。

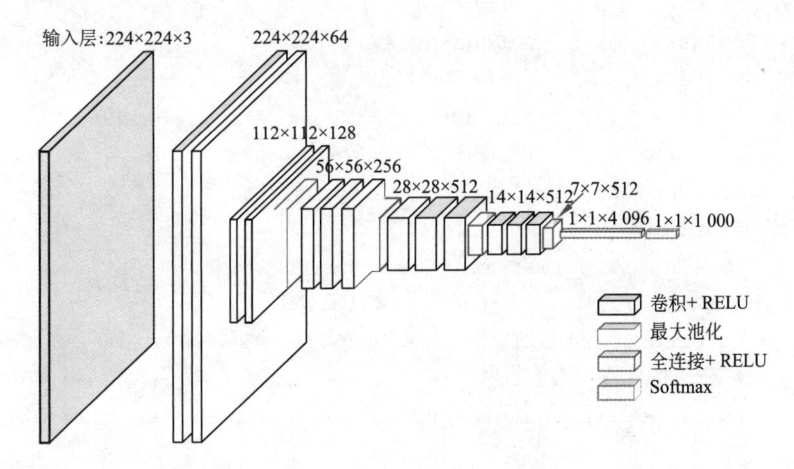

图 7-12　VGG16 网络结构

实现代码如下：

```
# 定义基本卷积层
def Conv3x3BNReLU(in_channels,out_channels):  # 卷积 BN 激活函数
return nn.Sequential(
        nn.Conv2d(in_channels=in_channels,out_channels=out_channels,
            kernel_size=3,stride=1,padding=1),
        nn.BatchNorm2d(out_channels),
        nn.ReLU()
    )
# 定义 VGGNet
class VGGNet(nn.Module):
    def __init__(self, block_nums=[2,2,3,3,3],num_classes=1000):
```

```
        super(VGGNet, self).__init__()
        # 卷积层，3个输入通道，64个输出通道，层数block_nums[0]
        self.stage1=self._make_layers(in_channels=3,out_channels=64, block_num=block_
nums[0])
        # 卷积层，64个输入通道，128个输出通道，层数block_nums[1]
        self.stage2=self._make_layers(in_channels=64,out_channels=128,
            block_num=block_nums[1])
        # 卷积层，128个输入通道，256个输出通道，层数block_nums[2]
        self.stage3=self._make_layers(in_channels=128,out_channels=256,
            block_num=block_nums[2])
        # 卷积层，256个输入通道，512个输出通道，层数block_nums[3]
        self.stage4=self._make_layers(in_channels=256,out_channels=512,
            block_num=block_nums[3])
        # 卷积层，512个输入通道，512个输出通道，层数block_nums[4]
        self.stage5=self._make_layers(in_channels=512,out_channels=512,
            block_num=block_nums[4])
        self.classifier = nn.Sequential(
            # 全连接层
            nn.Linear(in_features=512*7*7,out_features=4096),
            nn.ReLU(),                  # 激活函数
            nn.Dropout(p=0.2),          # Dropout，概率为0.2
            # 全连接层
            nn.Linear(in_features=4096, out_features=4096),
            nn.ReLU(),                  # 激活函数
            nn.Dropout(p=0.2),          # Dropout，概率为0.2
            # 全连接层
            nn.Linear(in_features=4096, out_features=num_classes)
            )
    def _make_layers(self, in_channels, out_channels, block_num):
        layers = []
        layers.append(Conv3x3BNReLU(in_channels,out_channels))
        for i in range(1,block_num):
        layers.append(Conv3x3BNReLU(out_channels,out_channels))
        layers.append(nn.MaxPool2d(kernel_size=2,stride=2))
        return nn.Sequential(*layers)
    def forward(self, x):
        x = self.stage1(x)
        x = self.stage2(x)
        x = self.stage3(x)
        x = self.stage4(x)
        x = self.stage5(x)
        x = x.view(x.size(0),-1)
```

```
        out = self.classifier(x)
        return out
```

VGGNet 可以看作 AlexNet 的加深版本，它主要研究了网络深度对模型准确度的影响，证明了更深的网络可以更好地进行特征提取。其特点可以汇总为以下几点：

(1) 层数提升至 19 层，探究了卷积神经网络的深度和其特征提取能力之间的关系。

(2) 用小尺寸卷积层堆叠的方式替换大尺寸的卷积层，参数量更少，计算量更低。例如两个 3×3 大小的卷积层可以等效于一个 5×5 大小的卷积层，3 个 3×3 大小的卷积层可以等效于一个 7×7 大小的卷积层。而且可以在卷积层之间增加非线性映射提高模型泛化能力。

(3) 结构十分简洁，整个网络都使用了同样大小的卷积核尺寸 (3×3) 和最大池化尺寸 (2×2)。

(4) 取消了 AlexNet 中提出的 LRN，因为在实践中发现 LRN 的设计会影响卷积神经网络性能。

4. GoogleNet

GoogleNet 由 Google 公司的 Christian 等人设计，在 2014 年的 ILSVRC（和 VGGNet 同年）的比赛中以较大的优势获得图像分类任务冠军。GoogleNet 采用了模块化设计思想，引入了一种新的结构——Inception 模块，这使得 GoogleNet 的网络结构十分复杂。但也得益于 Inception 模块，GoogleNet 在控制参数量的同时还取得了非常好的性能，Top-5 错误率降低到 6.6%。Inception 模块结构如图 7-13 所示。

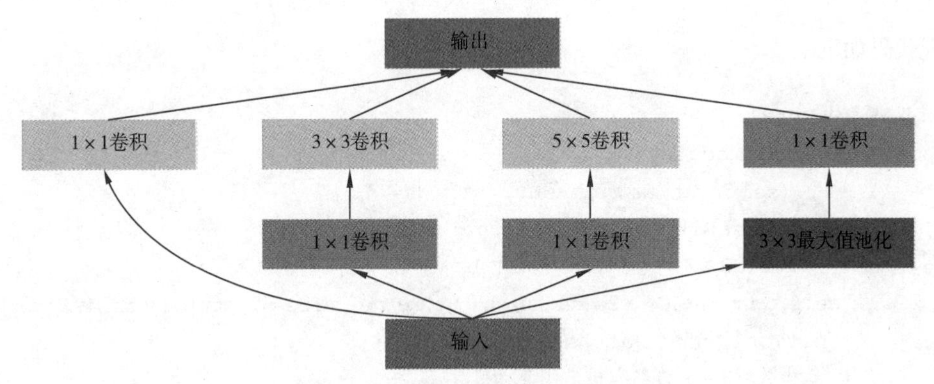

图 7-13　Inception V1 结构

Inception 是一种网中网的结构，即原来的结点也是一个网络。在 Inception 最初的设计中只包含 1×1 卷积、3×3 卷积、5×5 卷积和 3×3 最大值池化，旨在利用不同大小的卷积核提取出不同尺度的特征图，最后进行特征融合。但这种做法会产生巨大的参数量，于是研究团队在原有 Inception 的基础上新增 1×1 卷积用于减少参数量，开发出了 GoogleNet 中使用的 Inception V1。总的来说，GoogleNet 的特点可以汇总为以下几点：

(1) 引入了 Inception 模块，提取出了不同尺度的特征图，并实现特征融合。

(2) 网络最后放弃了全连接层，转而使用平均池化，大大减少了参数量。

(3) 增加了两个辅助分类器帮助训练，使得模型可以更好地收敛。

5. ResNet

VGGNet 将卷积神经网络的深度加深到 19 层，并且证明网络的层数对于模型的识别能力至关重要，层数越深，越能更好地提取特征。GoogleNet 也将网络层数加深至 22 层，但是越深层的网络收敛速度就越慢，当损失值趋于饱和之后甚至会出现梯度爆炸的情况，导致无法收敛，尽管正则化等方法可以缓解此类问题，但又会导致退化现象发生。难道卷积神经网络的层数就要止步于此吗？2015 年，何凯明团队设计了 ResNet 并在同年的 ILSVRC 比赛中夺冠，最引人注意的是，ResNet 最深网络深度达到了 152 层。在 ResNet 中引入了跳连的结构来防止梯度消失的问题，这使得其可以进一步加大网络深度。相比于先前网络从上至下的串联结构，ResNet 可以将输入的特征直接传输到输出层，和经过卷积之后的特征相加，共同组成输出层的一部分。残差结构如图 7-14 所示。

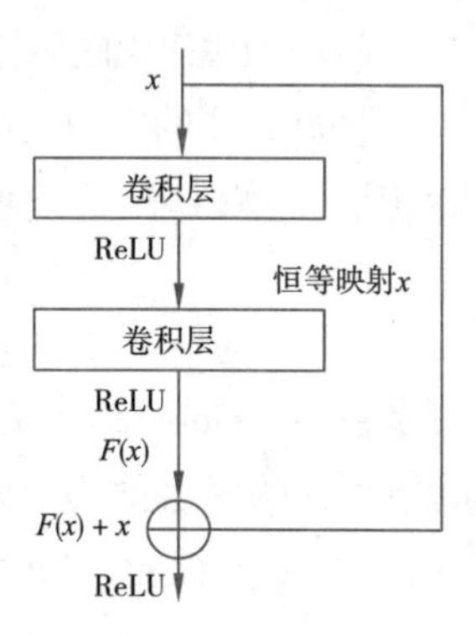

图 7-14　残差结构

实现代码如下：

```
# 定义残差块 ResBlock
class ResBlk(nn.Module):
def __init__(self, ch_in, ch_out, stride=1):
        super(ResBlk, self).__init__()
        # 卷积层，3×3 的卷积核，填充为 1
        self.conv1=nn.Conv2d(ch_in,ch_out,kernel_size=3, stride=stride, padding=1)
        self.bn1 = nn.BatchNorm2d(ch_out)
        # 卷积层，3×3 的卷积核，填充为 1
        self.conv2 = nn.Conv2d(ch_out, ch_out, kernel_size=3, stride= stride,padding=1)
        self.bn2 = nn.BatchNorm2d(ch_out)
        self.extra = nn.Sequential()
    # 利用 1×1 卷积进行通道数调整
    if ch_out != ch_in:
        # [b, ch_in, h, w] => [b, ch_out, h, w]
        self.extra = nn.Sequential(
            nn.Conv2d(ch_in, ch_out, kernel_size=1, stride=stride),
            nn.BatchNorm2d(ch_out))
def forward(self, x):
    out = F.relu(self.bn1(self.conv1(x)))
    out = self.bn2(self.conv2(out))
    out = self.extra(x) + out     # 跳连
```

```
        out = F.relu(out)
        return out
# 实现 ResNet18 模型
class ResNet18(nn.Module):
    def __init__(self):
        super(ResNet18, self).__init__()
        self.conv1 = nn.Sequential(
            nn.Conv2d(1, 64, kernel_size=3, stride=3, padding=0),
            nn.BatchNorm2d(64))
        # 包含四个残差块
        self.blk1=ResBlk(64, 128, stride=2)#[b, 64, h, w]=>[b, 128, h, w]
        self.blk2=ResBlk(128, 256, stride=2)# b, 128, h, w]=>[b, 256, h, w]
        self.blk3=ResBlk(256, 512, stride=2)#[b, 256, h, w]=>[b, 512, h, w]
        self.blk4=ResBlk(512, 512, stride=2)#[b, 512, h, w]=>[b, 512, h, w]
        self.outlayer = nn.Linear(512 * 1 * 1, 10)
def forward(self, x):
    x = F.relu(self.conv1(x)) # [b, 1, h, w] => [b, 64, h, w]
    # [b, 64, h, w] => [b, 512, h, w]
    x = self.blk1(x)
    x = self.blk2(x)
    x = self.blk3(x)
    x = self.blk4(x)
    x = F.adaptive_avg_pool2d(x, [1, 1]) # [b, 512, h, w]=>[b, 512, 1, 1]
    x = x.view(x.size(0), -1)
    x = self.outlayer(x)
    return x
```

ResNet 通过残差学习解决了深度网络的退化问题，可以训练出更深的网络，这称得上是深度网络的一个历史突破。其特点可以汇总为以下几点：

（1）提出了残差结构，并搭建超深的网络结构。

（2）放弃 Dropout，使用 batch normalization 加速训练。

（3）学习结果对网络权重的波动变化更加敏感。

（4）相比 VGG 网络，ResNe 复杂度降低，所需的参数量下降。

（5）网络深度更深，不会出现梯度消失现象。

（6）解决了深层次的网络退化问题：在增加网络层数的过程中，准确率逐渐趋于饱和后，继续增加层数会导致准确率出现下降的现象，而这种下降并非由过拟合造成。

7.5.2　网络模型对比

表 7-1 列举了文中介绍的 5 种经典卷积神经网络的各个指标。包括网络的名称、网络深度、网络的参数量以及该网络在 ImageNet 数据集中的 Top-5 错误率。这些指标也是评判一个网络综合性能的重要标准。

表 7-1　经典卷积神经网络模型对比

模型	最深深度	参数量	Top5 错误率
LeNet5	5 层	12×10^6	—
AlexNet	8 层	60×10^6	15.3%
VGGNet	19 层	144×10^6	7.1%
GoogleNet	22 层	8×10^6	6.6%
ResNet	152 层	22×10^6	4.5%

7.6 项目实战：CIFAR10 图像分类

7.6.1 项目介绍

CIFAR10 数据集 7.1 节已经进行过介绍。下面通过手动搭建一个简单的卷积神经网络完成对 CIFAR10 数据集的分类任务。

7.6.2 实现流程

首先，建立一个 net.py 用于定义网络。

```
import torch
class Net(nn.Module):
def __init__(self):
        super(Net, self).__init__()
        self.conv1 = nn.Conv2d(3, 15, 3)
        self.conv2 = nn.Conv2d(15, 75, 4)
        self.conv3 = nn.Conv2d(75, 375, 3)
        self.fc1 = nn.Linear(1500, 400)       # 输入 2000，输出 400
        self.fc2 = nn.Linear(400, 120)        # 输入 400，输出 120
        self.fc3 = nn.Linear(120, 84)         # 输入 120，输出 84
        self.fc4 = nn.Linear(84, 10)          # 输入 84，输出 10（分 10 类）
def forward(self, x):
        x = F.max_pool2d(F.relu(self.conv1(x)),2)
        x = F.max_pool2d(F.relu(self.conv2(x)), 2)
        x = F.max_pool2d(F.relu(self.conv3(x)), 2)
        x = x.view(x.size()[0], -1)           # 将 375×2×2 的 tensor 打平成 1 维
        x = F.relu(self.fc1(x))               # 全连接层 1500 => 400
        x = F.relu(self.fc2(x))               # 全连接层 400 => 120
        x = F.relu(self.fc3(x))               # 全连接层 120 => 84
        x = self.fc4(x)                       # 全连接层 84 => 10
        return x
```

导入项目所需要的库。

```
import torch.nn as nn
import torch
import torchvision as tv
import torchvision.transforms as transforms
from torchvision.transforms import ToPILImage
from torch.autograd import Variable
import torch.nn as nn
import torch.nn.functional as F
from torch import optim
from net import *
```

数据预处理。

```
# 定义对数据的预处理
transform = transforms.Compose([
    transforms.ToTensor(),     # 转为 Tensor，把灰度范围从 0~255 变换到 0~1，归一化
    transforms.Normalize((0.5, 0.5, 0.5), (0.5, 0.5, 0.5))
])
```

下载训练集和测试集并构建数据加载器。

```
trainset = tv.datasets.CIFAR10(      # 下载训练集
    root="./data",                   # 数据集保存路径
    train=True,
    download=True,                   # 若无数据集则下载
    transform=transform
)

# 下载测试集
testset = tv.datasets.CIFAR10(       # 下载测试集
    root="./data",                   # 数据集保存路径
    train=False,
    download=True,                   # 若无数据集则下载
    transform=transform
)

# 构建数据加载器加载数据
trainloader = torch.utils.data.DataLoader(
    trainset,
    batch_size=4,
    shuffle=True,
 )
```

```
testloader = torch.utils.data.DataLoader(
    testset,
    batch_size=4,
    shuffle=False,
)
```

实例化网络，定义损失函数和优化器。

```
net = Net()                                          # 实例化网络
criterion = nn.CrossEntropyLoss()                    # 交叉熵损失函数
optimizer = optim.SGD(net.parameters(), lr=0.001, momentum=0.9)
                                                     # 优化器：随机梯度下降
```

开始训练。

```
# 训练网络
for epoch in range(8):                               # 训练 8 次
    # 初始损失值
    running_loss = 0.0
    for i, data in enumerate(trainloader, 0):
        # 输入数据
        inputs, labels = data
        inputs, labels = Variable(inputs), Variable(labels)
        # 梯度清零
        optimizer.zero_grad()
        # 输入数据送入网络
        outputs = net(inputs)
        # 计算单个 batch 误差
        loss = criterion(outputs, labels)
        loss.backward()                              # 反向传播
        # 更新参数
        optimizer.step()
        # 打印信息
        running_loss += loss.item()
        if i % 2000 == 1999:                         # 每 2000 个 batch 打印一次训练状态
            print("[%d,%5d]loss:%.3f"\%(epoch+1,i+1,running_loss/2000))
        running_loss = 0.0
```

如图 7-15 所示，训练过程中 loss 值不断下降，证明设置的模型正在“学习”如何对 CIFAR10 数据集进行分类。随着迭代次数的增多，模型会学习到更多 CIFAR10 的特征，但是也要小心过拟合现象的产生。

```
[4, 2000] loss: 0.826
[4, 4000] loss: 0.847
[4, 6000] loss: 0.812
[4, 8000] loss: 0.824
[4,10000] loss: 0.820
[4,12000] loss: 0.806
[5, 2000] loss: 0.657
[5, 4000] loss: 0.674
```

图 7-15　训练过程中的损失值减少

训练完成后，需要对模型进行测试。将测试集中的图片输入到模型中，用模型给出的结果与数据集真实标签进行比对并计算预测正确次数的比例。

```
correct = 0
total = 0
for data in testloader:
    images, labels = data
    outputs = net(Variable(images))
    _, predicted = torch.max(outputs.data, 1)
    total += labels.size(0)                          # 总图片数
    correct += (predicted == labels).sum()           # 记录预测正确的次数
result = torch.true_divide(100*correct,total)
print(f"10000 张测试集中的准确率为 : %.3 %")
```

输出结果：

```
10000 张测试集中的准确率为 :93.634%
```

训练结果还不错，可以利用 torch 中的 save() 函数将训练好的模型保存到指定路径。

```
PATH = './model/CIFAR_net.pth'                       # 设置保存路径
torch.save(net,PATH)                                 # 保存模型
```

7.6.3　结果展示

将训练好的模型保存后，就可以使用训练好的模型进行图像分类。下面是一个简单的例子。

```
import numpy as np
import torch.nn as nn
import torch.nn.functional as F
from torchvision import models, transforms
import matplotlib.pyplot as plt
from net import *
def predict_one_img(img_path, model_path):
```

```
    net = torch.load(model_path)                    # 加载训练好的模型
    img = cv2.imread(img_path)                      # 获取图片
    img = cv2.resize(img, (32, 32))                 # 调整图片大小
    # 将numpy数据变成tensor
    tran = transforms.ToTensor()
    img = tran(img)                                 # 图片送入网络
    img = img.to(device)
    # 将数据变成网络需要的shape
    img = img.view(1, 3, 32, 32)
    out1 = net(img)                                 # 图片送入网络
    out1 = F.softmax(out1, dim=1)
    proba, class_ind = torch.max(out1, 1)
    # 可视化结果
    classes = ("plane","car","bird","cat","deer","dog","frog","horse","ship","truck")
    proba = float(proba)
    class_ind = int(class_ind)
    img = img.cpu().numpy().squeeze(0)
    new_img = np.transpose(img, (1,2,0))
    plt.imshow(new_img)
    plt.title(f"the predict is %{classes[class_ind]} . prob is {proba}")
    plt.show()
```

选择训练好的模型，然后给模型中传入一张图片，调用preict_one_img方法得到预测结果，如图7-16所示。

```
if __name__ == '__main__':
    # 参数设置
    img_path = "cat.jpg "
    model_path = "./model/CIFAR_net.pth"
    predict_one_img(img_path, model_path)
```

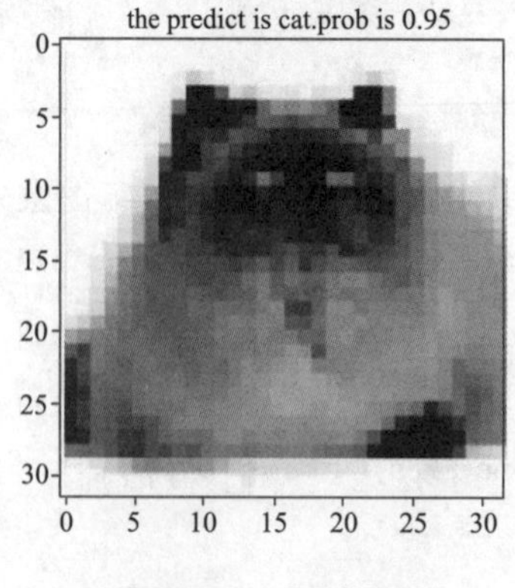

图7-16　预测结果

7.7 项目实战：猫狗大战

7.7.1　项目介绍

猫狗大战是 Kaggle 大数据赛事中一道非常经典的题目。该数据集包含 25 000 张图片，其中猫狗各 12 500 张。对数据集进行划分，取其中 22 500 张图像作为训练集，2 500 张作为测试集，猫狗比重各占一半。下面利用 AlexNet 完成猫狗分类任务。

7.7.2　实现流程

首先，建立 model.py 用于定义网络。

```
import torch.nn as nn
import torch
# 定义 AlexNet
class AlexNet(nn.Module):
    def __init__(self):
        super(AlexNet, self).__init__()
        # 卷积层，3 个输入通道，96 个输出通道，11×11 的卷积核，步长为 4，填充为 0
        self.conv1=nn.Conv2d(in_channels=3,out_channels=96,kernel_size=11,
            stride=4, padding=0)
        # 池化层，3×3 池化核，步长为 2
        self.pool = nn.MaxPool2d(kernel_size=3, stride=2)
        # 卷积层，96 个输入通道，256 个输出通道，5×5 的卷积核，步长为 1，填充为 2
        self.conv2=nn.Conv2d(in_channels=96,out_channels=256,kernel_size=5,
stride=1,padding=2)
        # 卷积层，256 个输入通道，384 个输出通道，3×3 的卷积核，步长为 1，填充为 1
        self.conv3=nn.Conv2d(in_channels=256,out_channels=384,kernel_size=3,
stride=1, padding=1)
        # 卷积层，384 个输入通道，384 个输出通道，3×3 的卷积核，步长为 1，填充为 1
        self.conv4=nn.Conv2d(in_channels=384,out_channels=384,kernel_size=3,
stride=1, padding=1)
        # 卷积层，384 个输入通道，256 个输出通道，3×3 的卷积核，步长为 1，填充为 1
        self.conv5=nn.Conv2d(in_channels=384,out_channels=256,kernel_size=3,
stride=1, padding=1)
        # Dropout 防止过拟合
        self.drop = nn.Dropout(0.5)
        # 3 个全连接层
        self.fc1 = nn.Linear(in_features=9216, out_features=4096)
        self.fc2 = nn.Linear(in_features=4096, out_features=4096)
        self.fc3 = nn.Linear(in_features=4096, out_features=1000)
    def forward(self, x):
```

```
        x = self.pool(F.relu(self.conv1(x)))
        x = self.pool(F.relu(self.conv2(x)))
        x = F.relu(self.conv3(x))
        x = F.relu(self.conv4(x))
        x = self.pool(F.relu(self.conv5(x)))
        x = x.view(-1, self.num_flat_features(x))
        x = self.drop(F.relu(self.fc1(x)))
        x = self.drop(F.relu(self.fc2(x)))
        x = self.fc3(x)
        return x
```

导入项目所需要的库。

```
import os
import json
import torch
import torch.nn as nn
from torchvision import transforms, datasets, utils
import matplotlib.pyplot as plt
import numpy as np
import torch.optim as optim
from tqdm import tqdm
from model import AlexNet
import os
```

参数设置和路径设置。

```
epochs = 20                                             # 迭代次数
save_path = './cat&dog.pth'                             # 模型保存地址
best_acc = 0.0
batch_size = 4
nw = 0                                                  # 多线程设置
data_root = os.path.abspath(os.path.join(os.getcwd(), "../.."))
image_path = os.path.join(data_root, "cat&dog")  # 获取数据集路径
```

数据预处理。

```
data_transform = {            # 设置一个字典，存放训练集和测试集各自的预处理方案
    "train": transforms.Compose([transforms.RandomResizedCrop(224),
        transforms.ToTensor(),
        transforms.Normalize((0.5,0.5,0.5),(0.5,0.5, 0.5))]),
    "val": transforms.Compose([transforms.Resize((224, 224)),
        transforms.ToTensor(),
        transforms.Normalize((0.5, 0.5, 0.5), (0.5, 0.5, 0.5))])}
```

下载训练集和测试集并构建数据加载器。

```
    # 构造数据加载器
    train_dataset = datasets.ImageFolder(root=os.path.join(image_path, "train"),
transform=data_transform["train"])
    # 加载训练集
    train_loader = torch.utils.data.DataLoader(train_dataset,
                                               batch_size=batch_size,
                                               shuffle=True,
                                               num_workers=nw)
    # 将类别标签保存为 json 文件
    list = train_dataset.class_to_idx
    cla_dict = dict((val, key) for key, val in list.items())
    json_str = json.dumps(cla_dict, indent=1)
    with open('class_indices.json', 'w') as json_file:
        json_file.write(json_str)
    # 构造数据加载器
    validate_dataset = datasets.ImageFolder(root=os.path.join(image_path,"val"),
                                               transform=data_transform["val"])
    # 加载测试集
    validate_loader = torch.utils.data.DataLoader(validate_dataset,
                                               batch_size=4,
                                               shuffle=False,
                                               num_workers=nw)
    train_num = len(train_dataset)                  # 获取训练集图片个数
    val_num = len(validate_dataset)                 # 获取测试集图片个数
    print(f" 训练集包含 {train_num} 张图片，测试集包含 {val_num} 张图片。")
```

输出结果：

```
训练集包含 22500 张图片，测试集包含 2500 张图片。
```

实例化模型，选择损失函数和优化器。

```
net = AlexNet(num_classes=2, init_weights=True).to(device)      # 实例化网络
loss_function = nn.CrossEntropyLoss()                           # 交叉熵损失函数
optimizer = optim.Adam(net.parameters(), lr=0.01)               # 优化器：自适应矩估计
```

训练模型并验证结果。

```
train_steps = len(train_loader)
for epoch in range(epochs):
    # 训练
    net.train()                                 # 启用 Batch Normalization 和 Dropout
    running_loss = 0.0
```

```
    train_bar = tqdm(train_loader)
    for step, data in enumerate(train_bar):
        images, labels = data
        optimizer.zero_grad()       # 梯度清零
        outputs = net(images.to(device))
        loss = loss_function(outputs, labels.to(device))     # 计算损失
        loss.backward()             # 反向传播
        optimizer.step()            # 参数更新
        # print statistics
        running_loss += loss.item()
        train_bar.desc = f"train epoch[{epoch + 1}/{epochs}] loss:{loss}"
    # 测试
    net.eval()                      # 不启用 Batch Normalization 和 Dropout
    acc = 0.0
    with torch.no_grad():
    val_bar = tqdm(validate_loader)
    for val_data in val_bar:
        val_images, val_labels = val_data
        outputs = net(val_images.to(device))
        predict_y = torch.max(outputs, dim=1)[1]
        acc += torch.eq(predict_y, val_labels.to(device)).sum().item()
        val_accurate = acc / val_num
    print(f'{epoch+1}train_loss:{running_loss/train_steps}  val_accuracy:{val_accurate}')
```

保存训练好的模型。

```
if val_accurate > best_acc:         # 保存准确率最高的模型
    best_acc = val_accurate
    torch.save(net, save_path)
```

7.7.3 结果展示

训练完成后，可以写一个简单的测试文件，利用保存的模型预测猫狗图片。

```
import os
import json
import torch
from PIL import Image
from torchvision import transforms
import matplotlib.pyplot as plt
device = torch.device("cuda:0" if torch.cuda.is_available() else "cpu")
def preict_one_img(img_path, model_path):
data_transform = transforms.Compose([
                        transforms.Resize((224, 224)),
```

```
                                transforms.ToTensor(),
                                transforms.Normalize((0.5,0.5,0.5),(0.5,0.5,0.5))])
    # 加载图片
    img = Image.open(img_path)
    plt.imshow(img)
    img = data_transform(img)                          # 数据预处理
    img = torch.unsqueeze(img, dim=0)
    class_indict = {'0': 'Cat', '1': 'Dog'}
    # 加载模型
    model = torch.load(model_path)
    model.eval()
    with torch.no_grad():
        output = torch.squeeze(model(img.to(device))).cpu()
        predict = torch.softmax(output, dim=0)
        predict_cla = torch.argmax(predict).numpy()
    # 预测结果
    print_res=f"class:{class_indict[str(predict_cla)]}prob:{predict[predict_cla].numpy()}"
    plt.title(print_res)
```

选择训练好的模型，然后给模型传入一张图片，调用 preict_one_img() 方法得到预测结果，如图 7-17 所示。

```
if __name__ == '__main__':
    # 参数设置
    img_path = "cat.jpg"
    model_path = "./cat&dog.pth"
    preict_one_img(img_path, model_path)
```

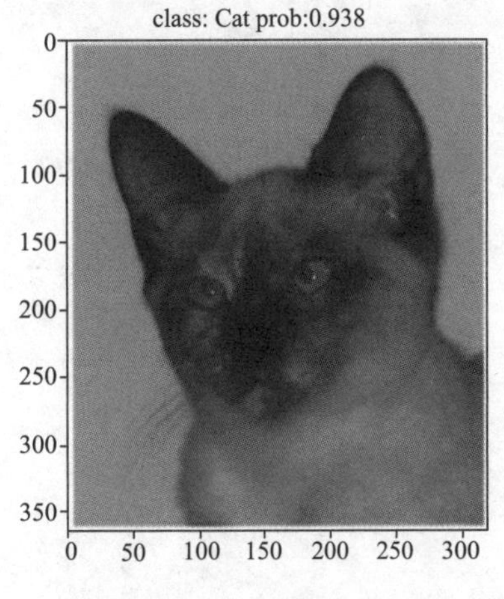

图 7-17　预测结果

小　结

本章首先根据全连接网络的缺陷引出了更合理的神经网络结构——卷积神经网络。其次简单描述了卷积神经网络的特点和各个组件。然后对经典的卷积神经网络结构进行了介绍和分析。最后通过实战项目进一步向读者展示图像分类任务的实现方法。

习　题

1. 相较于全连接网络，卷积神经网络的优势体现在哪些地方？
2. 给定卷积核的尺寸、Stride 以及 Padding，如何计算输出特征图的大小。
3. 激活函数的引入是为了解决哪些问题？列举常用的激活函数，并阐述它们各自的特点。
4. 解释梯度消失问题产生的原因以及解决方法。
5. 动手实现文中提到的经典卷积神经网络结构，并计算它们的参数量。
6. 自己动手，完成鲜花分类任务。

第8章 目标检测

在计算机视觉众多的技术领域中，目标检测是一项非常基础的任务，图像分割、物体追踪、关键点检测等通常都要依赖于目标检测。由于每张图像中物体数量、大小及姿态各有不同，使得物体检测一直是一个流行但是极具挑战性的任务。本章重点介绍一阶段二阶段算法的流程以及不同点。

思维导图

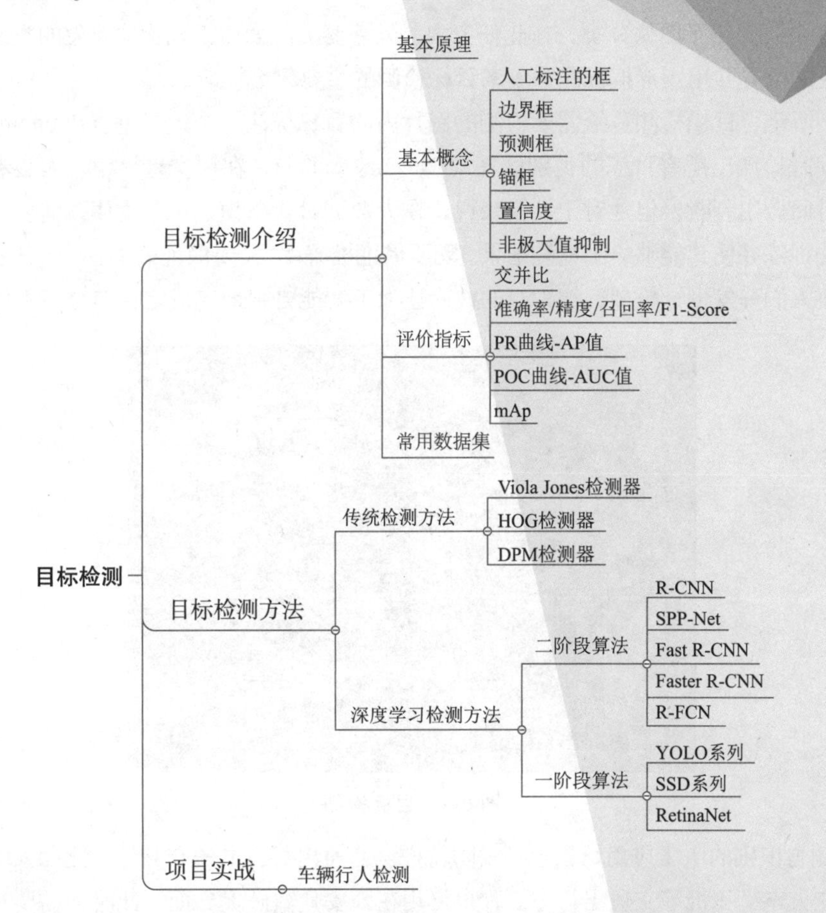

视　频

目标检测

学习目标

- 了解目标检测的相关概念和意义；
- 了解当下目标检测方法的种类；
- 掌握目标检测一阶段算法；
- 掌握目标检测二阶段算法。

8.1 目标检测介绍

8.1.1 基本原理

随着计算机技术的发展和计算机视觉原理的广泛应用，利用计算机图像处理技术对目标进行实时跟踪的研究越来越热门，目标检测成为当下计算机视觉领域的重点研究任务之一。我们不再满足于让计算机"看"东西，还要求对"看"到的东西进行反馈。目标检测要做的就是代替人类的眼睛，通过模拟生物体视觉所构建的卷积神经网络模型对图片标出检测框进行检测识别，并将检测结果反馈。

在第7章中，介绍了图像分类，在此任务中，只需要关注如何识别物体对象的类别。但是如何确定物体对象的位置并用矩形框标注是本章目标检测的主要研究内容。

如图8-1所示，目标检测是给需要检测的图片内的目标标注一个边界框（Bounding Box）进行目标定位，同时检测出所有目标的类别标签（Category Label）。在现实世界中，人眼看到的东西大脑能够第一时间做出判断，但是对于机器来说，在大数据时代下识别一个物体，需要人类对机器进行足够的认知训练并使其能够给出检测结果。既要保证准确率，又要保证效率。对于开发人员来说，目标检测需要人们开发设计模型，探索新的技术让人工智能自主地完成定位与分类工作。

图8-1 目标检测

目标检测与识别的主要应用场景包括安防监控、交通出行、电子商务等。比如人脸检测与识别技术可应用在火车、飞机等交通出行方面，也可用在公安侦察破案方面，此时便需要对相机中获取的图片进行人脸检测与识别，确认图中人员是否为本人或嫌疑人。除此之外，近年来随着人工智能的发展，智能化城市的建设为目标检测任务的研究开拓了更多新的道路，如自动驾驶、无人超市、智能机器等。

早期传统目标检测方法通常采用手工构建特征与机器学习分类器结合的方法进行检测。由于传统方法提取的特征存在局限性，产生候选区域的方法需要大量的计算开销，检测的精度和速度远远达不到实际应用的要求，这使得传统目标检测技术研究陷入了瓶颈。

近些年基于深度学习的目标检测算法形成两大类别：二阶段目标检测算法和一阶段目标检测算法。二阶段算法又称基于候选区域的目标检测算法，将目标检测问题分成两个阶段：一是生成候选区域（Region Proposal）；二是把候选区域放入分类器中进行分类并修正位置。一阶段算法也成为基于回归的目标检测算法，直接对预测的目标物体进行回归。

在当下以及未来的研究中，目标检测需要考虑的东西很多，远比目标分类任务复杂。目标具有多样性，环境也具有多样性，检测目标很可能会出现在复杂凌乱的环境中，或者颜色与目标物相似的背景下。另外，由于进行目标检测时各类物体存在外观、形状、姿态等的差异，加上成像时光照，遮挡等因素的干扰，该项任务在研究领域内仍有非常大的研究空间。

8.1.2 基本概念

1. 人工标注的框（ground truth box，GT）

ground truth box 是指人工标注的框，又称真实框。在目标检测中，用于人工标注数据集中目标物体对应的边界框。模型预测出来的框需要与人工标记的框进行比较，从而对模型的检测效果进行评估。

2. 边界框（ bounding box，bbox）

bounding box 是指在原图像中圈出目标的矩形框。

3. 预测框（prediction box）

模型预测出来的可能包含物体的边界框。

4. 锚框（anchor）

anchor 与边界框不同，是人们假想出来的一种框，如图 8-2 所示，以某种规则生成一系列边界框，经过调参成为预测框。

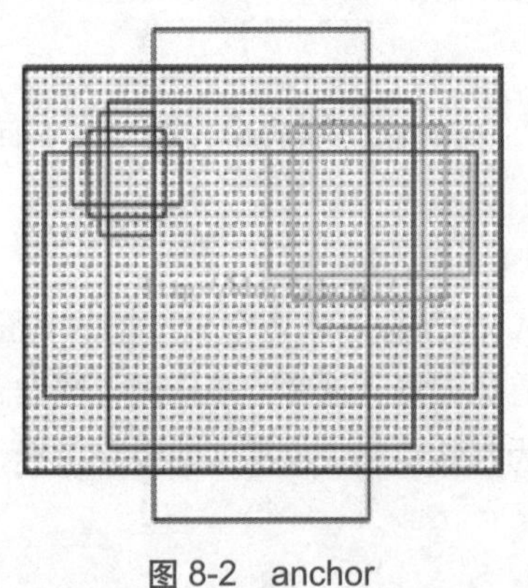

图 8-2 anchor

5. 置信度（confidence）

置信度又称可靠度，数值介于 0 ～ 1，用来描述和确认当前检测目标所属某个类别的概率，是目标检测中非常重要的一个评价指标，模型中的分类器会给出某个目标的类别置信度，置信度越高，预测结果和实际结果就越符合。

6. 非极大值抑制（Non-Maximum Suppression，NMS）

非极大值抑制即去除不是最大值的结果。在目标检测任务中，最终目的是从一张图片中圈出多个可能是物体的矩形框，然后对每个框分类。如图 8-3 所示，当模型生成多个检测框时，可能会出现多个框重复定位到一个目标的情况，此时需要根据框的置信度或定位精度筛选去除冗余的框，只保留最合适的一个，该过程可以理解为局部最大值搜索。

图 8-3　经过 NMS 处理前后对比

例如，假设有六个矩形框识别同一只小鸟，按照分类器给出的分类概率进行排序，由小到大依次为：A<B<C<D<E<F。然后进行下列操作：

（1）选择最大概率的 F 作为目标框。

（2）分别计算 A、B、C、D、E 与 F 的 IoU 值并与阈值进行比较。

（3）扔掉 IoU 值超过阈值的矩形框，假设第一轮 A 和 E 的 IoU 值≥设定阈值，那么扔掉 A 和 E，并将 F 框保留下来。

（4）从剩下的框中选择 IoU 值最大的框作为新的目标框，这里是 D。然后分别计算 B、C 与 D 的 IoU 值，大于等于阈值扔掉，并标记 D 为第二个保留下来的框。

（5）重复上述操作，直到扔掉所有多余的框结束。

8.1.3　评价指标

目标检测常用的评价指标有：交并比、准确率、精度、召回率、F1-Score，PR 曲线 -AP 值、ROC 曲线 -AUC 值和 mAP 值。

1. 交并比（Intersection-over-Union，IoU）

目标检测中经常还会用到 IoU 的概念表示两个矩形框的重叠程度，实质就是它们相交部分的面积除以它们合并部分的面积，值越大重叠越多，即检测得越准。IoU 是用来衡量模型生成的 bbox 准确性的重要指标，也可以理解为判断模型定位精度的重要指标，最理想的状态是两个框完全重叠在一起的情况，如图 8-4 所示。

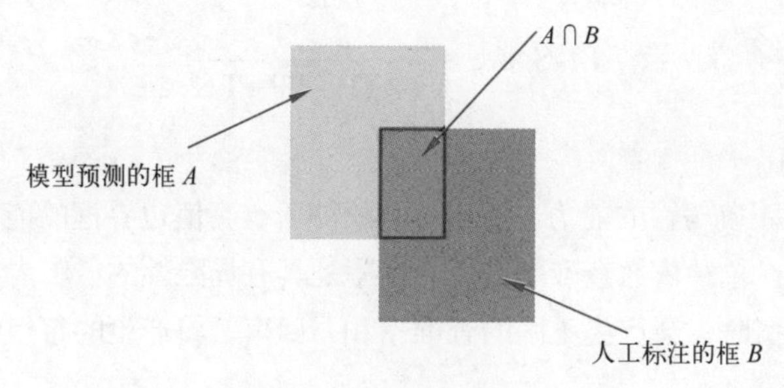

图 8-4　交并比

$$\text{IoU}=\frac{A\cap B}{A\cup B} \tag{8-1}$$

在目标检测中，包含目标的边界框即为正样本，没有包含检测目标的边界框即为负样本。比如行人检测任务，标注出路上所有行人的 bbox 就是正样本，而圈出路上的垃圾桶、狗、自行车的 bbox 就是负样本。在计算过程中提前设定一个阈值 t，通过比较 IoU 与 t 的大小判断检测的正确与否，如果 IoU ≥阈值则认为检测正确，如果 IoU< 阈值则认为检测错误，当两个框重叠时 IoU ＝ 1，此时表明模型检测最准确。

2. 准确率 / 精度 / 召回率 / F1-Score

TP（True Positive）：正确的正样本，指检测模型正确检测出了目标，也可以表示是 IoU ≥阈值时的边界框。

FP（False Negative）：错误的正样本，指模型出现了误判，误将其他物体或背景元素当作了目标，可以表示是 IoU< 阈值时的边界框。

TN（True Negative）：正确的负样本，指模型正确地判断出了目标以外的其他物体。

FN（False Positive）：错误的负样本，指模型误把样本当作了其他物体。

准确度（Accuracy，Acc）：在所有预测中预测正确的概率。

$$\text{Acc}=\frac{\text{TP}+\text{TN}}{\text{TP}+\text{TN}+\text{FP}+\text{FN}} \tag{8-2}$$

精确率（查准率，Precision）：正确的正预测的百分比，指模型正确判断的样本数占实际被检测出的比值。

$$\text{Precision}=\frac{\text{TP}}{\text{TP}+\text{FP}} \tag{8-3}$$

召回率（查全率，ReCall）：所有真实目标中，正确的正样本被检测出来的概率。指模型正确判断的样本数占应该被检索到的样本总数的比值。

$$\text{ReCall}=\frac{\text{TP}}{\text{TP}+\text{FN}} \tag{8-4}$$

F1-Score：F1-Score 是统计学中用来衡量二分类模型精确度的一种指标。它同时兼顾了分类模型的精确率和召回率。

$$\text{F1-Score} = \frac{2\times\text{TP}}{2\times\text{TP}+\text{FP}+\text{FN}} \tag{8-5}$$

3. PR 曲线 -AP 值

精准率是模型识别正确与否的能力，召回率是检测所有真值边界框的能力，一般情况下精准率越高，召回率反而越低。单独依靠查准率或者召回率是具有局限性的，二者结合才能得到更准确的评价。当选取不同的阈值时，会产生不同的查准率和召回率，将产生的每组结果结合到坐标系中就形成了 PR 曲线。

评估标准：如果模型的精度越高，且召回率越高，那么模型的性能自然也就越好，反映在 PR 曲线上就是 PR 曲线下面的面积越大，模型性能越好。将 PR 曲线下的面积定义为 AP（Average Precision）值，反映在 AP 值上就是 AP 值越大，说明模型的平均准确率越高。

4. ROC 曲线 -AUC 值

假正率（False Positive Rate，FPR）：指的是所有错误样本中，误认为是正样本的概率。

$$\text{FPR}=\frac{\text{FP}}{\text{FP}+\text{TN}} \tag{8-6}$$

真正率（True Positive Rate，TPR）：指的是所有正样本中预测正确的概率。

$$\text{TPR}=\frac{\text{TP}}{\text{TP}+\text{FN}} \tag{8-7}$$

ROC 曲线就是 RPR 和 TPR 的曲线。以 FPR 为横坐标，TPR 为纵坐标，可绘制 ROC 曲线如图 8-5 所示。

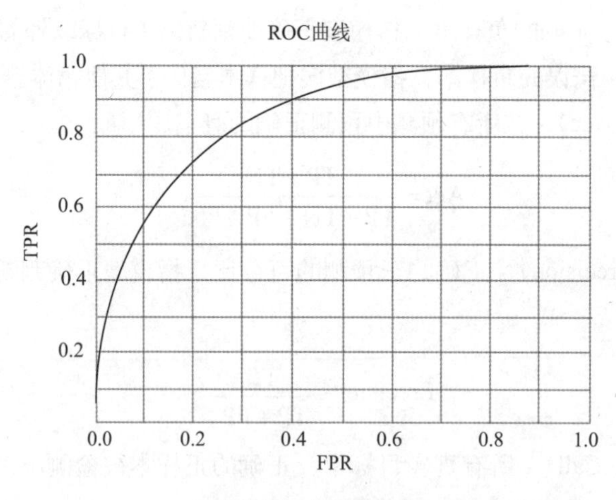

图 8-5　ROC 曲线

评估标准：当 TPR 越大，FPR 越小时，说明模型分类结果越好，反映在 ROC 曲线上就是 ROC 曲线下面的面积越大，模型性能越好。将 ROC 曲线下的面积定义为 AUC（Area Under Curve）值，反映在 AUC 值上就是 AUC 值越大，说明模型对正样本分类的结果越好。

5. mAP（mean Average Precision）

mAP 是平均精度均值，目标检测中评价模型识别精度的重要指标。在目标检测中，一个模型通常会检测很多种物体，那么每一类都能绘制一个 PR 曲线，进而计算出一个 AP 值，而多个类别的 AP 值的平均就是 mAP。

评估标准：mAP 衡量的是模型在所有类别上的好坏，属于目标检测中一个最为重要的指标，一般看论文或者评估一个目标检测模型，都会看这个值，这个值（0 ~ 1 范围区间）越大越好。

8.1.4 常用数据集

在目标检测中进行模型评估时一般会根据模型功能和使用场景的不同选择合适的数据集，下面对几种常见目标检测数据集进行介绍。

1. PASCAL VOC

PASCAL VOC 数据集主要用于目标检测和分类任务，其中包含了 20 个常见的类别：人类、动物（鸟、猫、牛、狗、马、羊）、交通工具（飞机、自行车、船、公共汽车、小轿车、摩托车、火车）、室内（瓶子、椅子、餐桌、盆栽植物、沙发、电视）。如图 8-6 所示，平均每张图片有 2.4 个目标，目前使用最广泛的主要是 PASCAL VOC 2007 和 PASCAL VOC 2012 两个版本的数据集。

图 8-6 PASCAL VOC 2007 和 2012

2. ImageNet

ImageNet 数据集是由斯坦福大学和普林斯顿大学的科学家模拟人类的视觉识别系统创建的，其由专业的计算机视觉领域科研人员维护，文档详细，应用广泛，现在几乎成为目前深度学习图像领域算法性能检验的“标准”数据集。用于图像分类、目标检测和定位等任务，包含 1 400 多万张图片，2 万多个类别。

3. MS COCO

MS COCO 数据集首次发布于 2015 年，是由微软公司开发维护的大型图像数据集，该数据集可用于目标检测、语义分割、人体关键点检测和字幕生成等任务，包含 20 万个图像，80 个类。如图 8-7 所示，该数据集收集了大量包含常见物体的日常场景图片，并提供像素级的实例标注以更精确地评估检测和分割算法的效果，致力于推动场景理解的研究进展。相比于 ImageNet，它具有更多的图片包含更丰富的目标和场景，小目标比较多，对模型的定位能力要求比较高。

4. Open Images

Open Images 数据集是由谷歌发布的，后期对它进行了多次更新，用于对图像分类、目标检测、视觉关系检测和实例分割等任务，它由 920 万张图片组成。在目标检测任务中，Open Images 有

1 600 万个包围框，包含 190 万张图像上的 600 个类别，这使它成为具有对象位置注释的现有最大的数据集，如图 8-8 所示。

图 8-7　MS COCO 数据集

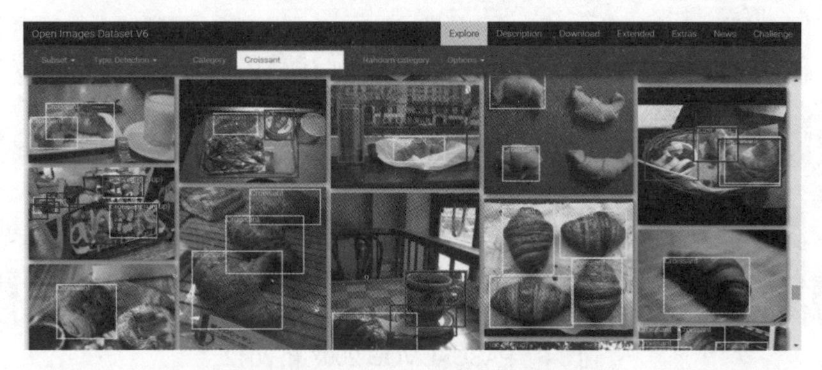

图 8-8　Open Images 数据集

5. DOTA

DOTA 数据集常用于遥感航空图像的检测，包含 2 806 张航空图片，其中包含着不同尺度大小，不同目标稀疏程度的多样性图片，图片的尺寸从 800 × 800 到 4 000 × 4 000 不等，如图 8-9 所示。

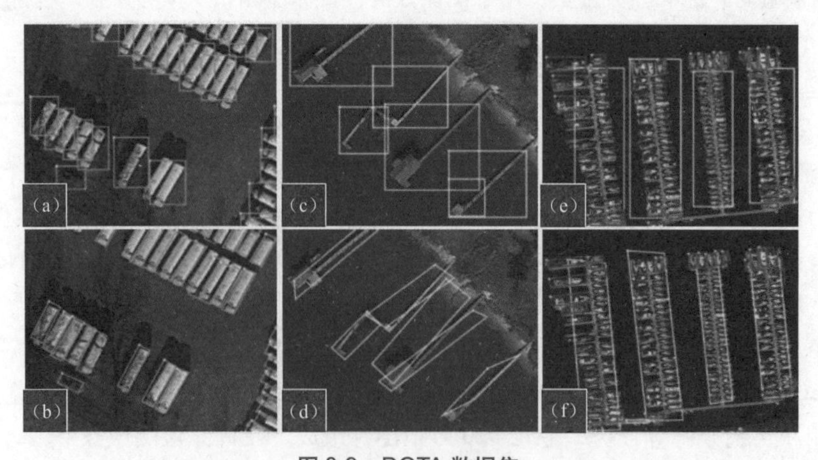

图 8-9　DOTA 数据集

8.2 目标检测方法

8.2.1 传统检测方法

传统的目标检测方法首先通过类似穷举的滑动窗口方式或图像分割技术生成大量的候选区域，然后对每个候选区域提取图像特征（包括 HOG、SIFT、Haar 等），并将这些特征传递给一个分类器（如 SVM、Adaboost 和 Random Forest 等）用来判断该候选区域的类别。

小贴士

滑动窗口方式：设定好边界框（Bounding Box）的大小，扫描图片后生成子图片，由于图片中的物体大小不一样，这也意味着每个检测框的大小也不一样，所以就要提前设定 M 个检测窗口，每个窗口滑动提取 N 张图片，总共 $M \times N$ 张图片。每张图片通过转换压缩变形等手段固定成大小一样的图像，然后输入 CNN 分类器提取特征。

在传统目标检测方法中，如下三种检测器对目标检测技术的发展产生了深远影响。

1. Viola Jones（VJ）检测器

Viola Jones 检测器是 P.Viola 和 M.Jones 针对人脸检测场景提出的。在同等的算法精度下，Viola Jones 检测器比同时期的其他算法有几十到上百倍的速度提升。Viola Jones 检测器采用最直接的滑动窗口方法，检测框遍历图像上所有的尺度和位置，查看检测框是否包含人脸目标。这种滑动窗口看似简单，却需要耗费非常多的计算时间。Viola Jones 检测器的优势在于使用了积分图像、特征筛选、级联检测等策略，使得算法速度有了巨大的提升。该检测器使用 Hear 特征，通过积分图像的技巧，大幅减少了特征的重复计算。在特征选择上，Viola Jones 检测器基于 Adaboost 方法，从大量特征中选出若干适合检测任务的特征。在检测过程中，Viola Jones 检测器使用检测步骤级联的方式，更聚焦于目标的确认，避免在背景区域耗费过多的计算资源。

2. HOG 检测器

HOG（Histogram of Oriented Gradients，梯度方向直方图）检测器于 2005 年提出，是当时尺度特征不变性（Scale Invariant Feature Transform）和形状上下文（Shape Contexts）的重要改进，为了平衡特征不变性（包括平移、尺度、光照等）和非线性（区分不同的对象类别），HOG 描述器被设计为在密集的均匀间隔单元网格（称为“区块”）上计算，并使用重叠局部对比度归一化方法提高精度。

3. DPM 检测器

DPM（Deformable Part Model，可变形组件模型）是一种基于组件的检测算法，由 P.Felzenszwalb 于 2008 年提出，后来 R.Girshick 对其进行了多项重要改进。DPM 在特征层面对经典的 HOG 特征进行了扩展，也使用了滑动窗口方法，基于 SVM 进行分类，其核心思想是将待检测目标拆分成一系列部件，把检测一个复杂目标的问题转换成检测多个简单部件的问题。

8.2.2 深度学习检测方法

当前基于深度学习的目标检测方法主要分为两类：二阶段算法和一阶段算法，如图 8-10 所示。

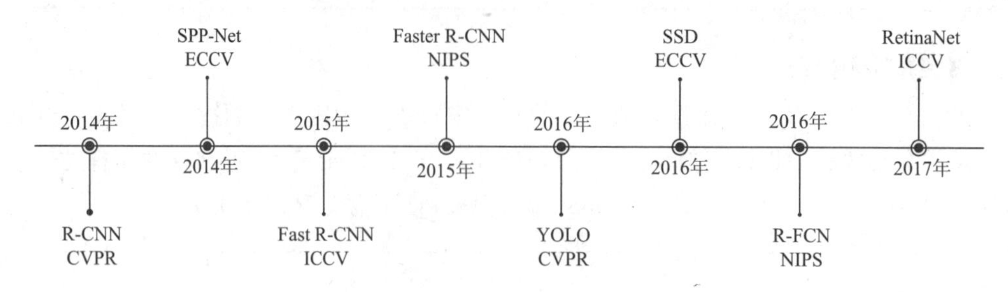

图 8-10 目标检测算法时间轴

二阶段算法指的是检测算法需要分两步完成，先由算法生成一系列提取物体的候选区域（Region Proposal），再通过卷积神经网络进行目标样本分类识别，最后出结果。常见的二阶段算法有：R-CNN、SPP-Net、Fast R-CNN、Faster R-CNN、R-FCN 等。

一阶段算法指的是在检测过程中一步到位，不需要提前提取候选区域，能够直接通过一个神经网络分析步骤检测出输入图片中物体的类别和位置信息的算法。常见的一阶段算法有：YOLO 系列、SSD 系列、RetinaNet 等。

8.3 目标检测二阶段算法

8.3.1 R-CNN

利用深度卷积神经网络进行目标检测的标志性工作就是 ROSS 提出的 R-CNN（Region-CNN）。R-CNN 开创了一个新的研究方向，它首次将卷积神经网络用于目标检测，是典型的双阶段目标检测器。R-CNN 包含多个组成部分，首先由传统的区域搜索算法——选择性搜索算法得到目标候选区域，然后将候选区域送入深度卷积神经网络进行目标的特征提取，在得到目标的特征以后将特征输入支持向量机进行目标分类，最后通过边界回归得到更精确的目标区域。

图 8-11 展示了 R-CNN 算法流程。具体来说，R-CNN 包括以下四个步骤：

（1）对输入图像使用选择性搜索（Search Selective）方法提取出大约 2 000 个区域建议。这些区域建议通常是在多个尺度下选取的，并具有不同的形状和大小。每个区域建议都将被标注类别和真实边界框。

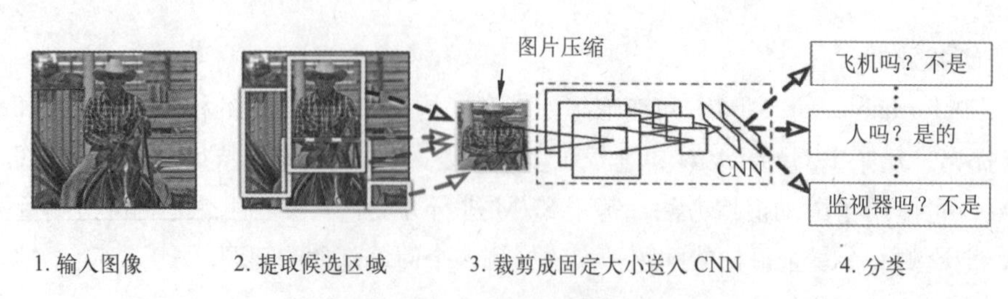

图 8-11 R-CNN 算法流程

(2) 选择一个预训练的 CNN 卷积神经网络，并将其在输出层之前截断。将每个区域建议变形为网络需要的输入尺寸，并通过前向传播输出抽取的区域建议特征。

(3) 将每个区域建议的特征连同其标注的类别作为一个样本。训练多个 SVM 支持向量机对目标分类，其中每个支持向量机用来判断样本是否属于某一个类别。

(4) 将每个区域建议的特征连同其标注的边界框作为一个样本，训练线性回归模型来预测真实边界框。

上述流程可以归纳为：R-CNN= 选择性搜索 +CNN 特征 +SVM 分类、边框回归。

尽管 R-CNN 模型通过预训练的卷积神经网络有效地抽取了图像特征，但它的速度很慢。想象一下，可能从一张图像中选出上千个区域建议，这需要上千次卷积神经网络的前向传播来执行目标检测。这种庞大的计算量使得 R-CNN 在现实世界中难以被广泛应用。

小贴士

选择性搜索方法：

(1) 按照一定的规则生成区域集 R。

(2) 计算 R 中每个相邻区域的相似度 $S=\{s_1,s_2,\cdots\}$。

(3) 找相似度最高的两个区域，将其合并为新集，填进 R。优先合并颜色相近、纹理相近、合并后总面积最小、合并后总面积在其 bbox 中占的比例大的。

(4) 从 S 中移除所有步骤 3 中有关的子集。

(5) 计算新集与所有子集的相似度。

(6) 跳转至步骤 3，直至 S 为空。

8.3.2　SPP-Net

SPP-Net（空间金字塔网络）检测算法是在 R-CNN 的基础上提出来的，由于 SVM 分类器和线性回归器都只接受固定大小的特征输入，当我们检测各种尺寸的图片时，就需要裁剪缩放等操作，这些操作在一定程度上都会降低图片的完整性，影响识别精确度。

SPP-Net 发现在 R-CNN 当中使用选择性搜索方法生成的所有候选区域都要进行一次卷积运算进行图像分类，这样实在是太耗费时间，因此在 SPP-Net 当中省略掉了生成候选区域这一步，直接将图像做一次卷积运算。不仅如此，SPP-Net 还在最后一个卷积层后，加入了金字塔池化层（SPP 层），使用这种方式，可以让网络输入任意的图片，而且还会生成固定大小的输出。

图 8-12 展示了 SPP-Net 的网络结构，具体来说，SPP-Net 包括 4 个步骤：

(1) 通过选择性搜索，从待检测的图片中提取出 2 000 个边界框，这一步和 R-CNN 是一样的。

(2) 特征提取，将整张待检测的图片，输入 CNN 中得到特征图。

(3) 对各个边界框采用金字塔空间池化，提取出固定长度的特征向量。

(4) 后面的步骤与 R-CNN 一样，使用 SVM 和边框回归。

SPP-Net 与 R-CNN 对比，R-CNN 遍历一个 CNN 2 000 次，而 SPP-Net 只遍历了 1 次，速度会大大提升。

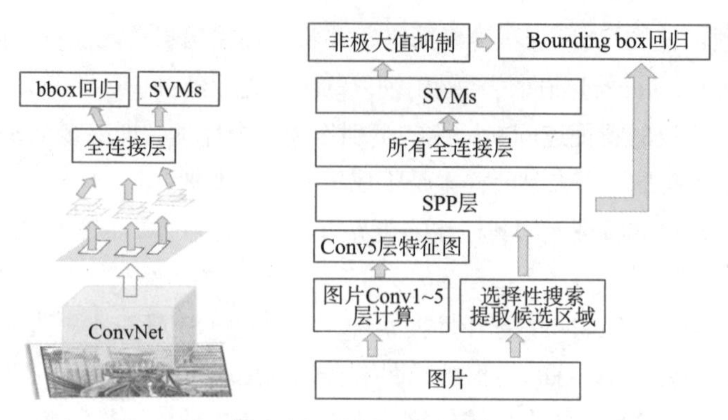

图 8-12　SPP-Net 网络

8.3.3　Fast R-CNN

如图 8-13 所示，受 SPP-Net 启发，Fast R-CNN 对前边的网络结构进行了一定的改进，Fast R-CNN 用全连接网络代替了 SVM 分类器，用 RoI 池化层代替了金字塔空间池化，这个神奇的网络层可以把不同大小的输入映射到一个固定尺度的特征向量。

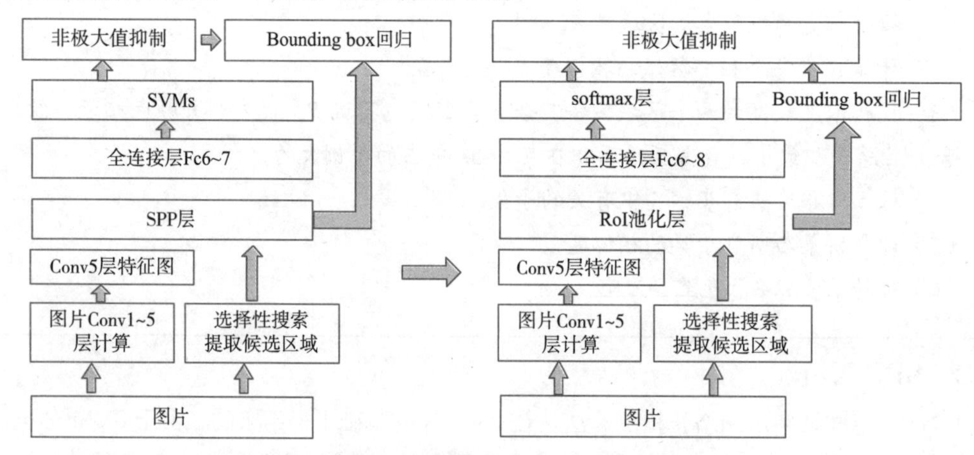

图 8-13　SPP-Net 与 Fast R-CNN

图 8-14 中描述了 Fast R-CNN 算法流程。其主要步骤如下：

（1）任意尺度的图片输入到 CNN 网络，经过若干卷积层与池化层，得到特征图。

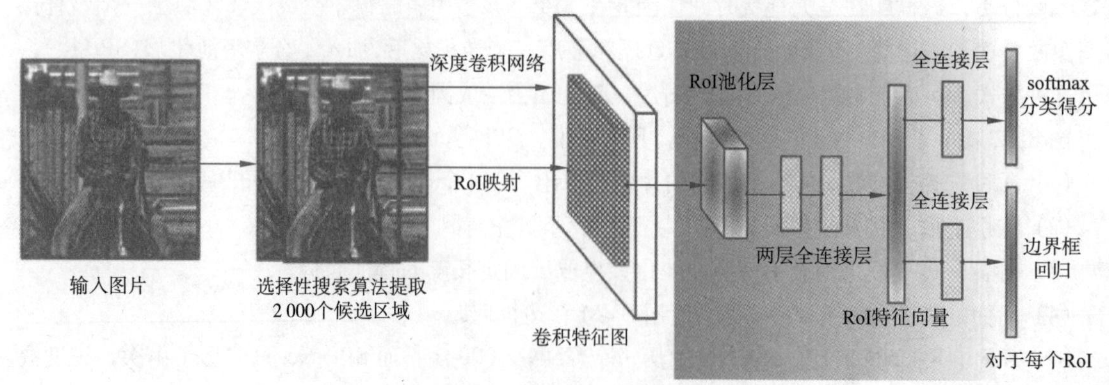

图 8-14　Fast R-CNN 算法流程

（2）在任意尺寸的图片上采用选择性搜索算法提取约 2 000 个建议框。

（3）根据原图中建议框到特征图映射关系，在特征图中找到每个建议框对应的特征框，深度和特征图一致，并在 RoI 池化层中将每个特征框池化到 $H \times W$ 的尺寸大小。

（4）固定 $H \times W$ 大小的特征框经过全连接层得到固定大小的特征向量。

（5）第（4）步所得特征向量经由各自的全连接层，分别得到两个输出向量：一个是 softmax 的分类得分；一个是边界框回归。

（6）利用窗口得分分别对每一类物体进行非极大值抑制剔除重叠建议框，最终得到每个类别中回归修正后得分最高的窗口。

上述流程可以归纳为：Fast R-CNN=CNN 特征 + 选择性搜索 + RoI 池化层 + Softmax、Bounding box。

8.3.4 Faster R-CNN

虽然 Fast R-CNN 的效果逐渐接近实时目标检测，但它的候选区域的生成仍然速度非常慢，有时测一张图片，大部分时间不是花费在计算神经网络分类上，而是花在选择性搜索方法提取框上。如图 8-15 所示，Faster R-CNN 的作者使用 RPN（Region Proposal Network，区域候选网络）取代了选择性搜索，不仅速度得到了大大提高，而且还获得了更加精确的结果。在 RPN 中，通过采用 anchors 解决边界框列表长度不定的问题。从 R-CNN 到 Fast R-CNN，再到 Faster R-CNN，目标检测的四个基本步骤（候选区域生成、特征提取、分类、边框回归修正）终于被统一到一个深度网络框架之内。

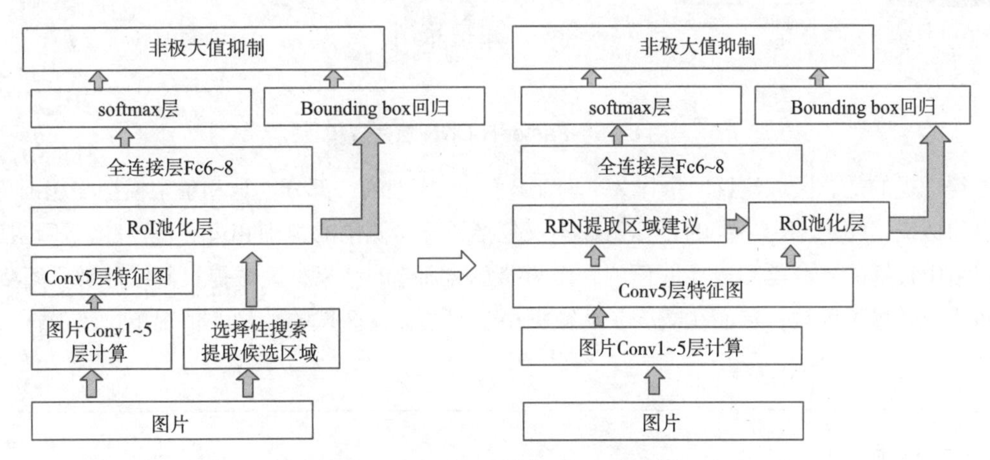

图 8-15　Fast R-CNN 与 Faster R-CNN

图 8-15 中描述了 Faster R-CNN 算法流程。其主要步骤如下：

（1）向 CNN 特征提取网络中输入任意大小图片提取特征，该特征图被共享用于后续 RPN 层和全连接层。

（2）经过 CNN 网络前向传播至最后共享的卷积层，一方面得到供 RPN 网络输入的特征图，另一方面继续前向传播至特有卷积层，产生更高维特征图。

（3）供 RPN 网络输入的特征图经过 RPN 网络得到区域建议和区域得分，并对区域得分采用非极大值抑制，输出其得分的区域建议给 RoI 池化层。

（4）第（2）步得到的高维特征图和第（3）步输出的区域建议同时输入 RoI 池化层，提取对应区域建议的特征。

（5）第（4）步得到的区域建议特征通过全连接层后，输出该区域的分类得分以及回归后的 Bounding box。

Faster R-CNN 可以简单地看作“区域生成网络（RPN）+Fast R-CNN”的系统，如图 8-16 所示。它主要由四个模块组成：特征提取网络用于提取图像特征；RoI Pooling 层将不同大小的候选区域特征进行归一化输出；RPN 根据图像特征生成目标的候选区域；分类回归。

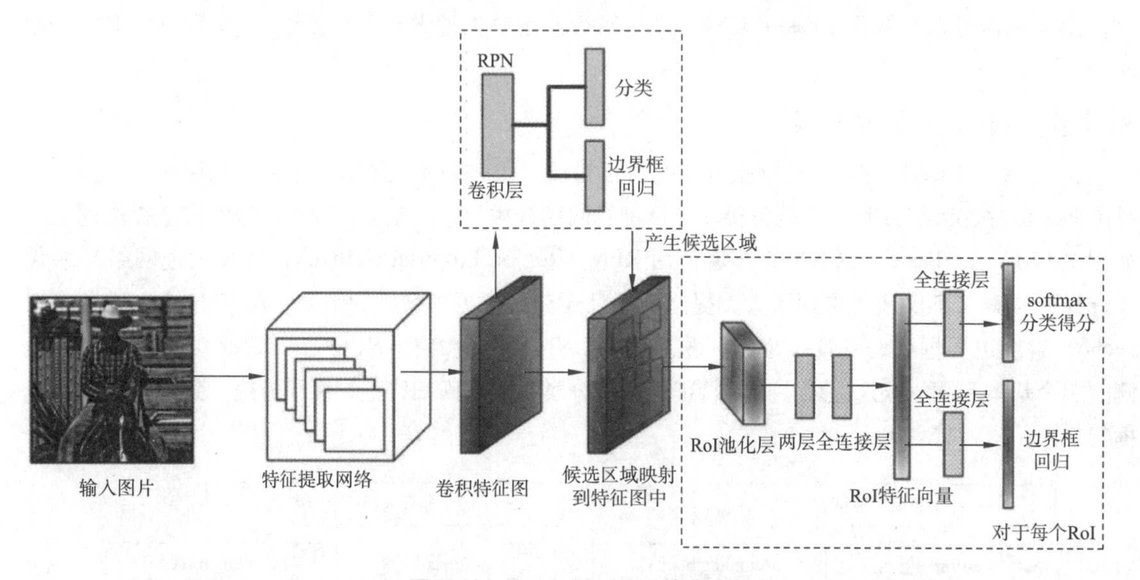

图 8-16　Faster R-CNN 算法流程

值得一提的是，区域建议网络作为 Faster R-CNN 模型的一部分，是和整个模型一起训练得到的。换句话说，Faster R-CNN 的目标函数不仅包括目标检测中的类别和边界框预测，还包括区域提议网络中锚框的二分类和边界框预测。作为端到端训练的结果，区域提议网络能够学习到如何生成高质量的提议区域，从而在减少了从数据中学习的提议区域的数量的情况下，仍保持目标检测的精度。

小贴士

RoI 池化层（RoI Pooling）：即感兴趣区域池化是将候选区域对应的特征图划分成固定数量的空间小块，再对每个空间小块进行最大池化或者平均池化操作，这样就实现了不同尺度的候选区域能够输出同样大小的特征图。

8.3.5　R-FCN

在 Fast R-CNN 中利用 RoI Pooling 解决了不同尺寸候选区域的特征提取问题，在 Faster R-CNN 中提出了 RPN 网络，通过共享输入图像的卷积特征，快速生成区域建议。分类需要特征具有平移不变性，检测则要求对目标的平移做出准确响应。如果把 RoI Pooling 层的输入直接接全连接层，会让检测网络对位置不敏感，但是如果让每个候选区域都通过一些卷积层又会导致计算量太大，时间过长。R-FCN 反对使用完全连接的层，而是使用了卷积层，将 Faster R-CNN 和 FCN 结合起来，实现快速、更准确的检测器。R-FCN 通过将 RoI 分为 $k \times k$ 个网格，并计算每个小网格的得分，然后对这些得分求均值，用于预测目标类别。R-FCN 检测器是四个卷积网络的组合：输入图像首先经过 ResNet-101 获取特征图；中间输出（Conv4）送入 RPN 以确定 RoI 候选区域，最后的输出进一步送入一个卷积层进行处理，并送入分类器和回归器。分类层通过结合生成的位置敏感分类图和 RoI 候选区域来生成预测，而回归网络输出边框的细节。

8.4 目标检测一阶段算法

8.4.1 YOLO 系列

1. YOLO v1

两阶段算法将目标检测看作一个分类问题，YOLO 将检测问题进行了重构，视其为一个回归问题。YOLO 是一阶段算法的开篇之作，它并没有真正去掉候选区域，而是将图像调整到 448 × 448 的尺寸大小之后划分成了 7 × 7 个网格，如图 8-17 所示。在每个网格区域会预测两个 bbox（边框），所以一共会预测 98 个 bbox，然后使用非极大值抑制（NMS）筛选 bbox。R-CNN 系列是先通过算法找到候选区，最后对候选区进行边框回归，得到最终的 bbox。YOLO v1 则是直接对网格区域进行判别和回归，一步到位的 bbox。

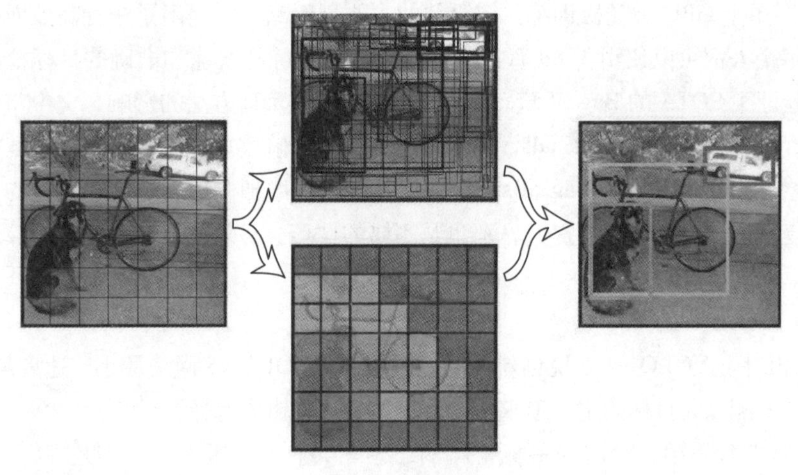

图 8-17　YOLO

YOLO 的灵感来自对图像分类的 GoogleNet 模型，该模型使用了更小的卷积网络的级联模块。其在 ImageNet 数据上进行预训练，直到模型达到较高精度，然后通过添加随机初始化卷积和全连通层对模型进行修正。同时为了获取更精细的结果，将输入图片的分辨率由 224 × 224 提升到了 448 × 448。

2. YOLO v2 和 YOLO 9000

YOLO 的升级版有两种 :YOLO v2 和 YOLO 9000。YOLO v2 相比于 YOLO，在继续保持处理速度的基础上，从预测更准确（Better），速度更快（Faster），识别对象更多（Stronger）这三个方面进行了改进，在速度和准确性之间提供了一个简单的权衡。在 YOLO v1 的基础上提出了一种联合训练的方法将目标检测数据集与分类数据集结合，使得 YOLO v2 网络能够识别 9 000 种物体，升级为 YOLO 9000。联合训练算法的基本思路是 ：同时在检测数据集和分类数据集上训练物体检测器（Object Detectors），用检测数据集的数据学习物体的准确位置，用分类数据集的数据增加分类的类别量、提升健壮性。由联合训练算法训练出来的 YOLO 9000 拥有 9 000 类的分类信息，这些分类信息学习自 ImageNet 分类数据集，而物体位置检测则学习自 COCO 检测数据集。

3. YOLO v3

YOLO v3 的模型比之前的模型复杂了很多，包含 Darknet-53 网络结构、anchor 锚框、FPN 等非常优秀的结构。可以通过改变模型结构的大小权衡速度与精度。YOLO v3 的先验检测（Prior Detection）系统将分类器或定位器重新用于执行检测任务，而那些评分较高的区域就可以视为检测结果。Redmon 等人用一个更大的 Darknet-53 网络代替了原来的特征提取器，他们还整合了各种技术，如数据增强、多尺度训练、批标准化等。此外，相对于其他目标检测方法，作者使用了完全不同的方法。首先将一个单神经网络应用于整张图像，该网络将图像划分为不同的区域，因而预测每一块区域的边界框和概率，这些边界框会通过预测的概率加权，该模型的一个突出优点是 ：在测试时会查看整个图像，所以它的预测利用了图像中的全局信息。

4. YOLO v4

YOLO v4 结合了许多有效的方法，目前大多数检测算法都需要多个 GPU 来训练模型，但 YOLO v4 可以在单个 GPU 上轻松训练。该算法的主要创新点在于提出了一种高效而强大的目标检测模型。它使每个人都可以使用 1080 Ti 或 2080 Ti GPU 训练超快速和准确的目标检测器。在检测器训练期间，验证了 SOTA 的 Bag of Freebies 和 Bag of Specials 方法的影响。文中将前人的工作主要分为 Bag of freebies 和 Bag of specials，前者指不会显著影响模型测试速度和模型复杂度的技巧，主要就是数据增强操作，对应的 Bag of specials 就是会稍微增加模型复杂度和速度的技巧，但是如果不大幅增加复杂度且精度有明显提升，那也是不错的技巧。另外，改进了 SOTA 算法，使它们更有效，更适合单 GPU 训练。

5. YOLO v5

YOLO v5 相对于 YOLO v4 来说创新性的地方很少，YOLO v5 网络最小，速度最少，AP 精度也最低。但如果检测以大目标为主，追求速度，倒也是个不错的选择。

YOLO v5 官方代码中，给出的目标检测网络中一共有 4 个版本，分别是 YOLO v5s、YOLO v5m、YOLO v5l、YOLO v5x 四个模型。YOLO v5s 网络是 YOLO v5 系列中深度最小，特征图的宽度最小的网络，另外三种都是在此基础上不断加深，不断加宽，对于 YOLO v5，无论是 v5s、v5m、v5l 还是 v5x，其 Backbone、Neck 和 output 一致，唯一的区别是模型的深度和宽度设置不同。

YOLO v5 网络由三个主要组件组成 ：

（1）Backbone ：在不同图像细粒度上聚合并形成图像特征的卷积神经网络。

（2）Neck：图像网络层，会经过一系列组合将特征传递到预测层。

（3）Output：对图像特征进行预测，生成边界框并预测类别。

8.4.2 SSD 系列

SSD 是第一个与两阶段检测算法（如 Faster R-CNN）的准确性相匹配同时还能保持实时速度的一阶段检测算法。SSD 借鉴了 Faster R-CNN 中 anchor 的理念，每个单元设置尺度或者长宽比不同的 Default boxes，预测的边界框（Bounding boxes）是以这些 Default boxes 为基准的，在一定程度上减少训练难度。对于一个网格生成 N 个边界框，而 SSD 在此基础上添加了不同的长宽比的概念，因此边界框的生成能够更好地涵盖各种各样的目标。虽然 SSD 中的 Default boxes 与 Faster R-CNN 的锚点 anchors 类似，但是 SSD 与 RPN 不同的是，SSD 在多个大小的特征图上提取候选区域，而 RPN 只在最后一层特征图上提取候选区域。因此 SSD 可以对不同大小的目标都具有比较好的检测效果，高层的特征图负责大目标，低层的特征图负责小目标。

SSD 在 YOLO 网络的基础上进行改进，首先是将原始图像输入一系列卷积层，经过 VGG16 基础网络的 5 层卷积层之后得到 $38 \times 38 \times 512$ 的特征图，与 YOLO 不同的是，SSD 网络去除接下来的全连接层，将 VGG 中的 fc6、fc7 用一系列卷积层代替，得到了不同大小的特征图，如 19×19、10×10、5×5、3×3，对每一个特征图分别进行预测。最后将所有特征图的输出结合到一起，就达到了同时预测一张图片上所有默认框的类别，SSD 使用了 YOLO 一次运算就完成整张图像检测的思想。

SSD 依赖于图 8-18 所示的特征金字塔（FPN）上的多层分支结构来检测不同尺度目标，对尺寸比较大的目标检测速度快，能够达到实时检测目标的要求，但是对于默认框的设置比较依赖经验，而这对准确率有比较大的影响，因此适合于一些大小已知比较固定的目标。

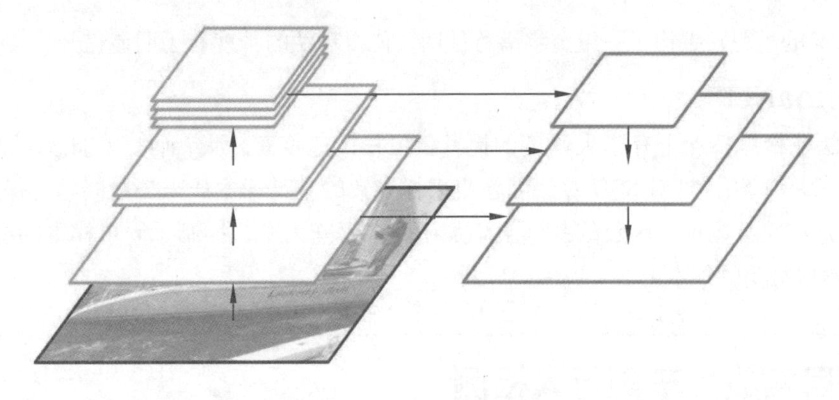

图 8-18 特征金字塔

1. R-SSD

传统的 SSD 通过利用不同层特征做目标检测，但是在 SSD 中，不同层的特征图都是作为分类网络独立输入的，因此在检测时，同一个物体也许会被不同大小的框检测出来。另外，SSD 对小尺寸的检测效果也不是很好。深度网络的效果会随着特征图数量的增加而更好，但是这并不代表简单地增加特征图数量就能有更好的效果。因此，R-SSD 在原来基础上做出改进，利用分类网络减少了重复框的出现，同时增加特征金字塔的特征数量来检测更多小尺寸物体。

2. DSSD

使用的低层网络的特征信息预测小物体时，由于缺乏高层语义特征，导致 SSD 对于小物体的检测效果较差。而解决这个问题的思路就是对高层语意信息和低层细节信息进行融合。DSSD 采用 Top Down 的网络结构进行高低层特征的融合并且改进了传统上采样的结构。DSSD 使用一种通用的 Top Down 的融合方法，使用 VGG 和 Resnet 网络，以及不同大小的训练图片尺寸来验证算法的通用性。将高层的语义信息融入低层网络的特征信息中，丰富预测回归位置框和分类任务输入的多尺度特征图，以此来提高检测精度。在提取出多尺度特征图之后，DSSD 提出由残差单元组成的预测模块，以优化分类任务和回归任务所需的特征图。

3. DSOD

可以简单概括 DSOD 网络为“SSD+DenseNet=DSOD”，DSOD 可以从 0 开始训练数据，不需要预训练模型。DSOD 的主要思想是希望模型即使从零开始学习训练，也能够达到与那些微调后的预训练模型一样好的效果，但那些基于区域提取的网络（如 Faster RCNN）从零开始训练无法收敛，因此选择了 SSD 的基础上进行改进。DSOD 实际上就是 SSD 加上 DenseNet，整体的流程与 SSD 基本一致，主要的变化在于：①基础的卷积网络由 VGG 换成了分类性能更好的 DenseNet；②对于新的特征图采取一半学习一半复用的原则，通过融合了两层特征图，既提高了检测的性能，同时减少了参数，对于从零开始训练加快了训练的速度。整体的流程就是首先对于一张输入的图像进行卷积运算，接着得到不同尺度的特征图，通过密集的预测结构得到 6 个新的不同尺度的特征图，分别在这 6 个特征图上进行预测。

DenseNet 在 ResNet 的基础上进行改进优化。该网络架构脱离了加深网络层数（ResNet）和加宽网络结构（Inception）提升网络性能的定式思维。

4. FSSD

借鉴了 FPN 的思想，重构了一组金字塔特征图，使得算法的精度有了明显提升。

8.4.3 RetinaNet

DSSD 算法在检测精度上有了大幅度的提升，但检测速度有较大牺牲。在此基础上，Lin 等人提出了 RetinaNet 算法，针对 SSD 算法因密集采样导致的难易样本严重失衡问题，提出了 Focal Loss 函数，其是在交叉熵损失函数的基础上添加了两个平衡因子，抑制了简单样本的梯度，将更多注意力放在难以分类的样本上。

8.5 项目实战：车辆行人检测

8.5.1 项目介绍

此案例主要分为识别、跟踪、计数三个任务。目标识别主要使用的是 YOLO v5，可以把 YOLO v5 看作基于 pytorch 的深度神经网络，输入一张图片，可以得到一个检测目标的 list。将 YOLO 模块检测到的目标框传给 Deepsort 框架，实现目标追踪和计数。

本案例使用的是 YOLO v5+Deepsort，代码封装成一个 Detector 类。首先将 YOLO v5 的权重文件 yolov5slmx.pt 放置在 yolov5/weights 文件夹下。由于代码量较大，部分代码如下所示，完整代码所有涉及的案例视频我们会上传到 github 账号，有需要的可以自行下载。

8.5.2　实现流程

创建 YOLO v5 检测器，调用 self.detect 方法返回图像和预测结果。

```
import torch
import numpy as np
from models.experimental import attempt_load
from utils.datasets import letterbox
from utils.general import non_max_suppression, scale_coords
from utils.torch_utils import select_device
# yolov5 检测器
class Detector:                         # 定义一个 Detector 类
    def __init__(self):
        self.img_size = 640
        self.threshold = 0.3
        self.stride = 1
        self.weights = './weights/yolov5m.pt'
        self.device = '0' if torch.cuda.is_available() else 'cpu'
        self.device = select_device(self.device)
        model = attempt_load(self.weights, map_location=self.device)
        model.to(self.device).eval()
        # model.half()
        model.float()                   # 有所改动
        self.m = model
        self.names = model.module.names if hasattr(
            model, 'module') else model.names
    def preprocess(self, img):
        img0 = img.copy()
        img = letterbox(img, new_shape=self.img_size)[0]
        img = img[:, :, ::-1].transpose(2, 0, 1)
        img = np.ascontiguousarray(img)
        img = torch.from_numpy(img).to(self.device)
        # img = img.half()              # 图像半精度
        img = img.float()                     # 有所改动
        img /= 255.0                    # 图像归一化
        if img.ndimension() == 3:
            img = img.unsqueeze(0)
        return img0, img
    def detect(self, im):
        im0, img = self.preprocess(im)
```

```
        pred = self.m(img, augment=False)[0]
        pred = pred.float()
        pred = non_max_suppression(pred, self.threshold, 0.4)
        boxes = []
        for det in pred:
            if det is not None and len(det):
                det[:, :4] = scale_coords(
                    img.shape[2:], det[:, :4], im0.shape).round()
                for *x, conf, cls_id in det:
                    lbl = self.names[int(cls_id)]
                    if lbl not in ['person', 'bicycle', 'car', 'motorcycle',
'bus', 'truck']:
                        continue
                    pass
                    x1, y1 = int(x[0]), int(x[1])
                    x2, y2 = int(x[2]), int(x[3])
                    boxes.append(
                        (x1, y1, x2, y2, lbl, conf))
        return boxes
```

其中包含一个主干网络，图片从大到小，深度不断加深。

```
class Model(nn.Module):
    def __init__(self, cfg='yolov5s.yaml', ch=3, nc=None, anchors=None):
        super(Model, self).__init__()
        if isinstance(cfg, dict):
            self.yaml = cfg                     # 模型字典
        else:  # is *.yaml
            import yaml                         # 导入 yaml 模型
            self.yaml_file = Path(cfg).name
            with open(cfg) as f:
                self.yaml = yaml.load(f, Loader=yaml.SafeLoader)
        ch = self.yaml['ch'] = self.yaml.get('ch', ch)  # 输入通道
        if nc and nc != self.yaml['nc']:
            logger.info(f"Overriding model.yaml nc={self.yaml['nc']} with nc={nc}")
            self.yaml['nc'] = nc                # 覆盖 yaml 值
        if anchors:
            logger.info(f'Overriding model.yaml anchors with anchors={anchors}')
            self.yaml['anchors'] = round(anchors)       # 覆盖 yaml 的值
        self.model, self.save = parse_model(
deepcopy(self.yaml), ch=[ch])
        self.names = [str(i) for i in range(self.yaml['nc'])]  # 定义 names
        # 定义 strides, anchors, 计算 stride, -1 代表从上一层接收到的输出
```

```
        m = self.model[-1]  # Detect()
        if isinstance(m, Detect):
            s = 256                                        # 2x 最小步长
             m.stride = torch.tensor([s / x.shape[-2] for x in self.forward(torch.
zeros(1, ch, s, s))])                                      # 前向传播
            m.anchors /= m.stride.view(-1, 1, 1)
            check_anchor_order(m)
            self.stride = m.stride
            self._initialize_biases()                      # 运行一次
            # print('Strides: %s' % m.stride.tolist())
                                                           # 初始权重、偏差
        initialize_weights(self)
        self.info()
        logger.info('')
    def forward(self, x, augment=False, profile=False):
        if augment:
            img_size = x.shape[-2:]                        # 高和宽
            s = [1, 0.83, 0.67]                            # 规模
            f = [None, 3, None]                            # 翻转 (2-ud, 3-lr)
            y = []                                         # 输出
            for si, fi in zip(s, f):
                xi = scale_img(
    x.flip(fi) if fi else x, si, gs=int(self.stride.max()))
                yi = self.forward_once(xi)[0]              # 前向计算
                yi[..., :4] /= si
                if fi == 2:
                    yi[..., 1] = img_size[0] - yi[..., 1]
                elif fi == 3:
                    yi[..., 0] = img_size[1] - yi[..., 0]
                y.append(yi)
            return torch.cat(y, 1), None                   # 增强推理，训练模型
        else:
            return self.forward_once(x, profile)                 # 单尺度推理，训练模型
    def forward_once(self, x, profile=False):
        y, dt = [], []                                     # 输出
        for m in self.model:
            if m.f != -1:                                  # 如果不是来自 prevIoUs layer
                x = y[m.f] if isinstance(m.f, int) else [x if j == -1 else y[j] for j
in m.f]                                                    # 从该层开始
            if profile:
                o = thop.profile(m,inputs=(x,),verbose=False)[0]/1E9*2 if thop else 0
                                                           # FLOPS
```

```
                t = time_synchronized()
                for _ in range(10):
                    _ = m(x)
                dt.append((time_synchronized() - t) * 100)
                print('%10.1f%10.0f%10.1fms %-40s' % (o, m.np, dt[-1], m.type))
            x = m(x)                                    # 运行
            y.append(x if m.i in self.save else None)   # 节省输出
        if profile:
            print('%.1fms total' % sum(dt))
        return x
    def _initialize_biases(self, cf=None): # 将偏差初始化为Detect(), cf是类频率
         # cf = torch.bincount(torch.tensor(np.concatenate(dataset.labels, 0)[:,
0]).long(), minlength=nc) + 1.
        m = self.model[-1]                              # Detect() module
        for mi, s in zip(m.m, m.stride):
            b = mi.bias.view(m.na, -1)     # conv.bias(255) to (3,85)
            b.data[:, 4] += math.log(8 / (640 / s) ** 2)
                                        # 标明目标的数量,(每640张图像8个对象)
              b.data[:, 5:] += math.log(0.6 / (m.nc - 0.99)) if cf is None
else torch.log(cf / cf.sum())                           # 分类
            mi.bias = torch.nn.Parameter(b.view(-1), requires_grad=True)
    def _print_biases(self):
        m = self.model[-1]                              # Detect() module
        for mi in m.m:                                  # from
            b = mi.bias.detach().view(m.na, -1).T
            print(('%6g Conv2d.bias:' + '%10.3g' * 6) % (mi.weight.shape[1],
*b[:5].mean(1).tolist(), b[5:].mean()))

    # def _print_weights(self):
    #     for m in self.model.modules():
    #         if type(m) is Bottleneck:
    #             print('%10.3g' % (m.w.detach().sigmoid() * 2))  # 权重
    def fuse(self):  # fuse model Conv2d() + BatchNorm2d() layers
        print('Fusing layers... ')
        for m in self.model.modules():
            if type(m) is Conv and hasattr(m, 'bn'):
                m.conv = fuse_conv_and_bn(m.conv, m.bn) # 更新卷积层
                delattr(m, 'bn')                    # 移除BN层,使用remove移除
                m.forward = m.fuseforward               # 更新
        self.info()
        return self
```

```
    def nms(self, mode=True):                           # 修改模型
        present = type(self.model[-1]) is NMS      # 最后一层非极大值抑制
        if mode and not present:
            print('Adding NMS... ')
            m = NMS()
            m.f = -1
            m.i = self.model[-1].i + 1                  # 索引
            self.model.add_module(name='%s' % m.i, module=m)# 模型结果相加
            self.eval()
        elif not mode and present:
            print('Removing NMS... ')
            self.model = self.model[:-1]                # 删除
        return self
    def autoshape(self):                                # 定义 autoShape 模型模块
        print('Adding autoShape... ')
        m = autoShape(self)                             # 打包
        copy_attr(m,self,include=('yaml','nc','hyp','names','stride'),exclude=())
                                                        # 复制属性
        return m
    def info(self, verbose=False, img_size=640): # 打印模型信息
        model_info(self, verbose, img_size)
# 定义 Deep-sort 追踪器
class DeepSort(object):
def __init__(self, model_path, max_dist=0.2, min_confidence=0.3,
nms_max_overlap=1.0, max_IoU_distance=0.7, max_age=70, n_init=3,
nn_budget=100, use_cuda=True):
        self.min_confidence = min_confidence
        self.nms_max_overlap = nms_max_overlap
        self.extractor = Extractor(model_path, use_cuda=use_cuda)
        max_cosine_distance = max_dist
        nn_budget = 100
        metric = NearestNeighborDistanceMetric("cosine", max_cosine_distance,
nn_budget)
        self.tracker =
Tracker(metric, max_IoU_distance=max_IoU_distance,
max_age=max_age,n_init=n_init)
```

8.5.3 结果展示

随便下载一个视频，传入程序中可以检测出目标的类别。动态视频运行结果如图 8-19 所示。

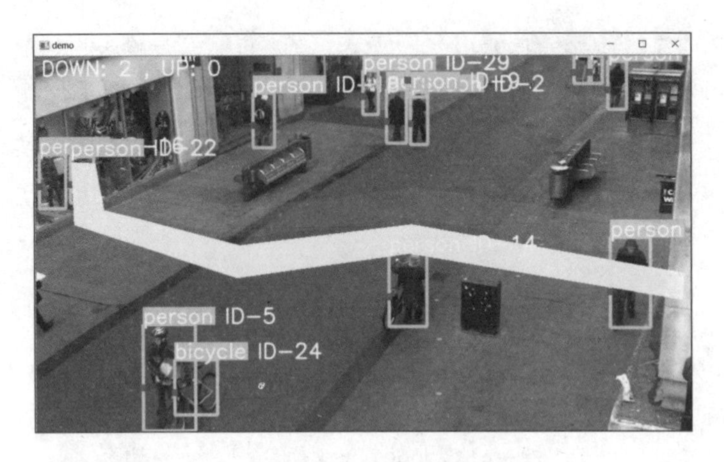

图 8-19　运行动图

输出结果：

```
类别：person | id: 8   | 下行撞线 | 下行撞线总数：1  | 下行 id 列表：[8]
类别：person | id: 25  | 下行撞线 | 下行撞线总数：2  | 下行 id 列表：[25]
类别：person | id: 14  | 上行撞线 | 上行撞线总数：1  | 上行 id 列表：[25，14]
类别：person | id: 30  | 上行撞线 | 上行撞线总数：2  | 上行 id 列表：[25，30]
类别：person | id: 36  | 上行撞线 | 上行撞线总数：3  | 上行 id 列表：[36]
…
```

小　结

目标检测是图像处理和计算机视觉领域的重要分支，也是现代化智能监控系统的核心部分。本章首先讲述了目标检测的基本概念、常用评价指标和数据集，其次简单介绍了传统检测方法和深度学习检测方法，再次重点介绍了目前最常用的二阶段检测算法和一阶段检测算法的流程并进行了比较，最后给出了案例的部分代码介绍。通过阅读本章内容，读者可掌握目标检测方法的相关重点内容。

习　题

1. 什么是目标检测？
2. 目标检测的应用前景有哪些？
3. 传统的目标检测方法有哪些？
4. 什么是边界框？什么是锚框？
5. 什么是非极大值抑制？
6. 一阶段检测和二阶段检测有什么不同？
7. 简述传统目标检测的流程。
8. 简述深度学习检测方法的流程。

第9章

语义分割

前面章节中介绍了图像分类、目标检测的基础知识，语义分割作为计算机视觉领域中的另一个基础任务在近些年来受到广泛关注并取得了巨大进步，目前广泛应用于医学图像和自动驾驶等领域。相比于分类和检测两种任务，语义分割的要求更高、难度更大，在未来的计算机视觉领域仍然存在很多问题亟待解决。本章旨在对语义分割的原理、评价指标等知识进行介绍，并帮助读者了解现有的经典分割网络。

思维导图

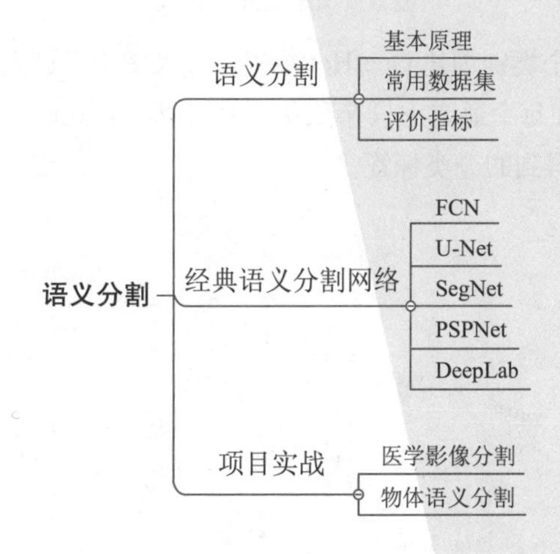

视　频

语义分割

学习目标

- 理解语义分割的基本原理；
- 掌握语义分割评价指标的计算方法；
- 掌握经典的语义分割网络结构和各自的创新之处。

9.1 语义分割介绍

9.1.1 基本原理

前面介绍了图像分类和目标检测的相关知识，下面介绍语义分割。相比于前两种任务它的要求更高，要求按照“语义”给图像中的每一个像素点打上标签，使得不同种类的物体在图像上被区分出来，简单来说，就是为每个像素点进行分类。以图 9-1 为例，图像中存在人、背包、草地、人行道、建筑物 5 种类别的实物，分别用号码 1、2、3、4、5 表示，图像经过分割网络的预测，最终得到的图像分辨率与原图像相同，并且相应的像素点都被分类，即在原图像中人所占的像素点标记为 1，草地所占的像素点标记为 3，依此类推。

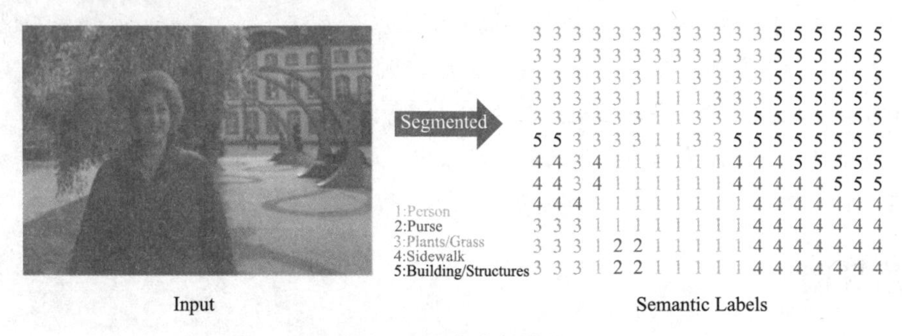

图 9-1　语义分割原理

具体的实现方法：为每个类别创建 One-Hot 编码，输入图像经过网络预测得到的结果通道数等于类别数，如图 9-2 所示。在每个通道上只存在 0 和 1，这时可以通过 argmax 得到每个像素点在通道方向上的索引值，即最终得到的分类标签。

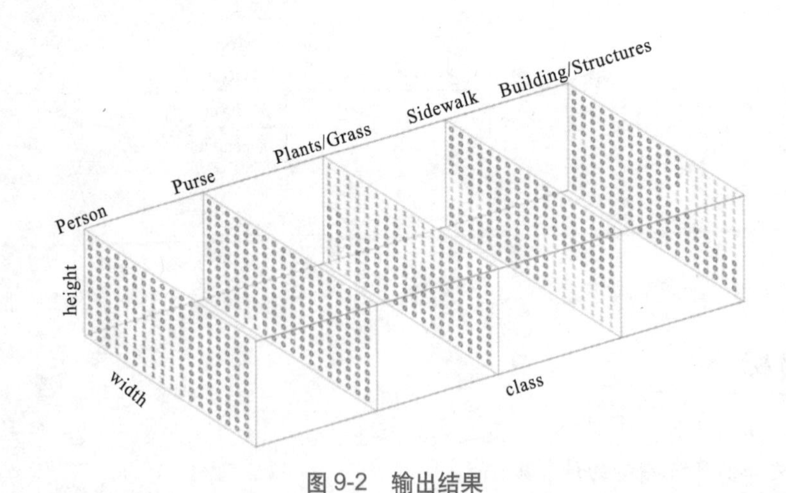

图 9-2　输出结果

9.1.2 常用数据集

目前常用的语义分割模型都属于监督学习范畴，因此用于指导训练的数据集是必不可少的。公开的数据集很多，最常见的有 Pascal VOC2012、Cityspaces 和 ADE20K。

（1）Pascal VOC2012

Pascal VOC 数据集可以同时用于分类、检测和分割任务。对于分割任务，Pascal VOC2012 中训练集包含 1 464 张图片，验证集中包含 1 449 张图片，测试集包含 1 456 张图片。整个数据集共分为 21 个类别（包含背景）。

在下载好的 VOC 数据集中，ImageSets/Segmentation 路径下记录了训练数据和测试数据的图像路径，JPEGImages 和 SegmentationClass 路径下分别放着训练图像和对应的标签，在每张标签中相同颜色的像素代表一种类别，如图 9-3 所示。

（a）原始图像

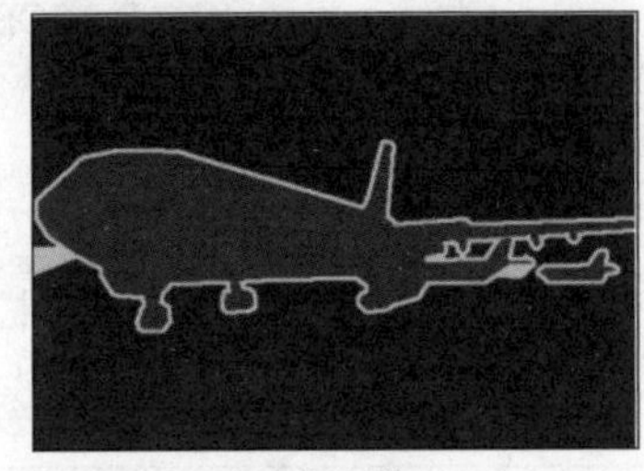

（b）标签

图 9-3　VOC 数据集示例

（2）Cityspaces

Cityspaces 数据集，即城市景观数据集，包含 5 000 张（2 975 张用于训练集，500 张用于验证集 1 525 用于测试集）城市环境驾驶场景的图像，记录了在不同季节、天气等条件下 50 个城市的街道场景，除了具有 20 000 个弱注释帧以外，还包含 5 000 帧高质量像素级注释，提供了 30 个类的像素级标注，是自动驾驶领域较为权威的数据集，如图 9-4 所示。

（a）低质量标注

（b）高质量标注

图 9-4　Cityspaces 数据集示例

（3）ADE20K

ADE20K 数据集包含了在室内、室外、自然场景等的图像，共有 150 个类别，包含 20 000 多张（25 574 张用于训练集，2 000 张用于验证集）图像，语义信息标注在灰度图上，每个点的取值范围为 0 ～ 150，其中 0 代表背景。数据集示例如图 9-5 所示。

图 9-5 ADE20K 数据集示例

9.1.3 评价指标

语义分割的评价指标会用到混淆矩阵，但是常见的混淆矩阵只适用于最简单的二分类任务，即类别只分为正例和反例，现在我们将混淆矩阵扩展到 K 类，见表 9-1。

表 9-1 多分类混淆矩阵

混淆矩阵		预测结果				
		类别 1	类别 2	类别 3	…	类别 K
真实值	类别 1	a_{11}	a_{12}	a_{13}	…	a_{1k}
	类别 2	a_{21}	a_{22}	a_{23}	…	a_{2k}
	类别 3	a_{31}	a_{32}	a_{33}	…	a_{3k}
	…	…	…	…	…	…
	类别 K	a_{k1}	a_{k2}	a_{k3}	…	a_{kk}

为了方便表示，做出如下假设：共有 K+1 类，P_{ij} 表示属于第 i 类但被预测为 j 类的像素数量，则 P_{ii} 表示预测正确的像素数量。

（1）PA（像素精度）：标记正确的像素数量占总像素数量的比例，计算公式如下：

$$\mathrm{PA}=\frac{\sum_{i=0}^{k} p_{ij}}{\sum_{i=0}^{k}\sum_{j=0}^{k} p_{ij}} \tag{9-1}$$

混淆矩阵计算方法为：对角线元素之和 / 像素总数。

（2）MPA（均像素精度）：首先对每个类计算标记正确的像素占比，之后对各个类求平均值。计算公式如下：

$$\mathrm{MPA}=\frac{1}{K+1}\sum_{i=0}^{k}\frac{p_{ii}}{\sum_{j=0}^{k} p_{ij}} \tag{9-2}$$

混淆矩阵计算方法：

① 计算每个类别的 PA，即每列中对角线上的元素 / 该列元素总数；

② MPA= 各个类别 PA 之和 /K。

（3）IoU（交并比）：某个类别的预测结果与真实标签之间交集与并集的比值。计算公式如下：

$$\text{IoU} = \frac{X \cap Y}{X \cup Y} \tag{9-3}$$

混淆矩阵计算方法（以求二分类正例为例）：$\text{IoU} = \text{TP}/(\text{TP} + \text{FP} + \text{FN})$

（4）MIoU（均交并比）：首先对每个类别计算 IoU，之后对每个类别计算平均值，计算公式如下：

$$\text{MIoU} = \frac{1}{k+1}\sum_{i=0}^{k}\frac{p_{ii}}{\sum_{j=0}^{k}p_{ij} + \sum_{j=0}^{k}p_{ji} - p_{ii}} \tag{9-4}$$

混淆矩阵计算方法：

$$\text{IoU}_{正} = \frac{\text{TP}}{\text{TP} + \text{FP} + \text{FN}} \tag{9-5}$$

$$\text{IoU}_{反} = \frac{\text{TN}}{\text{TN} + \text{FN} + \text{FP}} \tag{9-6}$$

$$\text{MIoU} = \frac{(\text{IoU}_{正} + \text{IoU}_{反})}{2} \tag{9-7}$$

示例：对表 9-2 所示混淆矩阵分别计算 PA、MPA、IoU、MIoU。

表 9-2　混淆矩阵

混淆矩阵		预测结果		
		狗	猫	鸡
真实值	狗	3	4	2
	猫	3	2	5
	鸡	5	2	1

（1）PA = (3 + 2 + 1) / (3 + 4 + 2 + 3 + 2 + 5 + 5 + 2 +1) = 0.222。

（2）$\text{PA}_{狗}$ = 3 / (3 + 3 + 5) = 0.273;

$\text{PA}_{猫}$ = 4 / (4 + 2 + 2) = 0.5;

$\text{PA}_{鸡}$ = 2 / (2 + 5 + 1) = 0.25;

MPA = (0.273 + 0.5 + 0.25) / 3 = 0.341。

（3）$\text{IoU}_{狗}$ = 3 / (3 + 3 + 5 + 4 + 2) = 0.176;

$\text{IoU}_{猫}$ = 2 / (4 + 2 + 2 + 3 + 5) = 0.125;

$\text{IoU}_{鸡}$ = 1 / (2 + 5 + 1 + 5 + 2) = 0.067。

（4）MIoU = (0.176 + 0.125 + 0.067) / 3 = 0.123。

9.2 经典语义分割网络

9.2.1 FCN

2015 年 Jonathan Long 在 CVPR 发表 *Fully Convolutional Networks for Semantic Segmentation*,

成为语义分割领域的开山之作。传统的 CNN 由于其出色特征提取能力广泛应用于图像分类、目标检测等领域，但是在 CNN 当中，通常会在卷积层后接上若干全连接层，最终得到一个一维向量用于表示属于某一类的概率，这种分类是属于图像级的分类，而语义分割需要像素级分类，所以这种全连接的方式不适用于语义分割。

在全卷积网络（Fully Convolution Networks，FCN）中，利用卷积层替换了全连接层，输出不再是一维的类别概率向量。此外，一般的卷积操作之后都会进行下采样等，即进行一系列操作之后图像相比于原图像会缩小，分辨率降低，所以为了实现对原图像每个像素都进行分类的功能，则需要进行上采样操作，将图像恢复至原图像大小，则最终可以得到（$H \times W \times$（类别数量 +1））的结果并进行分类，其网络结构如图 9-6 所示。

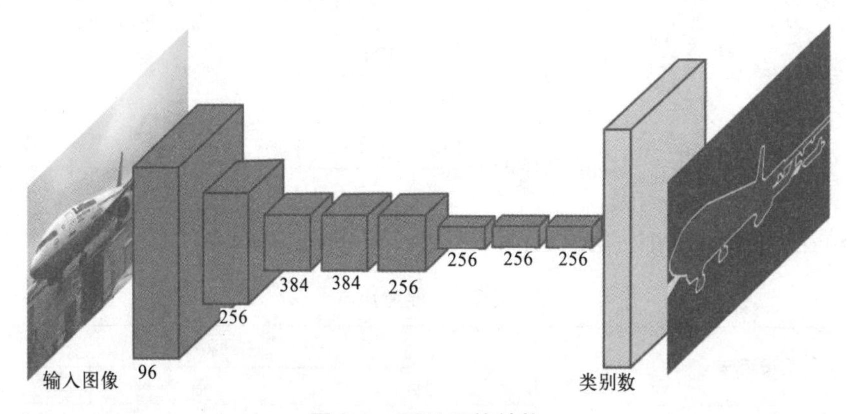

图 9-6　FCN 网络结构

但是通常来说直接对特征图进行上采样得到的预测结果是比较粗糙的，所以在 FCN 网络中使用了跳跃结构优化预测结果。具体来说，就是将网络当中不同池化层得到的下采样特征图进行上采样，然后进行特征图之间的融合，最后得到预测结果，基于不同的融合方式 FCN 又可以被分为 FCN-32s、FCN-16s、FCN-8s 等，如图 9-7 所示。

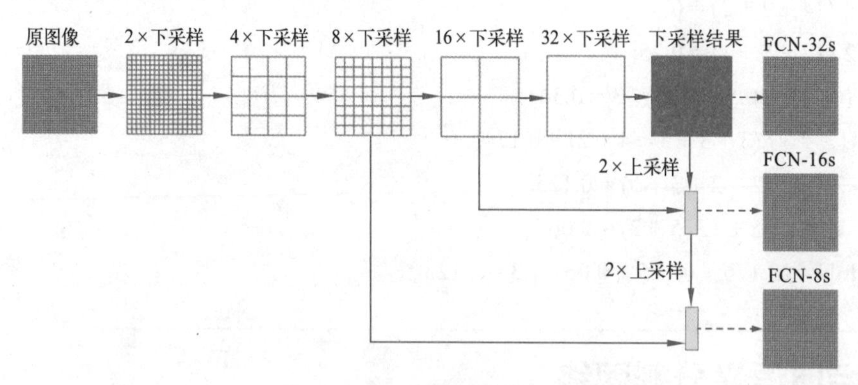

图 9-7　跳跃连接

FCN 就是通过以上操作实现了端到端的训练，网络复杂度低，相比于卷积神经网络，FCN 用于分割任务性能更佳，并且避免了由于使用像素块而带来的一系列重复存储和计算卷积等问题。

9.2.2 U-Net

U-Net 是 FCN 网络的升级版，最早出自 2015 年 MICCAI 医学图像顶级会议中，最初用来解决医学图像分割问题，在 2015 年获得了细胞追踪挑战赛和龋齿检测挑战赛的冠军，在此后的很多图像分割网络中都将 U-Net 网络作为主干网络进行改进，并且应用在各个方面，如卫星图像分割、人像分割等。其整体架构如图 9-8 所示。

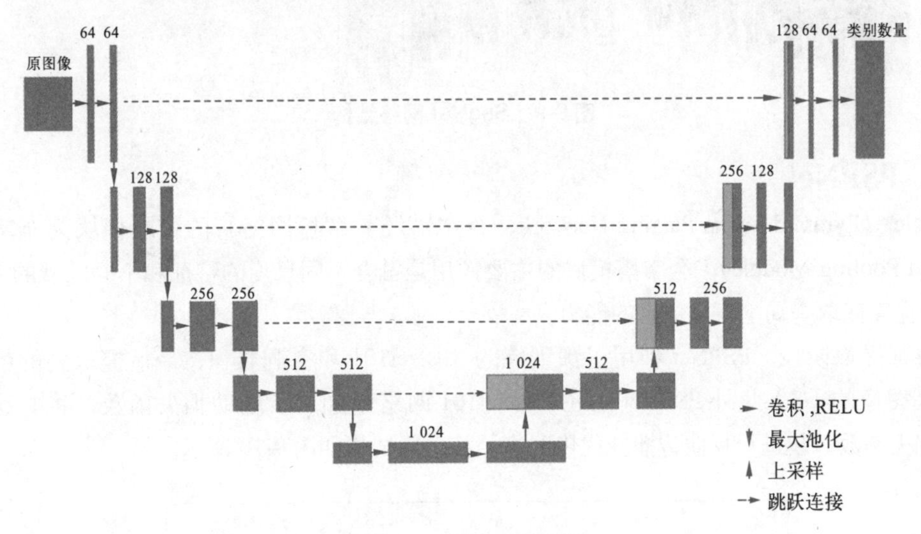

图 9-8　U-Net 网络结构

从图中可以看到，U-Net 网络呈 U 形对称结构，并且没有全连接层，所以它也是一种经典的全卷积网络。U-Net 网络也是一种编码器 - 解码器结构，其输入为一张 572 × 572 大小的经过原图像（512 × 512）镜像操作的图片。网络的左侧称为压缩路径，包括 4 个子模块，每个子模块包含两个卷积层和一个最大池化层，最终得到 32 × 32 大小的特征图。网络右侧称为拓展路径，4 个子模块通过上采样的方式逐渐恢复分辨率，并且在每次进行上采样结束时会与编码器同分辨率的特征图进行拼接，作为下一个解码器的输入。由于图 9-8 中所示结构是一个二分类任务，所以最终该网络的输出为二通道的特征图。

U-Net 的奇特之处在于将相同分辨率的特征图在通道维度上进行拼接，将高分辨率信息和低分辨率信息进行了有效融合，特别是对于语义信息相对简单、位置固定的医学影像来说，U-Net 的分割表现较为突出。

9.2.3 SegNet

SegNet 是由剑桥大学团队开发的图像分割的开源项目。与 FCN、U-Net 一样，SegNet 同样采用了编码器 - 解码器结构。在编码器方面，它采用的是 VGG16 网络进行特征提取，在解码器方面，它使用了在相应编码器的最大池化步骤中计算的池化索引来执行非线性上采样，这种方式可以避免对上采样过程的学习。经过上采样后得到稀疏的特征图，再经过卷积操作得到密集的特征图，其网络结构如图 9-9 所示。

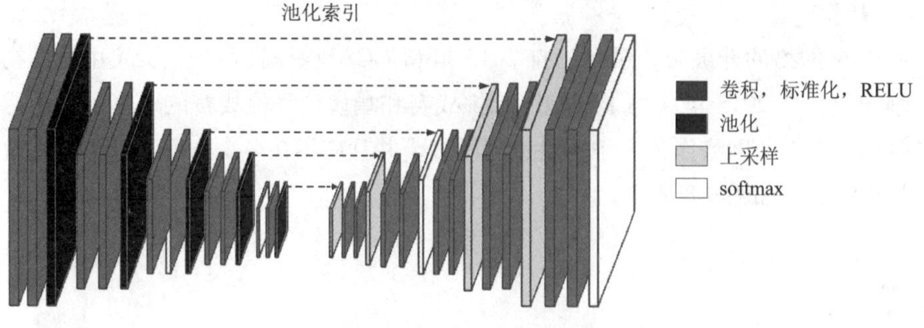

图 9-9　SegNet 网络结构

9.2.4　PSPNet

PSPNet（Pyramid Scene Parsing Network，金字塔场景解析网络）的核心模块为金字塔模块（Pyramid Pooling Module）。金字塔模块的主要作用是融合不同尺度的特征和不同区域的上下文信息，从而提高获取全局上下文信息的能力。

在特征提取阶段，PSPNet 利用了预训练的 ResNet101 和空洞卷积，最后提取到的特征图大小是输入图像的 1/8。此外 PSPNet 还在 ResNet101 网络中加入了辅助损失函数，将它和最后的 sofmax 损失函数一起进行反向传播并优化网络，其总体结构如图 9-10 所示。

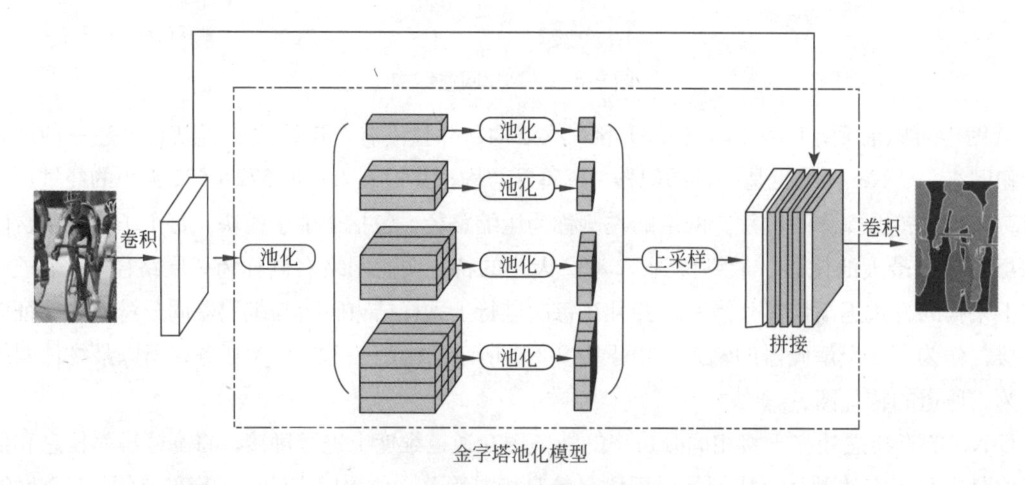

图 9-10　PSPNet 网络结构

9.2.5　DeepLab

DeepLab 是一系列语义分割算法，到目前为止 DeepLab 系列已经有 DeepLab v1、DeepLab v2、DeepLab v3 和 DeepLab v3+ 四个版本。

其中 DeepLab v1 是深度卷积神经网络（DCNNs）的改进版本，它主要是为了解决两个问题：（1）池化和下采样等操作导致的分辨率降低而丢失细节；（2）由于空间不变性导致的精度不够。针对上面两种问题，DeepLab v1 分别采用了空洞卷积和全连接 CRF 来提高模型的分割精度。它不仅可以增大感受野，还能捕获多尺度的上下文信息。全连接 CRF 是用来对分割边界进行优化。DeepLab v2 在 v1 的基础上进行了改进，包括利用空洞卷积代替原来的上采样、使用空间金字塔池化 ASPP 来解决图像中存在多尺度物体的问题、结合 DCNN 和概率图模型改善定位的性能。DeepLab v3 主要是对以前的模块进行升级和改进，并且不再使用全连接 CRF。DeepLab v3+ 将 DeepLab v3 当作编码器并扩展了一个解码器同时引入了深度可分离卷积。此外，将深度可分离卷积模块应用到了 ASPP 模块和解码器模块，在 VOC、Cityspaces 两个数据集上都取得了出色表现，其网络结构如图 9-11 所示。

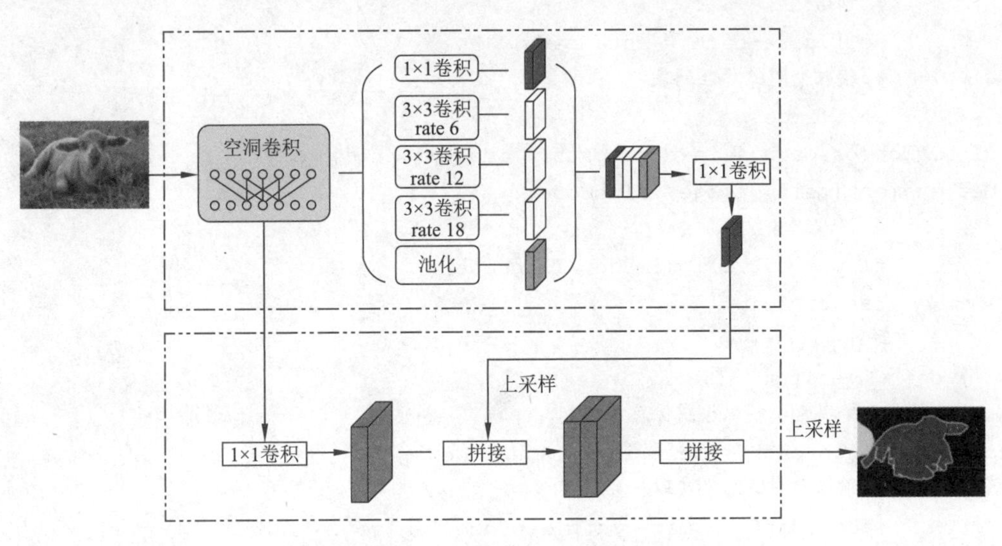

图 9-11 DeepLab v3+ 网络结构

9.3 项目实战：医学影像分割

9.3.1 项目介绍

医学影像分割是语义分割领域十分经典的任务之一，有效的图像分割可以极大地提升工作的效率和准确率。通过输入一张 RGB 三通道彩色图像可得到一张一通道的二值图像。在数据集方面，选取 ISBI 数据集作为训练和测试数据。该数据集中包含 30 张训练图像、30 张标签和 30 张测试图像，每张图像的分辨率都为 512×512，如图 9-12 所示。

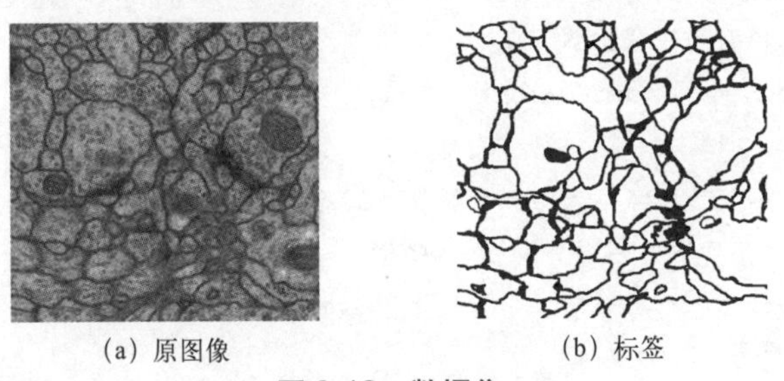

(a) 原图像　　(b) 标签

图 9-12 数据集

9.3.2 实现流程

创建数据集。

```
class dataset(Dataset):
# 重写 init 函数
    def __init__(self, data_path):
        # 初始化图片路径
        self.data_path = data_path
        # 获取原图像路径列表
        self.imgs_path =
glob.glob(os.path.join(data_path, 'image/*.png'))
def augment(self, image, flipCode):
        # 图像翻转
        flip = cv2.flip(image, flipCode)
        return flip
    # 重写 getitem 函数
    def __getitem__(self, index):
        # 根据索引获取原图像路径信息
        image_path = self.imgs_path[index]
        # 根据原图像路径获取标签路径
        label_path = image_path.replace('image', 'label')
        # 读取原图像
        image = cv2.imread(image_path)
        # 读取标签
        label = cv2.imread(label_path)
        # 转换为灰度图
        image = cv2.cvtColor(image, cv2.COLOR_BGR2GRAY)
        # 转换为灰度图
        label = cv2.cvtColor(label, cv2.COLOR_BGR2GRAY)
        image = image.reshape(1, image.shape[0], image.shape[1])
        label = label.reshape(1, label.shape[0], label.shape[1])
        if label.max() > 1:                    # 将标签进行归一化（0-1）
            label = label / 255
        # 随机选择数据增强方式
        flipCode = random.choice([-1, 0, 1, 2])
        if flipCode != 2:                      # 对原图像和标签进行相同的数据增强操作
            image = self.augment(image, flipCode)
            label = self.augment(label, flipCode)
        return image, label
    # 获取数据集数量
    def __len__(self):
        return len(self.imgs_path)
```

训练。

```
def train_net(
net, device, data_path, epochs=40, batch_size=1, lr=0.00001):
    isbi_dataset = dataset(data_path)                  # 加载训练集
    train_loader = torch.utils.data.DataLoader(dataset=isbi_dataset,
                                               batch_size=batch_size,
                                               shuffle=True)
    optimizer = optim.RMSprop(net.parameters(), lr=lr, weight_decay=1e-8, momentum=0.9)
                                                       # 定义优化器
    criterion = nn.BCEWithLogitsLoss()                 # 定义损失函数
    best_loss = float('inf')                           # best_loss 统计
for epoch in range(epochs):                            # 训练 epochs 次
        net.train()                                    # 训练模式
        for image, label in train_loader:              # 取出图像和标签
            optimizer.zero_grad()
            # 将数据复制到 device 中
            image = image.to(device=device, dtype=torch.float32)
label = label.to(device=device, dtype=torch.float32)
# 输出预测结果
pred = net(image)
loss = criterion(pred, label)
print('Loss/train', loss.item())
if loss < best_loss:
best_loss = loss
     torch.save(net.state_dict(), 'best_model.pth')
  loss.backward()
  optimizer.step()                                     # 更新参数
```

9.3.3 结果展示

```
if __name__ == "__main__":
    device = torch.device('cuda' if torch.cuda.is_available() else 'cpu')
    net = UNet(n_channels=1, n_classes=1)            # 创建网络实例并初始化
    net.to(device=device)                            # 将网络复制到 device 中
    # 将训练好的模型加载到 device 中 (CPU/CUDA)
    net.load_state_dict(torch.load('best_model.pth',map_location=device))
    net.eval()
    tests_path = glob.glob('data/test/*.png')       # 指定测试图片的路径
    for test_path in tests_path:                     # 对测试路径中的所有图片进行预测
        save_res_path = test_path.split('.')[0]+'_res.png'     #图片的保存路径
        img = cv2.imread(test_path)                  # 读取图片
        img = cv2.cvtColor(img, cv2.COLOR_BGR2GRAY)              #转换为灰度图
```

```
        img = img.reshape(1, 1, img.shape[0], img.shape[1])
        img_tensor = torch.from_numpy(img)
    img_tensor = img_tensor.to(device=device, dtype=torch.float32)
    pred = net(img_tensor)                               # 预测
        pred = np.array(pred.data.cpu()[0])[0]           # 提取结果
        pred[pred >= 0.5] = 255                          # 将结果处理成二值图像
        pred[pred < 0.5] = 0
        cv2.imwrite(save_res_path, pred)
```

在得到训练好的模型后对测试集中的图像进行预测，得到分割结果如图 9-13 所示。

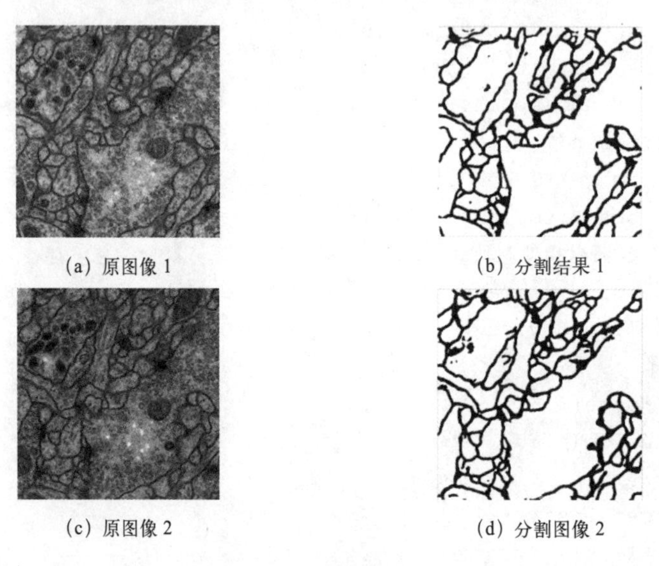

图 9-13　分割结果

9.4 项目实战：物体语义分割

9.4.1　项目介绍

在上一节的内容中我们实现了一种简单的二分类任务医学图像分割。下面利用 FCN（全卷积网络）在 Pascal VOC2012 数据集中进行训练，从而获得一个对 21 种物体进行有效分割的网络。

Pascal VOC 数据集前面已进行介绍，它可以用于多重任务，本项目中，仅使用有关语义分割的数据。FCN 根据其不同的跳跃连接方式又分为 FCN-8s、FCN-16s 等，在本项目中仅使用 FCN-8s 进行训练和预测。

9.4.2　实现流程

创建数据集。

下载好 VOC2012 数据集后，将 JPEGImages 文件（原图像）和 SegmentationClass 文件（标签）放入 data 文件夹中。需要注意的是 JPEGImages 文件下有 17 125 张图片，但是并不是所有图片都可以用作语义分割任务，而SegmentationClass下的文件则全部都是语义分割所用的标签，所以需要从JPEGImages文件下提取出与SegmentationClass内文件名称相同的图片。

将训练集、测试集和验证集的比例设置为7：2：1，并且为了方便使用，将三种数据集中使用的图片以数据对的方式记录到csv文件中，即csv文件中每行记录原图像名称和对应的标签名称，如图9-14所示。

```
./data/JPEGImages/2008_000911.jpg,./data/SegmentationClass/2008_000911.png
./data/JPEGImages/2009_003193.jpg,./data/SegmentationClass/2009_003193.png
./data/JPEGImages/2007_003621.jpg,./data/SegmentationClass/2007_003621.png
./data/JPEGImages/2008_001997.jpg,./data/SegmentationClass/2008_001997.png
```

图9-14　数据集

接下来通过__init__、__getitem__、__len__函数自定义数据集。具体来说，就是利用PIL库或者OpenCV库按照csv文件中的路径读取图片，经过放缩、随机裁剪、归一化等预处理步骤将图片处理成320×320大小的图片，最后利用Dataloader完成数据集的创建。

构建网络。

DeepLab v3的实现代码如下：

```
class ASPP(nn.Module):
    def __init__(self, num_classes):
        super(ASPP, self).__init__()
        self.conv_1x1_1 = nn.Conv2d(512, 256, kernel_size=1)
        self.bn_conv_1x1_1 = nn.BatchNorm2d(256)
        self.conv_3x3_1 = nn.Conv2d(512, 256, kernel_size=3, stride=1, padding=6,
dilation=6)
        self.bn_conv_3x3_1 = nn.BatchNorm2d(256)
        self.conv_3x3_2 = nn.Conv2d(512, 256, kernel_size=3, stride=1, padding=12,
dilation=12)
        self.bn_conv_3x3_2 = nn.BatchNorm2d(256)
        self.conv_3x3_3 = nn.Conv2d(512, 256, kernel_size=3, stride=1, padding=18,
dilation=18)
        self.bn_conv_3x3_3 = nn.BatchNorm2d(256)
        self.avg_pool = nn.AdaptiveAvgPool2d(1)
        self.conv_1x1_2 = nn.Conv2d(512, 256, kernel_size=1)
        self.bn_conv_1x1_2 = nn.BatchNorm2d(256)
        self.conv_1x1_3 = nn.Conv2d(1280, 256, kernel_size=1)
        self.bn_conv_1x1_3 = nn.BatchNorm2d(256)
        self.conv_1x1_4 = nn.Conv2d(256, num_classes, kernel_size=1)
    def forward(self, feature_map):
        feature_map_h = feature_map.size()[2]
        feature_map_w = feature_map.size()[3]
        out_1x1 = F.relu(self.bn_conv_1x1_1(self.conv_1x1_1(feature_map)))
```

```
        out_3x3_1 = F.relu(self.bn_conv_3x3_1(self.conv_3x3_1(feature_map)))
        out_3x3_2 = F.relu(self.bn_conv_3x3_2(self.conv_3x3_2(feature_map)))
        out_3x3_3 = F.relu(self.bn_conv_3x3_3(self.conv_3x3_3(feature_map)))
        out_img = self.avg_pool(feature_map)
        out_img = F.relu(self.bn_conv_1x1_2(self.conv_1x1_2(out_img)))
         out_img = F.upsample(out_img,size=(feature_map_h, feature_map_w), 
mode="bilinear")
        out = torch.cat([out_1x1,out_3x3_1,out_3x3_2,out_3x3_3, out_img], 1)
        out = F.relu(self.bn_conv_1x1_3(self.conv_1x1_3(out)))
        out = self.conv_1x1_4(out)
        return out
class DeepLabV3(nn.Module):
    def __init__(self,num_classes):
        super(DeepLabV3, self).__init__()
        self.num_classes = num_classes
        self.resnet = ResNet18_OS8()
        self.aspp = ASPP(num_classes=self.num_classes)
    def forward(self, x):
        h = x.size()[2]
        w = x.size()[3]
        feature_map = self.resnet(x)
        output = self.aspp(feature_map)
        output = F.upsample(output, size=(h, w), mode="bilinear")
        return output
```

计算评分。

```
def _fast_hist(label_true, label_pred, n_class):
    mask = (label_true >= 0) & (label_true < n_class)
    hist = np.bincount(
        n_class * label_true[mask].astype(int) + label_pred[mask],
        minlength=n_class ** 2).reshape(n_class, n_class)
    return hist
def label_accuracy_score(label_trues,label_preds, n_class):
    hist = np.zeros((n_class, n_class))
    for lt, lp in zip(label_trues,label_preds):
        hist += _fast_hist(lt.flatten(), lp.flatten(), n_class)
    acc = np.diag(hist).sum() / hist.sum()
    acc_cls = np.diag(hist) / hist.sum(axis=1)
    acc_cls = np.nanmean(acc_cls)
    iu = np.diag(hist) / ( hist.sum(axis=1)+hist.sum(axis=0)-np.diag(hist) )
    mean_iu = np.nanmean(iu)
    freq = hist.sum(axis=1) / hist.sum()
```

```
    fwavacc = (freq[freq > 0] * iu[freq > 0]).sum()
    return acc, acc_cls, mean_iu, fwavacc
```

训练。

```
def train():
    best_score=0.0
    for e in range(epoch):
        net.train()
        train_loss=0.0
        label_true=torch.LongTensor()
        label_pred=torch.LongTensor()
        for i,(batchdata,batchlabel) in enumerate(train_dataloader):
            if use_gpu:
                batchdata,batchlabel=batchdata.cuda(),batchlabel.cuda()
            output=net(batchdata)
            output=F.log_softmax(output,dim=1)
            loss=criterion(output,batchlabel)
            pred=output.argmax(dim=1).squeeze().data.cpu()
            real=batchlabel.data.cpu()
            optimizer.zero_grad()
            loss.backward()
            optimizer.step()
            train_loss+=loss.cpu().item()*batchlabel.size(0)
            label_true=torch.cat((label_true,real),dim=0)
            label_pred=torch.cat((label_pred,pred),dim=0)
        train_loss/=len(train_data)
        acc,acc_cls,mean_iu,fwavacc=label_accuracy_score(
label_true.numpy(),
label_pred.numpy(),NUM_CLASSES)
        print('\nepoch:{}, train_loss:{:.4f}, acc:{:.4f}, acc_cls:{:.4f},
mean_iu:{:.4f}, fwavacc:{:.4f}'.format(
            e+1,train_loss,acc, acc_cls, mean_iu, fwavacc))
        net.eval()
        val_loss=0.0
        val_label_true = torch.LongTensor()
        val_label_pred = torch.LongTensor()
        with torch.no_grad():
            for i,(batchdata,batchlabel) in enumerate(val_dataloader):
                if use_gpu:
                batchdata,batchlabel=batchdata.cuda(),batchlabel.cuda()
                output=net(batchdata)
                output=F.log_softmax(output,dim=1)
```

```
                    loss=criterion(output,batchlabel)
                    pred = output.argmax(dim=1).squeeze().data.cpu()
                    real = batchlabel.data.cpu()
                    val_loss+=loss.cpu().item()*batchlabel.size(0)
                    val_label_true = torch.cat((val_label_true, real), dim=0)
                    val_label_pred = torch.cat((val_label_pred, pred), dim=0)
                val_loss/=len(val_data)
                    val_acc,val_acc_cls,val_mean_iu,val_fwavacc=label_accuracy_
score(val_label_true.numpy(),
    val_label_pred.numpy(),NUM_CLASSES)
            print('epoch:{}, val_loss:{:.4f}, acc:{:.4f}, acc_cls:{:.4f}, mean_iu:{:.4f},
fwavacc:{:.4f}'.format(e+1,val_loss,val_acc,val_acc_cls,val_mean_iu, val_fwavacc))
            score=(val_acc_cls+val_mean_iu)/2
            if score>best_score:
                best_score=score
                torch.save(net.state_dict(),model_path)
```

9.4.3 结果展示

```
    def evaluate(model):
        test_csv_dir = './data/test.csv'
        testset = CustomDataset(test_csv_dir,INPUT_WIDTH,INPUT_HEIGHT)
        test_dataloader = DataLoader(testset,batch_size = 4,shuffle=False)
        net.load_state_dict(torch.load(model_path,map_location='cuda:0'))
        for (val_image,val_label) in test_dataloader:
            net.cuda()
            out = net(val_image.cuda())  #[10, 21, 320, 320]
            pred = out.argmax(dim=1).squeeze().data.cpu().numpy()
            label = val_label.data.numpy() # [10,320,320]
            val_pred, val_label = label2image(NUM_CLASSES)(pred, label)
            for i in range(4):
                val_imag = val_image[i]
                val_pre = val_pred[i]
                val_labe = val_label[i]
                # 反归一化
                mean = [.485, .456, .406]
                std = [.229, .224, .225]
                x = val_imag
                for j in range(3):
                    x[j]=x[j].mul(std[j])+mean[j]
                img = x.mul(255).byte()
                img = img.numpy().transpose((1, 2, 0))
                fig, ax = plt.subplots(1, 3,figsize=(30,30))
```

```
        ax[0].imshow(img)
        ax[1].imshow(val_labe)
        ax[2].imshow(val_pre)
        plt.show()
```

使用训练好的模型对测试集中的 2 张图片进行测试，其结果如图 9-15 所示。

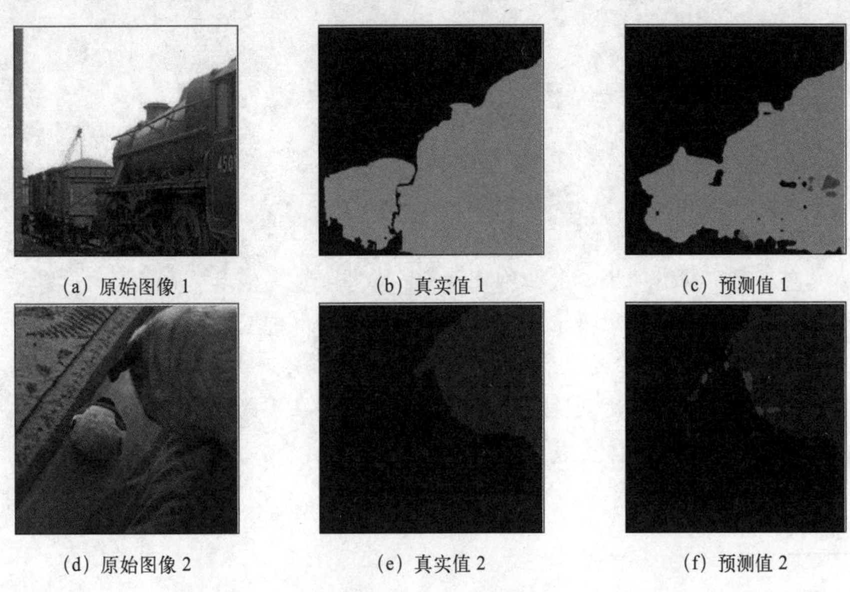

(a) 原始图像 1　(b) 真实值 1　(c) 预测值 1

(d) 原始图像 2　(e) 真实值 2　(f) 预测值 2

图 9-15 预测结果

小　结

本章介绍了语义分割领域的相关知识。首先介绍了语义分割的特点和基本原理，让读者对其有一个清晰的认识。然后分别介绍了目前该领域常用的数据集和评价指标，之后又对语义分割领域的经典网络进行了详细介绍，帮助读者理解这些网络的主要思路。最后实现了医疗分割和物体分割两个实战项目，让读者对整体的开发思路有更深入的认识。

习　题

1. 简述语义分割的基本原理。
2. 常用数据集有哪些？评价指标有哪些？
3. 简述 FCN 网络的整体结构。
4. 试用 MobileNet v2 网络改进 U-Net 网络。

第10章 图像生成

图像生成是计算机视觉领域中最有趣的方向之一。如何让机器生成真实世界中不存在的图像是本章研究的重点。前面各章主要介绍了在给出数据及数据对应标签的情况下如何利用深度学习算法进行建模，这种方法被称为监督学习。尽管监督学习已经取得了不错的成绩，但数据标注成本过高。因此无须数据标注的无监督学习受到了越来越多的关注。而在无监督学习中，生成模型是最有前途的技术之一。本章介绍的两种图像生成方法均属于生成模型。

思维导图

视 频

图像生成

- 图像生成
  - 图像生成介绍
    - 基本原理
    - 评价指标
  - 判别模型与生成模型
  - 自编码器
    - 自编码器原理
    - 常用自编码器模型
    - 变分自编码器
  - 生成对抗网络
    - 生成对抗网络思想
    - 生成对抗网络原理
    - 经典生成对抗网络
  - 项目实战
    - FashionMNIST图像生成
    - 动漫人脸生成

学习目标

- 了解生成模型概念；
- 理解自编码器；
- 理解变分自编码器原理；
- 掌握生成对抗网络概念和经典网络。

10.1 图像生成介绍

图像生成任务是指根据输入生成具有目标图像性质的图，是一项应用广泛的计算机视觉任务。例如，超分辨率图像生成可以帮助改善成像系统、修复旧照片；类条件图像生成可以将生成的图片用于图像分类、实例分割等其他任务中。

10.1.1　基本原理

图像生成分为传统图像生成和基于深度学习的图像生成两个方向，在本书中只对基于深度学习的图像生成方法进行介绍。目前基于深度学习的图像生成主要有两种方法：变分自编码器（Variational Auto-Encoders，VAE）和生成对抗网络（Generative Adversarial Networks，GAN）。这两种方法分别从不同角度实现图像生成，VAE 希望通过一种显式方法找到真实数据的概率分布，并通过最小化对数似然函数不断逼近真实数据的概率分布，从而得到生成图像。GAN 则通过两个网络对抗博弈的方式寻找一种相对平衡。

10.1.2　评价指标

1. Inception Score

Inception Score 从清晰度、多样性两个方面衡量生成的图片与真实图像分布的距离。如果值高说明生成的图像更接近真实图像的分布。具体公式如下：

$$\mathrm{IS}(G)=\exp\left(E_{x\sim pg}D_{\mathrm{KL}}\left(p(y|x)\parallel p(y)\right)\right) \tag{10-1}$$

2. Frechet Inception Distance

Frechet Inception Distance 是 Inception Score 的改进版。Inception Score 判断数据真实性是参考 ImageNet 中图片，因此无法反映真实数据和样本之间的差异。为了解决这一问题，Frechet Inception Distance 被提出。Frechet Inception Distance 值越低说明生成的图像质量更高。具体公式如下：

$$d^2(F,G)=\left|\mu_X-\mu_Y\right|^2+\mathrm{tr}\left[\sum X+\sum Y-2\left(\sum X\sum Y\right)^{\frac{1}{2}}\right] \tag{10-2}$$

3. Mode Score

Mode Score 同样也是 Inception Score 的改进版本，在原有基础上增加了关于生成图片和真实样本预测的概率分布相似性度量。Mode Score 越大，效果越好。具体公式如下：

$$\mathrm{MS}\left(P_g\right)=\exp\left(E_{x\sim P_g}\left[KL\left(P_M(y|x)\parallel P_M(y)\right)-KL\left(P_M(y)\parallel P_M(y^*)\right)\right]\right) \tag{10-3}$$

4. Maximum Mean Discrepancy

Maximum Mean Discrepancy 用来衡量两个分布之间的距离，Maximum Mean Discrepancy 值越小，说明分布越近，效果越好。具体公式如下：

$$\mathrm{MMD}^2\left(P_r,P_g\right)=E_{x_r,x_r'\sim P_r,x_g,x_g'\sim P_g}\left[k\left(x_r,x_r'\right)-2k\left(x_r,x_g\right)+k\left(x_g,x_g'\right)\right] \tag{10-4}$$

10.2 判别模型与生成模型

10.2.1 决策函数和条件概率分布

在之前的章节中进行了大量练习：通过已有数据学习出一个模型（分类器），将新数据 X 送入模型中得到相应的预测值 Y。该模型称为决策函数 $Y=f(X)$ 或条件概率分布 $P(Y|X)$。

决策函数 $Y=f(X)$：对输入数据 X 进行处理，得到输出值 Y，用 Y 与某个阈值进行比较，根据比较结果判定输入数据 X 属于哪个类别。

条件概率分布 $P(Y|X)$：比较输入数据 X 属于每个类别的概率 $P(Y_i|X)$，然后将概率最大的作为 X 对应的类别。

实际上决策函数 $Y=f(X)$ 中也隐含着条件概率分布 $P(Y|X)$。在决策函数计算过程中尽管没有显式地运用贝叶斯或是计算某种概率，但实际上隐含地使用了极大似然假设。换句话说，无论是决策函数还是条件概率分布，分类器都要在给定训练数据的基础上估计其概率模型 $P(Y|X)$。

10.2.2 判别方法和生成方法

那么如何得到概率模型 $P(Y|X)$ 呢？具体方法可以分为判别方法和生成方法，两种方法所学到的模型分别称为判别模型和生成模型。

判别模型指的是由数据直接学习决策函数 $Y=f(X)$ 或者由条件概率分布 $P(Y|X)$ 作为预测模型。简单来讲，就是要在有限样本条件下建立决策函数，不考虑样本的产生模型，直接研究预测模型。典型的判别模型包括决策树、支持向量机等。

生成模型与判别模型相反。生成模型根据数据中类别数量建立多个模型，然后由数据学习联合分布概率 $P(X,Y)$，在此基础上分别求出条件概率分布 $P(Y|X)$，选择各个类别中最大的 $P(Y|X)$ 作为预测模型，即生成模型，具体公式如式（10-5）所示。总的来说，生成模型首先建立样本的联合概率密度模型 $P(Y,X)$，然后得到后验概率 $P(Y|X)$。典型的生成模型包括朴素贝叶斯模型、隐马尔科夫模型。

$$P(Y|X)=\frac{P(X,Y)}{P(X)} \tag{10-5}$$

从式（10-5）中可以看出，生成模型的计算依赖于 $P(X)$，而 $P(X)$ 指的是训练数据的概率分布。也就是说使用生成模型必须要求训练样本足够多，这样 $P(X)$ 才能代表数据的真实分布情况。

上述概念听起来有点晦涩，下面举一个比较简单的例子。

假设要对猫狗进行分类。对于判别模型来说，它从训练数据中不断学习得到模型，当出现新的图像时，需要提取出图片中动物的特征，通过模型预测该动物是猫还是狗。对于生成模型来说，需要分别构建猫和狗的特征模型，当出现新的图像时，将图片中的动物分别与建立的猫狗特征模型做比较，哪个概率大则为预测值。

总的来说，判别模型与生成模型各有优缺点，适用于不同场景。

对于判别模型来说，它相较于生成模型所需的样本数量较少，在处理数据时关注的是不同类别

之间的最优分类面，直接反映异类数据之间的差异。而且由于是直接学习 $Y=f(X)$ 或 $P(Y|X)$，判别模型可以对数据进行抽象、定义特征并将学到的特征应用于分类，因此在一定程度上可以简化学习问题。但是缺陷也很明显，判别模型无法反应训练数据本身的特性，也无法处理含隐藏变量的情况。

对于生成模型来说，它从统计概率角度还原了输入与输出之间的联合概率分布，可以反映出数据本身的特性，生成模型还适用于存在隐藏变量的情况。但生成模型的缺点是训练的复杂度比较高，因为不是直接对标签进行预测，往往学习到的分类准确率比判别模型要低，所以一般分类问题大多使用判别模型。

10.3 自编码器

前面的内容中已经介绍了机器学习可以分为监督学习、无监督学习、半监督学习三类。对于监督学习来说，学习决策函数 $Y=f(X)$ 或者条件概率分布 $P(Y|X)$ 作为预测模型已经不是什么难事。当然，前提是要提供足够的数据和对应的标签。这也引发了一个问题：网络中数据来源多种多样，任何形式的数据都可以被获取，包括图片、文本、音频等，但这种数据基本上都是未标注的数据。显然，这种数据无法直接被应用在监督学习中。因此对数据进行标注是很有必要的。现在数据标注工作主要还是依赖于人工完成，庞大的人力成本和人工标注过程中出现的“偏见”制约了机器学习的发展。所以，人们自然而然地想到直接从未标注的数据中学习数据的分布，也就是通过无监督学习的方式解决问题。下面介绍的自编码器就是无监督学习的一种，同时它也是一种经典的生成模型。

10.3.1 自编码器原理

自编码器（Auto-Encoder）是一种经典的生成模型方法，它可以学习到输入数据的隐含特征，这一过程称为编码（coding）。同时，利用反向传播算法可以利用学习到的新特征重构出原始输入数据，这一过程称为解码（decoding）。自编码器以数据本身作为监督信号指导网络进行训练，图 10-1 是一个典型的自编码器模型。

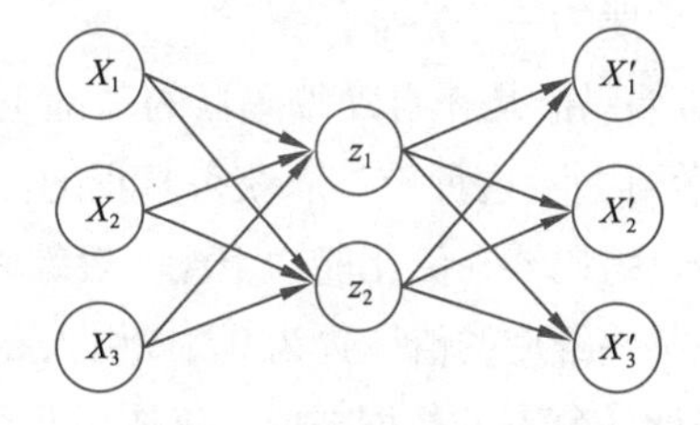

图 10-1　自编码器网络结构

整个模型可以分为两个子网络。

（1）编码网络（Encoder）：将输入的数据 X 通过编码器编码为 z。

（2）解码网络（Decoder）：对编码结果 z 进行解码，重建样本得到 X'。

到这里，读者可能已经产生了一些疑惑。让输入的 X 等于输出的 X'，这样做有什么意义？当然，如果只是让输入等于输出的话，意义不大，但自编码器的核心价值在于经编码器压缩后的潜在空间表征，经过这种压缩，可以学习到输入数据中最重要的特征。即自编码器实质上是一种数据压缩算法。从输入数据 X 变为 z 的过程，可以看作压缩信息的过程，而 z 变为 X' 的过程则可以看作解压缩的过程。其中数据的压缩和解压缩具有三个典型特征：

（1）自动编码器是数据相关的。这意味着自动编码器只能压缩那些与训练数据类似的数据。比如，使用人脸训练出来的自动编码器在压缩动物图片时性能很差，因为它学习到的特征是与人脸相关的。

（2）自动编码器是有损的。与无损压缩算法不同，自编码器中解压缩的输出与原来的输入相比是退化的。因此自编码器生成的图片相较于原图显得模糊。

（3）自动编码器是从数据样本中自动学习的。

自编码器的目标函数如下：

$$L=\sum_{n=1}^{N}\left\|x^{(n)}-x'^{(n)}\right\|^2+\lambda\left|W\right|_2^2 \tag{10-6}$$

式中前一部分表示输入的 X 和输出的 X' 之间的差异，这一部分称为重建误差。重建误差越小说明编解码的过程越合理。后一部分是为了增加模型的泛化能力所添加的正则项，对模型进行有效约束。

本质上来说，自编码器和普通神经网络并没有什么区别，只不过是自编码器训练过程中的监督信号由输入数据对应的标签 Y 变成了输入数据本身。

10.3.2 常用自编码器模型

自编码器在计算损失函数时主要是计算输入数据 X 和输出数据 X' 之间的距离，因此对自编码器的优化只能让输出数据 X' 从底层特征上不断逼近输入数据 X。而对于其他抽象指标无能为力，所以在某些任务上表现一般。为了提升自编码器的性能，人们对自编码器中 z 的设置和对输入数据的处理方式做了许多改进，衍生出了如下一些变种。

（1）稀疏自编码器：让 z 的维度大于输入数据 X 的维度，并让 z 尽量稀疏，这就构成了稀疏自编码器。稀疏自编码器同稀疏编码一样，有很高的可解释性，同时进行了隐式的特征选择，这样学习到的稀疏表示提取了原数据中更重要的一些特征。

（2）降噪自编码器：降噪自动编码器是在自动编码器的基础上，在训练数据 X 中加入一些噪声。在这种情况下自编码器必须学习去除这种噪声而获得真正的没有被噪声污染过的输入，而不只是简单地复制输入。因此，降噪自编码器在泛化能力上比一般编码器强。引入噪声的方法很多，如可以按照一定比例将训练数据中某些维度的值设置为 0，或引入高斯噪声等。

（3）堆叠自编码器：对于很多比较复杂的数据来说，仅使用两层神经网络的自编码器还不足以获取一种好的数据表示。为了解决这种问题，可以使用更深层的神经网络。深层神经网络作为自编码器提取的数据表示一般会更加抽象，能够更好地捕捉更有代表性的特征。将原始自编码器的结构进行堆叠，形成一种级联结构，这就是堆叠自编码器，一般可以采用逐层训练来学习网络参数，最终得到的特征更有代表性。

10.3.3　变分自编码器

1. 自编码器局限性

如果我们有某张图片的编码向量，那么就可以利用训练好的自编码器模型重建该图像，如图 10-2 所示。

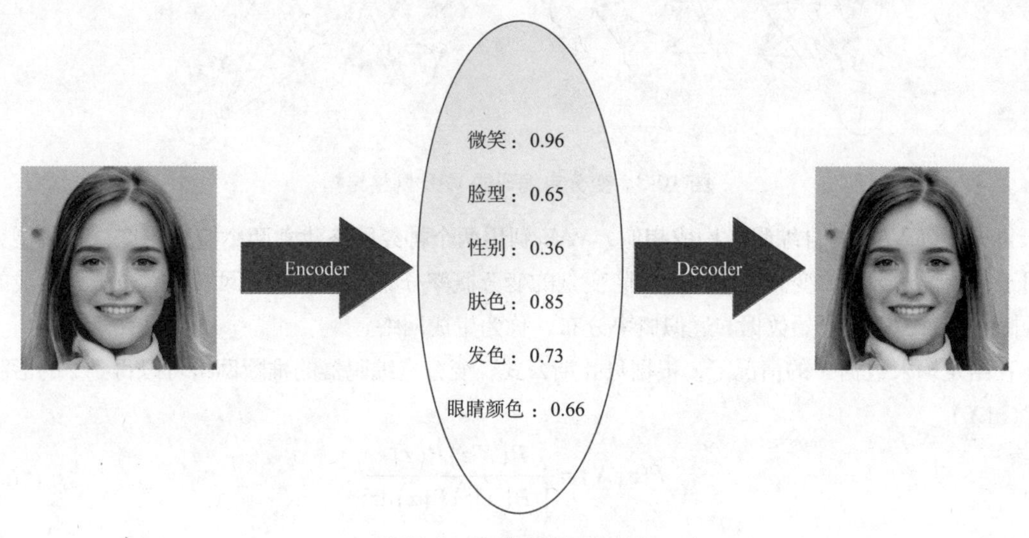

图 10-2　自编码器网络结构

假设在一张人脸图像上，人的特征（如发型、性别、肤色、表情等）都可以根据某个取值唯一确定，那么将一张人脸图像输入到自编码器后将会得到这张图片在表情、肤色等特征上的取值的编码向量 z，而后解码器将会根据这些特征的取值重构出原始输入的这张人脸图像。

但是问题也随之而来，如果随机生成一个 z，自编码器会给出对应的人脸吗？很遗憾，自编码器只能保证将由输入数据 X 生成的编码向量 z 还原为 X，并不会产生新的图像。

所以，将特征设置为固定单值的方式显然有些不合理，那么能不能对自编码器做些改进，让它可以生成新样本呢？有个很简单的办法，可以在自编码器的编码网络中加入一个约束，使生成的潜在向量在大体上服从单位高斯分布，取值的概率分布代替原先的单值来描述特征。经过这种改进后，只需从单位高斯分布中采样出一个潜在向量，并将其传到 Decoder 网络后，即可生成新的图像。这就是变分自编码器 VAE 的原理。

2. 变分自编码器

了解变分自编码器的工作原理后，思考一下如何在自编码器中加入合适的约束。

首先假定输入数据的数据集的分布完全由一组隐变量 z 操控，而这组隐变量之间相互独立且服从高斯分布。VAE 让编码网络 Encoder 学习输入数据隐含的隐变量模型，也就是去学习这组隐变量 z 的高斯概率分布的参数：隐变量高斯分布的均值 μ 和方差 θ 的 log 值。

如果可以实现上述操作的话，隐变量 z 就可以从这组分布参数的正态分布中采样得到：$z \sim N(\mu,\theta)$，再通过解码网络 Decoder 对采样的隐变量 z 进行解码重构输入。

以上就是变分自编码器 VAE 的构造思想。下面具体看一下 VAE 的网络结构，如图 10-3 所示。

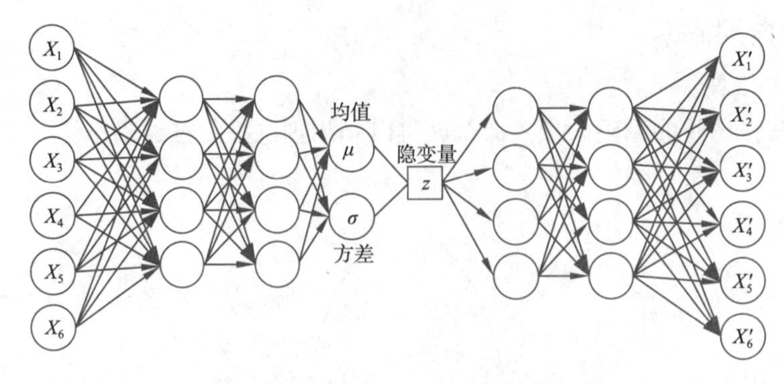

图 10-3　变分自编码器 VAE 网络结构

可以看到 VAE 与自编码器构成相似，VAE 利用两个神经网络建立两个概率密度分布模型：左边用于原始输入数据的变分推断，生成隐变量的变分概率分布，称为推断网络；右边根据生成的隐变量概率分布，还原原始数据的近似概率分布，称为生成网络。

在给定输入数据 X 的情况下，根据贝叶斯公式，变分自编码器的推断网络可以得到 z 的后验分布 $P(z|X)$。

$$P(z|X)=\frac{P(X|z)P(z)}{\int_z P(X|z)P(z)\mathrm{d}z} \tag{10-7}$$

然而式（10-7）在大规模的数据量面前求解十分复杂。为了解决这个问题，有学者使用另一个高斯分布 $q(z|X)$ 来近似 $P(z|X)$。通过网络来学习 q 的参数，一步步优化 q 使其与 $P(z|X)$ 尽可能接近，然后就可以用它对复杂的分布进行近似推理。为了使得 q 和 p 这两个分布尽可能相似，可以最小化两个分布之间的 KL 散度，KL 散度是概率论中一个重要概念，主要描述的是两个概率分布之间的差异。具体公式如下：

$$\min \mathrm{KL}(q(z|x)\|p(z|x)) \tag{10-8}$$

解决了 $P(z|X)$ 求解的问题后，VAE 的目标函数可以表示为如下形式：

$$L=\mathrm{Loss}(x,x')+\sum_j \mathrm{KL}(q_j(z|x)\|p(z|x)) \tag{10-9}$$

式（10-9）中前一部分为生成误差，用以衡量网络重构图像精确度的均方误差。后一部分为潜在误差，即 $q(z|X)$ 和 $P(z|X)$ 的差异程度。

3. 重参数化 Reparameterization

之前虽然介绍过要让 Encoder 学习隐变量高斯分布的均值 μ 和方差 θ，但在目标函数的优化过程中，VAE 模型并没有真正用 $z\sim N(\mu,\theta)$ 采样得到隐变量 z，因为这样的采样操作是无法求导的，导致反向传播无法生效。所以在求解时使用了一个小技巧：

先采样一个标准正态分布：$\varepsilon\sim N(0,1)$，然后计算 $z=\mu+\varepsilon\times\theta$，即通过采样一个实系数获得对高维向量的采样。这样得到的隐变量 z 仍然服从于 $z\sim N(\mu,\theta)$，同时也可以正常对 μ 和 θ 进行求导，不会影响反向传播。

10.4 生成对抗网络

在介绍完 VAE 后，再来看看另一种生成模型——生成对抗网络（Generative Adversarial Networks，GAN）。2014 年，由 Ian Goodfellow 提出了 GAN，目前 GAN 已经成为计算机视觉领域最热门的研究之一。

10.4.1 生成对抗网络思想

GAN 提出的初衷是让计算机自动生成不存在于真实世界的数据。但是使用传统的神经网络效果并不能很好地满足这一目标。因此 Ian 转换了思路，开始同时使用两个神经网络，并让两种网络形成一种博弈与对抗的关系，图 10-4 展示了神经网络中对抗博弈的思想。

图 10-4 对抗博弈思想

下面通过举例更好地说明这种对抗博弈关系。

假设你是一名足球运动员，你想在下次比赛中得到上场机会。于是在每一次训练赛之后你跟教练进行沟通：

你：教练，我想上场。

教练:(评估你的训练赛表现之后）…算了吧！（你通过跟其他人比较，发现自己的运球很差，于是你苦练了一段时间。）

你：教练，我想上场。

教练：还不行。

（你发现你射门不如大家，于是你苦练射门。）

你：教练，我想上场。

教练：嗯，还有所欠缺。

（你发现你的耐力不够，踢一会球就气喘吁吁，于是你努力锻炼。）

你一直被拒绝，但是从来不放弃，经过不断的努力后，你的能力终于得到了教练的认可。

值得一提的是在这个过程中，所有候选球员都在不断地进步和提升。因而教练也要不断地通过对比场上球员和候补球员来学习分辨哪些球员是真正可以上场的，并且要“观察”的比球员更频繁。随着大家的成长，教练也会变得越来越严格。

上述的励志故事就是你和教练博弈的过程，两者相互提高，最终达到平衡。GAN 借鉴了这种对抗博弈思想。图 10-5 所示为 GAN 网络的基本结构。

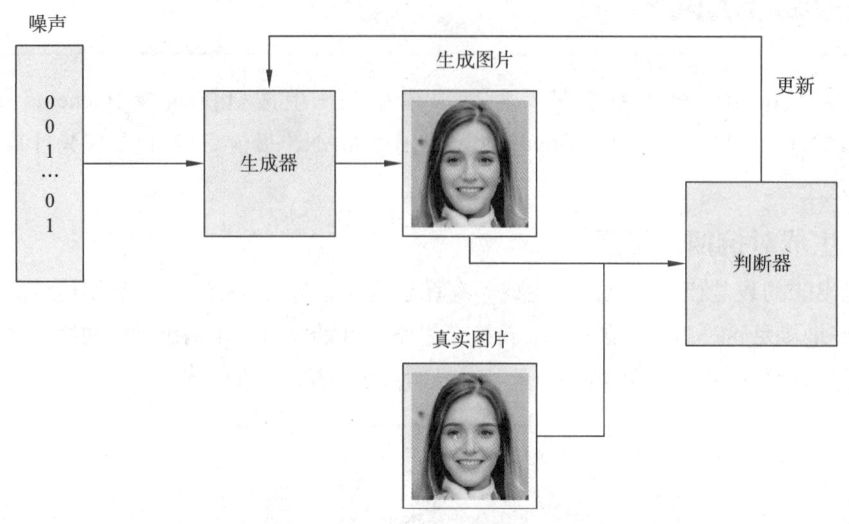

图 10-5 生成对抗网络 GAN 网络结构

可以从图 10-5 中看出，GAN 有两个重要组成部分生成器和判断器。

生成器（Generator，G），即故事中努力练球的你。

判别器（Discriminator，D），即故事中严格的教练。

整体来看，GAN 的整个训练过程可以看作是在寻找 G 和 D 之间的平衡点：G 利用输入的随机噪声 z 生成图片，并让生成的图片尽可能接近真实数据。D 是一个二分类器，用来判断输入的图片是真实数据还是 G 生成的假样本，若是真实数据则 D 输出为 1，生成的假样本则输出为 0。当 D 无法判断输入的数据是来自真实数据还是 G 的时候，说明 G 生成的图像已经足够逼真。

10.4.2 生成对抗网络原理

理解了 GAN 的思想后，下面介绍具体实现原理。

第一代生成器 G1 的参数是随机生成的，所以 G1 产生的图片效果很差。将 G1 生成的图片和真实数据输入第一代判别器 D1，D1 可以很容易分辨出输入是真实数据还是生成的假数据。然后根据生成器和判别器的损失函数利用反向传播更新参数，训练出第二代生成器 G2 和第二代判别器 D2，要求 G2 生成的图片必须骗过 D1，依次迭代，直到最后两者达到平衡。

那么如何训练新一代的生成器，能让它生成的图片骗过上一代判别器呢？

其实做法很简单。将新一代的生成器和上一代判别器相连接，形成一个新的网络。将判别器网络的期望输出设置为 1，通过反向传播训练得到新的生成器。注意，在此期间判别器的权重是固定不变的，只调整生成器的权重，如此迭代，生成的图片会越来越接近真实图片。GAN 的目标函数如下：

$$\min_G \max_D V(D,G) = E_{x\sim P_{\text{data}}(x)}\left[\log D(x)\right] + E_{z\sim P_{\text{noise}}(z)}\left[\log\left(1-D\left(G(z)\right)\right)\right] \tag{10-10}$$

上面已经提到过，判别器是一个分类器，因此常常采用交叉熵损失函数，其公式如下：

$$H(p,q)=-\sum_i p_i \log q_i \tag{10-11}$$

公式中 p_i 和 q_i 为真实数据的分布和生成器的生成分布。对于一个二分类问题，交叉熵损失函数可以更具体地展开，如下式所示：

$$H((x_1,y_1),D)=-y_1\log D(x_1)-(1-y_1)\log(1-D(x_1)) \tag{10-12}$$

将上式推广到 N 个样本后，将 N 个样本相加得到对应的公式，如下式所示：

$$H\left((x_i,y_i)_{i=1}^N,D\right)=-\sum_{i=1}^N y_i\log D(x_i)-\sum_{i=1}^N(1-y_i)\log(1-D(x_i)) \tag{10-13}$$

以上都属于二分类交叉熵损失函数中的公式，接下来加入 GAN 的部分。

对于输入的 x_i 来说，它要么来自真实样本，要么来自生成器生成的样本。其中，对于来自真实的样本,要判别其为正确的分布 y_i。对于来自生成的样本要判别其为错误分布 1- y_i。将式(10-13)进一步使用概率分布的期望形式写出，并且让 y_i 为 1/2，且使用 $G(z)$ 表示生成样本，可以得到如下公式：

$$H\left((x_i,y_i)_{i=1}^\infty,D\right)=-\frac{1}{2}E_X\left[\log D(x)\right]-\frac{1}{2}E_z\left[\log\left(1-D\left(G(z)\right)\right)\right] \tag{10-14}$$

对比 GAN 的目标函数，发现二者实际是一样的。因此 GAN 的目标函数中 $V(D,G)$ 相当于表示真实数据和生成器生成的数据之间的差异程度。则整个目标函数可以分为两部分，首先是对于判别器部分，如下式所示：

$$\max_D V=E_{x\sim P_{\text{data}}(x)}\left[\log D(x)\right]+E_{z\sim P_{\text{noise}}(z)}\left[\log\left(1-D\left(G(z)\right)\right)\right] \tag{10-15}$$

对于判别器的训练要保证生成器部分保持不变，尽可能地让判别器能够最大化地判别出样本来自于真实数据还是生成器生成的数据。对于 $E_{x\sim P_{\text{data}}(x)}\left[\log D(x)\right]$ 来说，由于输入采样自真实数据，所以期望 $D(x)$ 趋近于 1，也就是变大。对于 $E_{z\sim P_{\text{noise}}(z)}\left[\log(1-D\left(G(z)\right))\right]$ 来说，输入采样自生成器生成的数据，所以期望 $1-D\left(G(z)\right)$ 尽可能逼近于 1，这样就使得判别器可以准确地辨别出生成器生成的数据。所以这一部分训练使得整体变大，即 $\max_D$。

然后是对于生成器部分，如下式所示：

$$\min_G V=E_{x\sim P_{\text{data}}(x)}\left[\log D(x)\right]+E_{z\sim P_{\text{noise}}(z)}\left[\log(1-D\left(G(z)\right))\right] \tag{10-16}$$

对于生成器的训练要保证判别器部分保持不变，所以 $E_{x\sim P_{\text{data}}(x)}\left[\log D(x)\right]$ 无变化。想要使得生成的数据可以通过判别器，就需要使得 $D\left(G(z)\right)$ 接近于 1，即生成的数据通过判别器。所以 $E_{z\sim P_{\text{noise}}(z)}\left[\log(1-D\left(G(z)\right))\right]$ 越小越好，即 $\min_G$。

10.4.3 经典生成对抗网络

1. DCGAN

DCGAN 是 GAN 基础框架的一种创新。在 GAN 基础框架中，生成器和判别器都是利用多层感知机构建的。而 DCGAN 使用卷积神经网络实现生成模型和判别模型的构建，并且利用了一些技巧来避免模型崩溃和模型不收敛等问题。图 10-6 和图 10-7 所示为 DCGAN 网络结构。

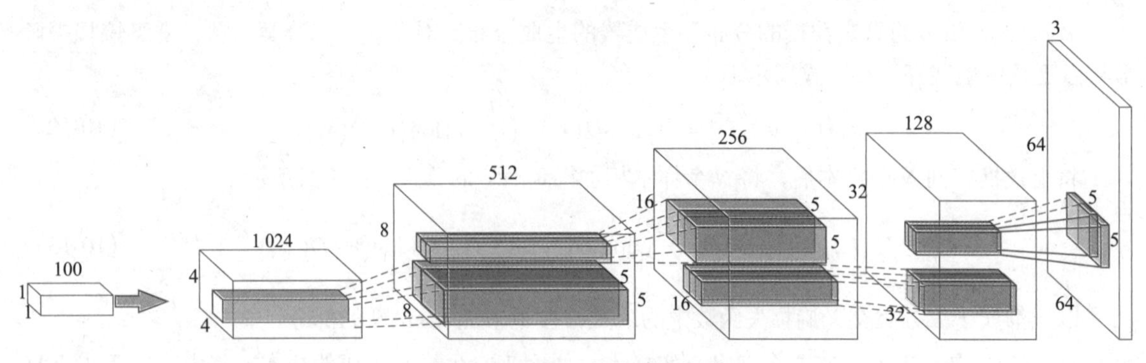

图 10-6　DCGAN 生成器部分

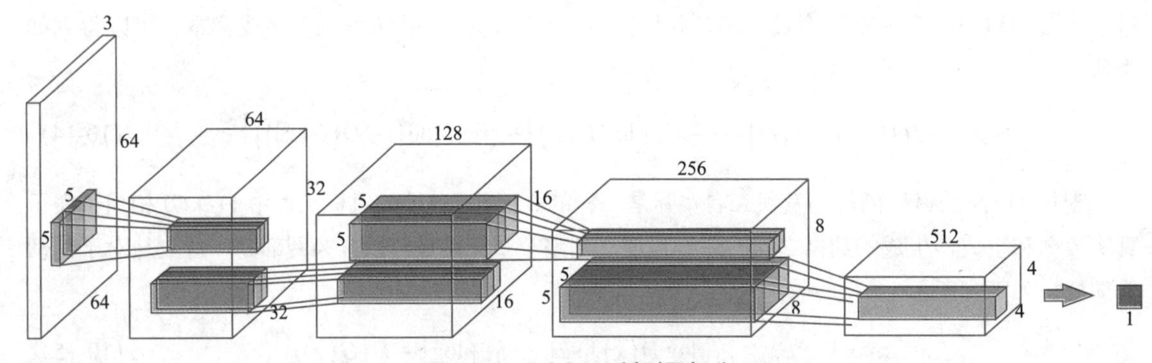

图 10-7　DCGAN 判别器部分

DCGAN 是将 CNN 与 GAN 相结合的一次尝试，在网络设计时采用了当时对 CNN 比较流行的改进方案，汇总如下：

（1）将空间池化层用卷积层替代，生成器模型中使用转置卷积代替池化，判别器模型重用设置步长的卷积代替池化。改进的意义是下采样过程不再是固定的抛弃某些位置的像素值，而是可以让网络自己学习下采样方式。

（2）在生成器模型和判别器模型中均使用了批归一化。

（3）去掉全连接层，使网络变为全卷积网络。

（4）生成器模型中使用 ReLU 作为激活函数，最后一层使用 tanh。判别器模型中使用 LeakyReLU 作为激活函数，改善了梯度消失的问题。

2. CGAN

GAN 无须预先建模的特性使它脱颖而出，但这种不需要预先建模的方法也存在问题：对于尺寸较大、像素较多的图片，原始 GAN 太不可控。为了解决这一问题，研究者在原始 GAN 中加入了一些约束，于是便有了条件生成模型（Conditional Generative Adversarial Nets，CGAN）。CGAN 通过给原始 GAN 的生成器 G 和判别器 D 添加额外的条件信息，构成了条件生成模型。CGAN 中额外的条件信息可以是类别标签或者其他辅助信息，一般使用条件信息（记为 y）作为例子。CGAN 网络结构如图 10-8 所示。

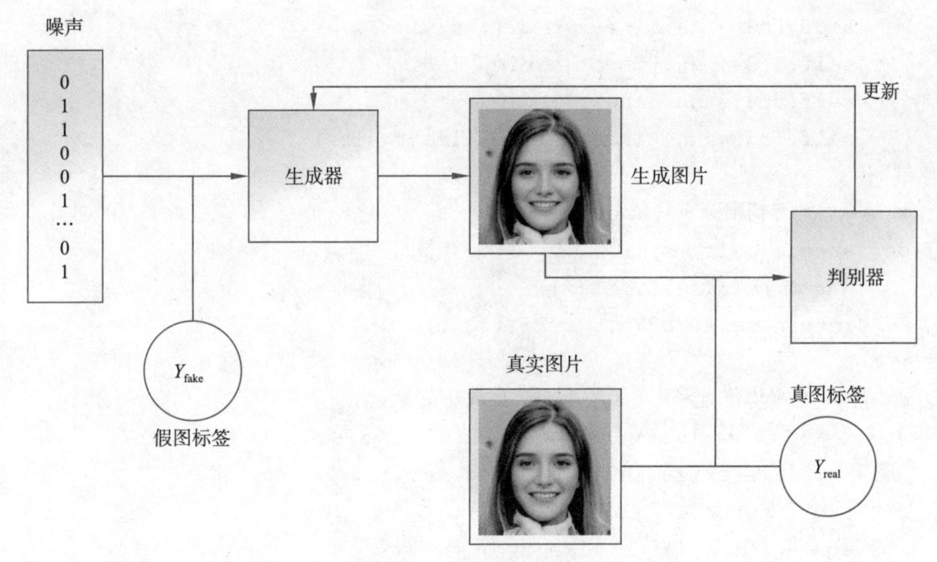

图 10-8 CGAN 网络结构

如上面所介绍的，CGAN 最大的改进是将条件信息 Y 加入生成器 G 和判别器 D 中。从图 10-8 中可以看出，CGAN 的网络相对于原始 GAN 网络并没有变化，改变的仅仅是生成器 G 和判别器 D 的输入数据，这就使得 CGAN 可以作为一种通用策略嵌入其他 GAN 网络中。

所以 CGAN 添加的额外信息 Y 只需要和 x 与 z 进行合并，作为 G 和 D 的输入即可，由此可以得到 CGAN 的损失函数，如下式所示：

$$\min_G \max_D V(D,G) = E_x\left[\log D(x \mid y)\right] + E_z\left[\log\left(1 - D\left(G\left(z \mid y\right)\right)\right)\right] \tag{10-17}$$

10.5 项目实战：FashionMNIST 图像生成

10.5.1 项目介绍

该项目中会使用变分自编码器 VAE 实现 FashionMNIST 图像生成任务。关于 FashionMNIST 数据集的构成已经在本章开头进行过介绍，这里不再赘述。

10.5.2 实现流程

首先，建立一个 VAE.py 用于定义网络。

```
import torch
from torch import nn
import torch.nn.functional as F
class VAE(nn.Module):
    def __init__(self, image_size=784, h_dim=400, z_dim=20):
        super(VAE, self).__init__()
        self.fc1 = nn.Linear(image_size, h_dim)
```

```
        self.fc2 = nn.Linear(h_dim, z_dim)
        self.fc3 = nn.Linear(h_dim, z_dim)
        self.fc4 = nn.Linear(z_dim, h_dim)
        self.fc5 = nn.Linear(h_dim, image_size)

    # 编码，学习高斯分布均值与方差
    def encode(self, x):
        h = F.relu(self.fc1(x))
        return self.fc2(h), self.fc3(h)

    # 将高斯分布均值与方差参数重表示，生成隐变量 z
    # 若 x~N(mu, var*var) 分布，则 (x-mu)/var=z~N(0, 1) 分布
    def reparameterize(self, mu, log_var):
        std = torch.exp(log_var / 2)
        eps = torch.randn_like(std)
        return mu + eps * std

    # 解码隐变量 z
    def decode(self, z):
        h = F.relu(self.fc4(z))
        return F.sigmoid(self.fc5(h))

    # 计算重构值和隐变量 z 的分布参数
    def forward(self, x):
        mu, log_var = self.encode(x)                  # 从原始样本 x 中学习隐变量 z 的
分布，即学习服从高斯分布均值与方差
        z = self.reparameterize(mu, log_var)          # 将高斯分布均值与方差参数重表
示，生成隐变量 z
        x_reconst = self.decode(z)                    # 解码隐变量 z，生成重构 x'
        return x_reconst, mu, log_var                 # 返回重构值和隐变量的分布参数
```

导入项目所需要的库。

```
import torch
import torch.nn as nn
import torchvision
import torchvision.transforms as transforms
from torchvision.utils import save_image
from vae import VAE
```

参数设置。

```
image_size = 784        # 图片大小
h_dim = 400             # 隐藏层维度
```

```
z_dim = 20
num_epochs = 40
batch_size = 128
learning_rate = 1e-3
device = torch.device('cuda' if torch.cuda.is_available() else 'cpu')
```

数据预处理，下载、加载数据。

```
# 构造数据加载器并加载数据
trainset = torchvision.datasets.FashionMNIST(
            root='./data',
            train=True,
            download=True,
            transform=transform)
trainloader = torch.utils.data.DataLoader(
            trainset,
            batch_size=batch_size,
            shuffle=True)
testset = torchvision.datasets.FashionMNIST(
            root='./data',
            train=False,
            download=True,
            transform=transform)
testloader = torch.utils.data.DataLoader(
            testset,
            batch_size=batch_size,
            shuffle=False)
```

实例化网络，选择优化器。

```
model = VAE().to(device)                                    # 实例化模型
optimizer = torch.optim.Adam(model.parameters(), lr=learning_rate)# 选择优化器
```

训练过程。

```
for epoch in range(num_epochs ):                            # 迭代 40 次
    vae.train()
    all_loss = 0.
    for batch_idx, (inputs, targets) in enumerate(trainloader):
        # 加载数据进行处理
        inputs, targets = inputs.to('cpu'), targets.to('cpu')
        real_imgs = torch.flatten(inputs, start_dim=1)          # 真实样本打平
        gen_imgs, mu, logvar = vae(real_imgs)               # 图片送入网络
        loss = loss_function(gen_imgs, real_imgs, mu, logvar)
```

```
            optimizer.zero_grad()
            loss.backward()
            optimizer.step()
            all_loss += loss.item()
            print('Epoch {}, loss: {:.6f}'.format(epoch+1, loss.item()))
        # 保存图片
        fake_images = gen_imgs.view(-1, 1, 28, 28)
    save_image(fake_images,'MNIST_FAKE/fake_images_fashion-{}.png'.format(epoch + 1))
    torch.save(vae.state_dict(), './vae_FASHION.pth')     # 保存模型
```

10.5.3 结果展示

下面观察生成的图片效果。图 10-9 所示为 VAE 迭代 1 次、5 次、10 次、50 次的结果。

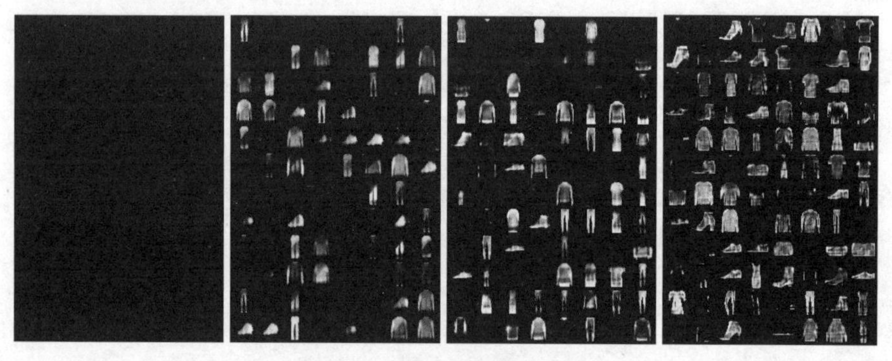

图 10-9 VAE 图像生成结果

10.6 项目实战：动漫人脸生成

10.6.1 项目介绍

按图像生成的效果来说，生成对抗网络 GAN 的效果相较于变分自编码器 VAE 来说更好。因此对于一些复杂图片的生成任务来说，GAN 是最好的选择，本项目使用 GAN 完成动漫人脸生成任务。

10.6.2 实现流程

首先，建立一个 GAN.py 用于定义网络。

```
import torch
from torch import nn
# 定义 Generation 生成模型，通过输入噪声向量生成图片
class NetG(nn.Module):
    # 构建初始化函数，传入 opt 类
    def __init__(self, opt):
```

```
        super(NetG, self).__init__()
        # self.ngf 生成器特征图数目
        self.ngf = opt.ngf
        self.Gene = nn.Sequential(
            # 假定输入为 opt.nz*1*1 维的数据，opt.nz 维的向量
            nn.ConvTranspose2d(in_channels=opt.nz,out_channels=self.
            ngf*8,kernel_size=4, stride=1, padding=0, bias =False),
            nn.BatchNorm2d(self.ngf * 8),
            nn.ReLU(inplace=True),
            # 输入一个 4*4*ngf*8
            nn.ConvTranspose2d(in_channels=self.ngf*8,out_channels=self.
            ngf*4, kernel_size=4, stride=2, padding=1, bias =False),
            nn.BatchNorm2d(self.ngf * 4),
            nn.ReLU(inplace=True),
            # 输入一个 8*8*ngf*4
            nn.ConvTranspose2d(in_channels=self.ngf*4,out_channels=self.
            ngf*2,kernel_size=4,stride=2,padding=1,bias=False),
            nn.BatchNorm2d(self.ngf * 2),
            nn.ReLU(inplace=True),
            # 输入一个 16*16*ngf*2
            nn.ConvTranspose2d(in_channels=self.ngf*2,out_channels=self.
            ngf,kernel_size=4, stride=2, padding=1, bias =False),
            nn.BatchNorm2d(self.ngf),
            nn.ReLU(inplace=True),
            # 输入一张 32*32*ngf
            nn.ConvTranspose2d(in_channels=self.ngf,out_channels=3,
    kernel_size=5, stride=3, padding=1, bias =False),
            # Tanh 收敛速度比 sigmoid 快，慢于 relu，输出范围为 [-1,1]，输出均值为 0
            nn.Tanh())

    # 输出一张 96*96*3
    def forward(self, x):
        return self.Gene(x)

# 构建 Discriminator 判别器
class NetD(nn.Module):
    def __init__(self, opt):
        super(NetD, self).__init__()
        self.ndf = opt.ndf
        # DCGAN 定义的判别器，生成器没有池化层
        self.Discrim = nn.Sequential(
            # 输入通道数 in_channels，输出通道数（即卷积核的通道数）out_channels
```

```
                # input:(bitch_size, 3, 96, 96)
                # output:(bitch_size, ndf, 32, 32), (96 - 5 +2 *1)/3 + 1 =32
                 nn.Conv2d(in_channels=3, out_channels= self.ndf,kernel_size= 5,
stride= 3, padding= 1, bias=False),
                nn.LeakyReLU(negative_slope=0.2, inplace= True),
    # input:(ndf, 32, 32)
                nn.Conv2d(in_channels= self.ndf, out_channels= self.ndf * 2,
kernel_size= 4, stride= 2, padding= 1, bias=False),
                nn.BatchNorm2d(self.ndf * 2),
                nn.LeakyReLU(0.2, True),
                # input:(ndf *2, 16, 16)
                nn.Conv2d(in_channels= self.ndf * 2,out_channels= self.ndf *4,
                    kernel_size= 4, stride= 2, padding= 1,bias=False),
                nn.BatchNorm2d(self.ndf * 4),
                nn.LeakyReLU(0.2, True),
                # input:(ndf *4, 8, 8)
                nn.Conv2d(in_channels= self.ndf *4,out_channels= self.ndf *8,
kernel_size= 4, stride= 2, padding= 1, bias=False),
                nn.BatchNorm2d(self.ndf *8),
                nn.LeakyReLU(0.2, True),
                # input:(ndf *8, 4, 4)
                # output:(1, 1, 1)
                nn.Conv2d(in_channels= self.ndf *8, out_channels= 1,
kernel_size=4, stride= 1, padding= 0, bias=True),
                nn.Sigmoid())

        def forward(self, x):
            # 展平后返回
            return self.Discrim(x).view(-1)
```

导入项目所需要的库。

```
    from tqdm import tqdm
    import torch
    import torchvision as tv
    from torch.utils.data import DataLoader
    import torch.nn as nn
    from GAN import NetG,NetD
```

参数设置。

```
    class Config(object):
        data_path = './data_face'
        virs = "result"
```

```
    num_workers = 0                    # 多线程设置
    img_size = 96                      # 剪切图片的像素大小
    batch_size = 256                   # 批处理数量
    max_epoch = 400                    # 最大轮次
    lr1 = 2e-4                         # 生成器学习率
    lr2 = 2e-4                         # 判别器学习率
    beta1 = 0.5                        # 正则化系数，Adam优化器参数
    nz = 100                           # 噪声维度
    ngf = 64                           # 生成器的卷积核个数
    ndf = 64                           # 判别器的卷积核个数
    #模型保存路径
    save_path = 'img/'                 # opt.netg_path生成图片的保存路径
    # 判别模型的更新频率要高于生成模型
    d_every = 1                        # 每个batch 训练一次判别器
    g_every = 5                        # 每个batch训练一次生成模型
    save_every = 5                     # 每save_every次保存一次模型
    netd_path = None
    netg_path = None
    # 测试数据
    gen_img = "result.png"
    # 选择保存的照片
    # 一次生成保存64张图片
    gen_num = 64
    gen_search_num = 512
    gen_mean = 0                       # 生成模型的噪声均值
gen_std = 1                            # 噪声方差

# 实例化Config类，设定超参数，并设置为全局参数
opt = Config()
```

数据预处理，加载数据。

```
transforms = tv.transforms.Compose([
    # 3×96×96
    tv.transforms.Resize(opt.img_size),     # 缩放到 img_size* img_size
    # 中心裁剪成96×96的图片。因为本任务数据已满足96×96尺寸，可省略
    tv.transforms.CenterCrop(opt.img_size),
    # ToTensor 和 Normalize 搭配使用
    tv.transforms.ToTensor(),
    tv.transforms.Normalize((0.5, 0.5, 0.5), (0.5, 0.5, 0.5))])
# 加载数据
dataset=tv.datasets.ImageFolder(
    root=opt.data_path,
```

```
    transform=transforms)
dataloader = DataLoader(
    dataset,                                       # 数据加载
    batch_size=opt.batch_size,
    shuffle=True,
    drop_last=True)
```

实例化网络，选择优化器，设置损失函数。

```
# 实例化网络
netg, netd = NetG(opt), NetD(opt)
netd.to(device)
netg.to(device)
# 选择优化器
optimize_g = torch.optim.Adam(netg.parameters(), lr=opt.lr1,
    betas=(opt.beta1, 0.999))
optimize_d = torch.optim.Adam(netd.parameters(), lr=opt.lr2,
    betas=(opt.bea1, 0.999))
# 损失函数
criterions = nn.BCELoss().to(device)
```

训练过程。

```
# 训练网络
# 定义标签，并且开始注入生成器的输入 noise
true_labels = torch.ones(opt.batch_size).to(device)
fake_labels = torch.zeros(opt.batch_size).to(device)
# 生成满足 N(1,1) 标准正态分布，opt.nz 维，opt.batch_size 个随机噪声
noises = torch.randn(opt.batch_size, opt.nz, 1, 1).to(device)
# 用于保存模型时作生成图像示例
fix_noises = torch.randn(opt.batch_size, opt.nz, 1, 1).to(device)
for epoch in range(opt.max_epoch):
    # tqdm(iterator()), 函数内嵌迭代器，用作循环的进度条显示
    for ii_, (img, _) in tqdm((enumerate(dataloader))):
        # 将处理好的图片赋值
        real_img = img.to(device)
        # 开始训练生成器和判别器
        # 注意要使得生成的训练次数小一些
        # 每轮更新一次判别器
        if ii_ % opt.d_every == 0:
            optimize_d.zero_grad()          # 梯度清零
            # 训练判别器
            # 把判别器的目标函数分成两段分别进行反向求导，再统一优化
            # 真图
```

```
            output = netd(real_img)         # 把所有真样本传进 netd 进行训练，
            error_d_real = criterions(output, true_labels)     # 计算损失函数
            error_d_real.backward()         # 反向传播
            # 随机生成的假图
            noises = noises.detach()
            fake_image = netg(noises).detach()     # 生成模型将噪声生成为图片
            output = netd(fake_image)       # 将生成的图片交给判别模型进行判别
            error_d_fake = criterions(output, fake_labels)     # 计算损失函数
            error_d_fake.backward()         # 反向传播
            optimize_d.step()
            # 训练判别器
            if ii_ % opt.g_every == 0:
            optimize_g.zero_grad()
            # 用于 netd 作判别训练和用于 netg 作生成训练，两组噪声需不同
            noises.data.copy_(torch.randn(opt.batch_size, opt.nz, 1, 1))
            fake_image = netg(noises)
            output = netd(fake_image)
            # 判别器已经固定住了，求最小化相当于求 G 得分的最大化
            error_g = criterions(output, true_labels)
            error_g.backward()              # 反向传播
            optimize_g.step()               # 参数更新

        # 保存模型
        if (epoch + 1) % opt.save_every == 0:
            fix_fake_image = netg(fix_noises)
            tv.utils.save_image(fix_fake_image.data[:64],"%s/%s.png"%
                         (opt.save_path, epoch), normalize=True)
    torch.save(netd.state_dict(),'img/'+'netd_{0}.pth'.format(epoch))
torch.save(netg.state_dict(),'img/'+'netg_{0}.pth'.format(epoch))
```

利用训练好的模型生成新图像。

```
    # 利用训练好的模型生成图片
    device = torch.device("cuda") if opt.gpu else torch.device("cpu")
    # 实例化网络
    netg, netd = NetG(opt).eval(), NetD(opt).eval()
    # 加载训练好的模型
    netd.load_state_dict(torch.load('img/netd.pth',map_location=map_location), False)
    netg.load_state_dict(torch.load('img/netg.pth',map_location=map_location), False)
    netd.to(device)
    netg.to(device)
    # 生成训练好的图片
    # 初始化 512 组噪声，选其中好的拿来保存输出
```

```
noise = torch.randn(
opt.gen_search_num,
opt.nz, 1, 1).normal_(opt.gen_mean, opt.gen_std).to(device)
fake_image = netg(noise)
score = netd(fake_image).detach()
# 挑选出合适的图片
# 取出得分最高的图片
indexs = score.topk(opt.gen_num)[1]
result = []
for ii in indexs:
    result.append(fake_image.data[ii])
    # 以 opt.gen_img 为文件名保存生成图片
    tv.utils.save_image(torch.stack(result),opt.gen_img,
        normalize=True, range=(-1, 1))
```

10.6.3 结果展示

下面观察生成的图片效果。图 10-10 所示展示了第 0、5、10、20、50 次迭代后的结果。从图中可以看出，生成的图片由无规律的噪声逐步转化为可以理解的图片。

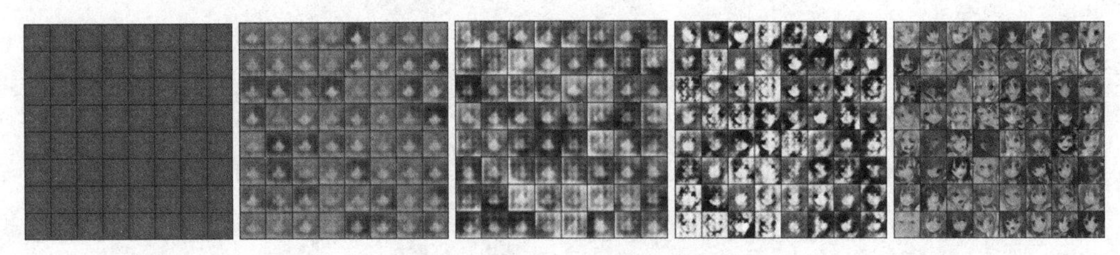

图 10-10 GAN 图像生成结果

小 结

本章首先向读者阐述了生成模型和判别模型的区别。其次对典型生成模型自编码器重建图像的基本思想进行了介绍。然后对图像生成的两种主流方法——变分自编码器和生成对抗网络进行了介绍和分析。最后通过实战项目向读者展示了图像生成任务的实现方法。

习 题

1. 列举图像生成任务中常用的评价指标。
2. 简述生成模型和判别模型的区别，列举几种典型的生成模型和判别模型。
3. 简述变分自编码器和生成对抗网络图像生成过程及其区别。
4. 简述 DCGAN 和 CGAN 在原始 GAN 的基础上做哪些改进。
5. 简述图像生成在其他子任务中的应用，如图像修复、风格迁移。
6. 自己动手，完成人脸生成任务。

参考文献

[1] 罗素，诺维格 . 人工智能：一种现代的方法 [M]. 殷建平，祝恩，刘越，等译 . 北京：清华大学出版社，2011.

[2] 腾讯研究院 . 人工智能 [M]. 北京：中国人民大学出版社，2017.

[3] 章毓晋 . 计算机视觉教程 [M]. 2 版 . 北京：人民邮电出版社，2017.

[4] 姜竹青，门爱东，王海婴 . 计算机视觉中的深度学习 [M]. 北京：电子工业出版社，2021.

[5] 叶韵 . 深度学习与计算机视觉 [M]. 北京：机械工业出版社，2017.

[6] 福赛斯，泊斯 . 计算机视觉：一种现代方法 . 影印版 [M]. 北京：电子工业出版社，2012.

[7] 塞利斯基 . 计算机视觉：算法与应用 [M]. 艾海舟，兴军亮，等译 . 北京：清华大学出版社，2012.

[8] 海特兰德 . Python 基础教程 [M]. 3 版 . 司维，曾军崴，谭颖华，译 . 北京：人民邮电出版社，2018.

[9] 明日科技 . Python 从入门到精通 [M]. 2 版 . 北京：清华大学出版社，2021.

[10] 拉马略 . 流畅的 Python[M]. 安道，吴珂，译 . 北京：人民邮电出版社，2017.

[11] 斋藤康毅 . 深度学习入门：基于 Python 的理论与实现 [M]. 陆宇杰，译 . 北京：人民邮电出版社，2018.

[12] 陈仲才 . Python 核心编程：第 3 版 [M]. 孙波翔，李斌，李晗，译 . 北京：人民邮电出版社，2016.

[13] 马瑟斯 . Python 编程：从入门到实践：第 2 版 [M]. 袁国忠，译 . 北京：人民邮电出版社，2020.

[14] RASCHKA S. Python machine learning[M].Birmingham:Packt publishing ltd, 2015.

[15] 张良均 . Python 数据分析与挖掘实战 [M]. 北京：机械工业出版社，2016.

[16] 董付国 . Python 程序设计 [M]. 2 版 . 北京：清华大学出版社，2016.

[17] 麦金尼 . 利用 Python 进行数据分析 [M]. 唐学韬，译 . 北京：机械工业出版社，2014.

[18] 岳亚伟 . 数字图像处理与 Python 实现 [M]. 北京：人民邮电出版社，2020.

[19] 徐志刚 . 数字图像处理教程 [M]. 北京：清华大学出版社，2019.

[20] 贾永红，何彦霖，黄艳 . 数字图像处理技巧 [M]. 武汉：武汉大学出版社，2017.

[21] 徐志刚 . 数字图像处理教程 [M]. 北京：清华大学出版社，2019.

[22] 张铮，徐超，任淑霞，等 . 数字图像处理与机器视觉 [M]. 北京：人民邮电出版社，2014.

[23] 谢剑斌 . 视觉机器学习 20 讲 [M]. 北京：清华大学出版社，2015.

[24] 阿培丁 . 机器学习导论：第 2 版 [M]. 范明，昝红英，牛常勇，译 . 北京：机械工业出版社，2014.

[25] 周志华 . 机器学习 [M]. 北京：清华大学出版社，2016.

[26] 彼得斯 . 计算机视觉基础 [M]. 章毓晋，译 . 北京：清华大学出版社，2019.

[27] 古德费洛，本吉奥，库维尔 . 深度学习 [M]. 赵申剑，黎彧君，符天凡，等译 . 北京：人民邮电出版社，2017.

[28] 史蒂文斯，安蒂加，菲曼 . PyTorch 深度学习实战 [M]. 牟大恩，译 . 北京：人民邮电出版社，2022.

[29] 邱锡鹏 . 神经网络与深度学习 [M]. 北京：机械工业出版社，2020.

[30] 阿斯顿，李沐，立顿，等 . 动手学深度学习 [M]. 北京：人民邮电出版社，2019.

[31] 肖莱 . Python 深度学习 [M]. 张亮，译 . 北京：人民邮电出版社，2018.

[32] 山下隆义 . 图解深度学习 [M]. 张弥，译 . 北京：人民邮电出版社，2018.

[33] 缪鹏 . 深度学习实践：计算机视觉 [M]. 北京：清华大学出版社，2019.

[34] LECUN Y, BOTTOU L, BENGIO Y, et al. Gradient-based learning applied to document recognition[J]. Proceedings of the IEEE, 1998, 86(11): 2278-2324.

[35] DENG J, DONG W, SOCHER R, et al. Imagenet: A large-scale hierarchical image database[C]//2009 IEEE Conference on Computer Vision and Pattern Recognition. 2009: 248-255.

[36] KRIZHEVSKY A, SUTSKEVER I, HINTON G E. Imagenet classification with deep convolutional neural networks[J]. Advances in Neural Information Processing Systems, 2012, 25.

[37] HE K, ZHANG X, REN S, et al. Deep residual learning for image recognition[C]//Proceedings of the IEEE Conference on Computer Vision and Pattern Recognition. 2016: 770-778.

[38] SZEGEDY C, LIU W, JIA Y, et al. Going deeper with convolutions[C]//Proceedings of the IEEE Conference on Computer Vision and Pattern Recognition. 2015: 1-9.

[39] 单建华 . 卷积神经网络的 Python 实现 [M]. 北京：人民邮电出版社，2018.

[40] GOODFWLLOW I, POUGET-ABADIE J, MIRZA M, et al. Generative adversarial nets[J]. Advances in Neural Information Processing Systems, 2014, 27.

[41] GULRAJANI I, AHMED F, ARJOVSKY M, et al. Improved training of wasserstein gans[J]. Advances in Neural Information Processing Systems, 2017, 30.